各种卤水菜肴

豉油鸡

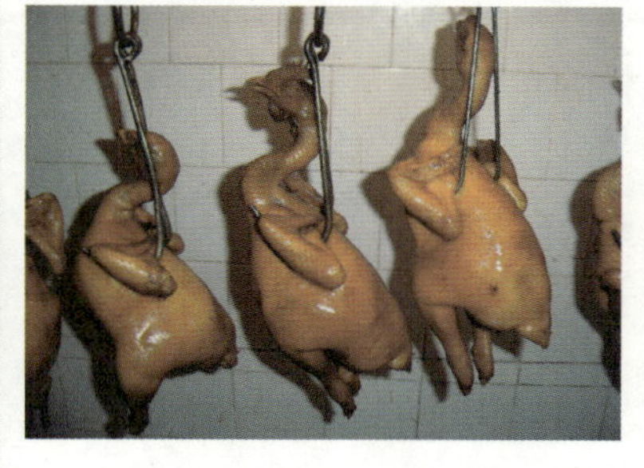

桶子油鸡

咸香鸡

盐焗凤爪

盐焗鸡1

香辣酱鸭

盐焗鸡翅

盐焗鸡2

烤炸类菜肴

脆皮乳鸽

广式烤鸭（脆皮烤鸭）

鸿运乳猪

烤羊腿

手撕牛肉

孜然牛肉串

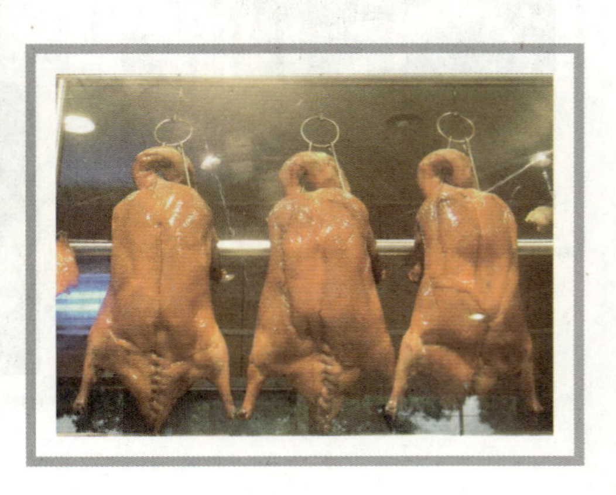

深井烧鹅

凉拌菜

夫妻肺片1

碧翠牛油果卷

夫妻肺片2

冷面鸡

红油鸡块

麻酱凤尾

红油鸡块

美极野木耳

麻辣土鸡

生拍黄瓜

蒜泥白肉

香拌莴笋

小葱拌豆腐

刺身类菜肴

刺身拼盘

稻刺身

富贵龙虾卷

极品牛肉刺身

三文鱼刺身

象拔蚌刺身

油甘鱼刺身

源创寿司拼

其他类冷菜

韩国泡菜

口水鸡1

口水鸡2

老醋茄子

麻辣凤爪

炝拌毛肚

珊瑚玉卷1

珊瑚玉卷2

水晶肴蹄

四川泡菜1

四川泡菜2

糖醋排骨

五香牛肉

野山椒泡凤爪

烧卤冷菜制作技术

（第2版）

主　编　文歧福

副主编　唐成林　鲁　煊　林叶新　何艳军　黄玉叶　林　梅

参　编　梁红卫　刘东升　胡　标　邓　玮　张　聪　滕丽菊
罗家斌　梁可胜　宾　洋　杨才军　陆双有　严学迎
杨昌步　曾永南　韦木荣　刘　佺　严月奎　卢东幸
潘仁安　郭　标　班立德　许采知　蒋一畅　尧　进
覃福和　郭景鹏　黄晓婷　赵必金　袁德华　黄宏权
卓礼晓　张井良

北京理工大学出版社
BEIJING INSTITUTE OF TECHNOLOGY PRESS

内容提要

本书由来自南宁职业技术学院、广西经贸职业技术学院等职业院校具有丰富理论与实践经验的教师编写。教材内容按照“岗、课、赛、证、思政”融通，对接“互联网 + 设计”新岗位要求和现代餐饮企业新工艺、新规范、新技术，对接技能等级考试和职业技能大赛，融入思政内容。内容编排顺序依据生手、熟手、高手职业成长规律，构建了九大由易到难的项目，特别是选用星级的酒店和知名餐饮企业旺销的烧卤冷菜精品作为实训内容，因此有理由认为本书具有较高的科学应用和实践创新价值。

图书在版编目（CIP）数据

烧卤冷菜制作技术 / 文歧福主编 . -- 2 版 . -- 北京 :
北京理工大学出版社，2023.7 重印

ISBN 978-7-5763-1059-7

Ⅰ . ①烧… Ⅱ . ①文… Ⅲ . ①菜谱 Ⅳ .
① TS972.12

中国版本图书馆 CIP 数据核字 (2022) 第 031017 号

出版发行 / 北京理工大学出版社有限责任公司
社　　址 / 北京市海淀区中关村南大街 5 号
邮　　编 / 100081
电　　话 /（010）68914775（总编室）
（010）82562903（教材售后服务热线）
（010）68944723（其他图书服务热线）
网　　址 / http：//www.bitpress.com.cn
经　　销 / 全国各地新华书店
印　　刷 / 定州市新华印刷有限公司
开　　本 / 889 毫米 ×1194 毫米　1/16
印　　张 / 16.25
字　　数 / 340 千字
版　　次 / 2023 年 7 月第 2 版第 2 次印刷
定　　价 / 49.00 元

责任编辑 / 陆世立
文案编辑 / 陆世立
责任校对 / 周瑞红
责任印制 / 边心超

烧卤，是指利用辐射热和明火直接烤熟或用卤制法成菜的烹调技法。烧的菜肴具有脆酥可口、鲜香四溢、复合味绵长的特点；卤的菜肴具有滋味醇厚、熟香软食、色味俱佳的特点。烧卤菜肴一般情况下很少热食，很多时候是作为冷菜拼盘的重要部分，因此它被归类在冷菜的范畴。其在南方餐饮企业市场中占据着重要的位置，尤其是在广东和广西，烧卤菜肴是熟食市场中最主要的特色小吃。

党的二十大报告指出："我们要坚持马克思主义在意识形态领域指导地位的根本制度，坚持为人民服务、为社会主义服务，坚持百花齐放、百家争鸣，坚持创造性转化、创新性发展，以社会主义核心价值观为引领，发展社会主义先进文化，弘扬革命文化，传承中华优秀传统文化。"弘扬中国传统饮食文化，传承和保护好"烧卤"这一饮食类非物质文化遗产。随着人们生活水平的提高，对吃的品质追求也越来越高，这对餐饮企业来说是新的挑战，而烧卤菜品为此，在两广厨师的不断创新与研发下，更是开创出了许多符合现代人口味的新式烧卤菜品，并在市场上得到很好的推广。烧卤菜肴，无论是在正规的宴席，还是在家庭的便宴中，总是以首道菜的形式呈现在客人面前，素有"脸面"之称，有着"先声夺人"的作用，烧卤菜肴的美丑程度直接影响着人们的评价，关系着整个宴席质量好坏中国传统饮食文化在世界的传播。俗话说："良好的开端，等于成功了一半。"如果这道"迎宾菜"能让赴宴者在视觉上、味觉上和心理上都感到愉悦，获得美的享受，顿时会使气氛活跃，宾主兴致勃发，促进宾主之间感情交流及宴会高潮的形成，为整个宴会奠定良好的基础。反之，低劣的烧卤菜肴，则会令赴宴者兴味索然，甚至使整个宴饮场面尴尬，宾客扫兴而终。

"烧卤冷菜制作技术"是烹饪工艺与营养专业的一门核心课程，主要培养学生烧卤冷菜原料的识别选用、烧卤冷菜制作技术、烧卤冷菜的创新开发技术等专业技能和职业素质。然而，就现有的全国烹饪专业职业教育统编的教材来看，迄今为止未见有能将广式烧卤制作和冷菜制作两大块技术教学内容覆盖完整的教材；且全国各中职学校、各高职院校、各本科院校在这门课程的教学安排上，都还不够科学合理，教学内容通常是与食品雕刻或冷菜拼盘合成一门课程来教授，并没有把烧卤独立出来成为一门完整的课程；另外，现有的关于冷菜制作的教材，其结构、内容、菜例基本都以理论教学为核心，结构不够科学，内容也不够完整，选择的教学菜例陈旧且不够有代表性；特别是中国南方地区的特色冷菜——烧卤菜肴（广式烧腊、广式卤水）的制作技术更是鲜少有全国通用的规划教材。因此我们编写了本教材，并建设有配套教学资源网站，填补了本门学科无教材的空白。

南宁职业技术学院的“烧卤与冷菜制作技术”课程已经过了25年的开发与建设，2007年成为国家示范建设项目核心开发重点建设课程；2008年7月，该课程的教学设计“冷菜创新品种实训教学方案设计”在中国第二届实训教学创新方案设计大赛中荣获二等奖；2009年1月，该课程的教学设计课例“冷菜创新品种实训教学方案设计”在第二届广西高校教育技术应用大赛中荣获二等奖；2010年获广西壮族自治区级精品教程；2011年，“烧卤与冷拼制作技术”网络课程获第八届广西高校教育教学软件大赛一等奖；2012年，“烧卤与冷拼制作技术”获全国职业院校信息化教学大赛二等奖。本教材正是在学院烹饪工艺与营养专业最新的教学改革建设成果的基础上，围绕课程标准，按照“岗、课、赛、证、思政”融通，对接“互联网＋设计”新岗位要求和现代餐饮企业新工艺、新规范、新技术，对接中式烹调师技能等级证书和粤菜制作1+X证书，对接职业技能大赛，融入思政内容，重构课程内容。依据生手、熟手、高手职业成长规律，构建了九大由易到难的项目。特别是选用星级的酒店和知名餐饮企业旺销的烧卤冷菜精品作为实训内容，因此有理由认为本书具有较高的科学应用和实践创新价值。本教材主要有以下四个方面的特点：

1. 编写理念——体现立德树人、课程思政，校企双元、产教融合

一是将党的“二十大报告精神”进课堂、进头脑、进教材，课程思政融入知识技能学习情境，强化德技并修，涵养家国情怀、职业情怀、非遗情怀。二是教材编写理念上凸显出职业教育的类型教育特点，做到了校企双元、产教融合。通过学校教师编写人员和企业实际使用人员的反复研讨论证确定教材体例、学习领域和学习情境，提炼工作任务。教材以项目为引领，以烧卤冷菜实际案例的制作过程融入烧卤冷菜制作技术知识，使教材具有很大的实用性和适应性。

2. 重视学习能力与学习兴趣的培养，建设“三位一体”的教学体系

本教材以课本为中心，以同步开发的精品在线开放课程和数字资源，共同构建一个从“课前自学、自测”到“课上听讲、练习”再到“课后复习、提高”的“三位一体”的教学体系。搭建了适合师生交流的平台，通过大量翻转课堂的实践，锻炼学生的自学能力，提高了学生的学习兴趣。

3. 课程设计时注重典型性、全面性，涵盖全部烧卤冷菜知识和技能

教材将典型操作全覆盖作为编撰的重要标准。全部实训教学内容的设置都以具有典型代表性的实例为主。每一项实训教学内容的知名度是按照历史文化性、流传广泛性、地方代表性、市场占有率、经济性、民族特色、创新性、营养结构等标准进行界定的。

4. 创新教材呈现形式，多层次构建自主学习的助学系统，便于学生使用

新的教学理念重视学生为学习主体，教材编写也突出学生的主体性，从内容到形式，处处为学生考虑，适应学生自学的需要。本教材注重建构助学系统，包括自主开发的精品在线开放课程，全面、丰富的教学资源，力求使教材不只是教师的教本，更是学生自学的学本，将课堂学习拓展延伸到课外，注意贴近学生生活，与时代相关联，设计新颖而灵活多样的学习形式，通过配套资源、网络等提供辅助教学、拓展教学的内容，进一步帮助学生自学。

本书由来自南宁职业技术学院、广西经贸职业技术学院等职业院校具有丰富理论与实践经验的教师编写。本教材纸质版编写团队符合《职业院校教材管理办法》有关规定，联合职教专家、行业企业专家、教学研究人员、技能大赛专家、职业院校一线教师等组成。全书由南宁职业技术学院文歧福副教授主编。文歧福老师是中式烹调高级技师、西式面点高级技师、广西壮族自治区文歧福技能大师工作室负责人，入选教育部餐饮行指委产业导师，曾获第五届黄炎培全国杰出教师奖、全国餐饮职业教育优秀教师、改革开放 40 年中国餐饮行业技艺传承突出贡献人物奖、改革开放 40 年和广西壮族自治区成立 60 年“行业杰出贡献人物”奖。广西经贸职业技术学院唐成林高级技师、鲁煊副教授，南宁职业技术学院林叶新副教授，广西农业工程职业技术学院黄玉叶高级技师、林梅高级技师，广西商业技师学院何艳军高级讲师任副主编。南宁职业技术学院的滕丽菊、邓玮、张聪，广西城市职业大学的严学迎，南宁市第一职业技术学校的梁可胜、宾洋、杨才军、张井良，南宁市第三职业技术学校的梁红卫，广西水产畜牧学校的罗家斌、陆双

有，广西商业技师学院的刘东升、胡标，广西电子高级技工学校的杨昌步、曾永南、刘佺，广西机电技师学院的韦木荣，广西工业技师学院的潘仁安、严月奎、卢东幸，北海职业学院的班立德、黄晓婷，广西玉林农业学校的尧进、覃福和，广西生态工程职业技术学院的郭景鹏，广西轻工技师学院的袁德华、许采知，广西理工职业技术学校的蒋一畅，横州市职业技术学校的郭标，容县职业中等专业学校的卓礼晓，南宁商贸学校的黄宏权，广西梧州商贸学校赵必金等几位老师参与编写。全书分为九个项目，各项目的编写分工如下：模块一由文歧福、林梅、黄玉叶、唐成林、林叶新编写，模块二由文歧福、赵必金、许采知、班立德、卓礼晓编写，模块三由文歧福、鲁煊、张聪、郭标、林梅编写，模块四由文歧福、滕丽菊、梁红卫、严学迎编写，模块五由文歧福、胡标、罗家斌、邓玮、梁可胜、宾洋、陆双有、黄玉叶编写，模块六由文歧福、刘东升、潘仁安、杨才军编写，模块七由文歧福、何艳军、杨昌步、曾永南、刘佺、班立德、覃福和、郭景鹏编写，模块八由文歧福、郭标、韦木荣、袁德华、卢东幸、潘仁安、严月奎、蒋一畅、黄宏权编写，模块九由文歧福、何艳军、卓礼晓、黄晓婷、尧进、覃福和、张井良编写，全书由文歧福统稿。教材配套的数字资源由信息化教学经验丰富的文歧福负责拍摄和制作。

本书在编写过程中得到了广西烹饪餐饮行业协会的大力支持，同时也得到了中国烹饪大师、全国餐饮业国家一级评委、广西烹饪餐饮行业协会高级顾问王堂豪先生、何逸奎先生和邝伯才先生的悉心指导；本课程开发与建设过程中，得到了南宁职业技术学院校长周旺教授的大力支持和悉心指导，为本书的编写大纲和章节安排提出了宝贵意见。本书编写过程中得到了杭州宴会厨餐饮管理有限公司、广西南宁稻之源餐饮管理有限公司及深圳市千悦餐饮管理有限公司的大力支持，为本书提供标准化菜谱和教学菜品的配方。在此一并表示诚挚的谢意！

由于作者水平有限，加之时间仓促，书中难免存在待商榷之处，我们热忱希望使用本教材的专家学者、师生和广大读者对本教材提出宝贵的意见，以便再版时能够进一步完善。

目录
CONTENTS

模块六 烤炸类菜肴的制作

模块七 凉拌菜的制作

模块八 刺身类菜肴的制作

模块九 其他类冷菜的制作

模块一　烧卤、冷菜认知

学习目标

知识目标：

1. 知道烧卤、冷菜的概念。
2. 理解中国冷菜的形成与发展过程。
3. 熟悉冷菜、冷拼、烧卤拼盘的特点。
4. 理解冷菜与热菜的区别。

能力目标：

1. 理解烧卤行业的发展。
2. 能理解冷菜与冷拼的区别和联系。
3. 能利用互联网收集、整理烧卤、冷菜的知识，解决实际问题。
4. 能结合实际工作更好地学习好本门课程。

素质目标：

1. 具有一定文化内涵，践行社会主义核心价值观，具有深厚的爱国情感和中华民族自豪感；开放包容，积极宣传中华传统文化。

2. 具有质量意识、环保意识、安全意识、信息素养、工匠精神、创新思维。

3. 具有社会责任感和社会参与意识。

4. 勇于奋斗、乐观向上，具有自我管理能力、职业生涯规划的意识，有较强的集体意识和团队合作精神。

一、烧卤的概念和特点

烧卤是指利用辐射热和明火直接烤熟食物或用卤制法成菜的烹调技法。烧的菜肴脆酥可口，复合味绵长。卤的菜肴具有滋味醇厚、熟香软食美味的特点。烧卤菜肴属于冷菜的范畴。

烧卤在南方的餐饮行业中占据较大比例，特别是在广东、广西，烧卤菜肴成为熟食市场的主要品种和特色小吃。随着人民生活水平的不断提高，人们对餐饮的要求越来越高，对传统的烧卤菜品的要求也发生了很大的改变。

二、烧卤在餐饮行业中的地位与作用

行业中，大家习惯把烧卤菜肴简称为烧卤，烧卤在广东、广西地区（简称两广地区）的相关餐饮行业中所占比例较大，随着人民生活水平的不断提高，广东、广西地区的厨师也不断创新研发，不断地开发出适合现代人口味的新烧卤菜品，这使得烧卤菜品开始普遍起来，不再局限于两广地区。无论是在正规的宴席上还是在家庭的便宴中，烧卤是与客人“见面”的首道菜品，素有“脸面”之称，烧卤的美观程度直接影响着人们对其的评价，关系着整个宴席程序进展的效果，起着“先声夺人”的作用。俗话说：“良好的开端，等于成功了一半。”如果这道“迎宾菜”能让赴宴者在视觉上、味觉上和心理上都感到愉悦，获得美的享受，宴会气氛会顿时活跃，宾主兴致勃发，促进宾主之间感情交流及宴会高潮的形成，为整个宴会奠定良好的基础。反之，低劣的烧卤菜肴则会令赴宴者兴味索然，甚至使整个宴饮场面尴尬，宾客扫兴而归。

1.美化宴席，烘托气氛

烧卤具有干香、鲜嫩、酥脆、不腻，闻之有香，食之越嚼越香、口味悠长的特点。在宴席中，冷菜、冷拼往往被人们称为“迎宾第一菜”。在宴席中，烧卤菜肴的质量直接关系整个宴席程序进展的效果。因为在宴席中，烧卤属于冷菜，在宴席上菜顺序中是最先上桌的菜品，一道色、香、味、形、质、器俱佳的烧卤菜肴一旦展示在餐桌上，就会发挥“特色品牌”的作用，不仅展示出精湛的厨艺，而且可以活跃整个宴席气氛，使人心旷神怡、兴趣盎然、食欲大增，对展示菜肴美、宴席美起到重要作用。

2.繁荣餐饮市场，提升企业知名度

餐饮市场各地风味流派多样，特色鲜明。烧卤在餐饮市场越来越显示其独特的魅力，具有很强的展示性。烧卤菜肴不仅成品可以放在橱窗陈列展示，而且在餐饮企业的餐厅直接面向顾客销售的透明厨房——“明档”（也称“鸡档”），还可以大展厨艺，展示企业的烧卤招牌菜、特色烧卤品种和厨师的看家菜、拿手菜，进而展示企业的品牌形象，对提高企业的知名度、加快企业的发展具有重要意义。

3.弘扬祖国传统文化，促进中外交流

烧卤是中国烹饪文化的一部分，不论从它的历史发展还是从现代实际情况看，一直受到中外人士的青睐。精妙绝伦的作品可以和真正的石雕、木雕、根雕作品相媲美，显示出炉火纯青的高超烹饪艺术，对弘扬中国烹饪文化、增进中外烹饪艺术交流起到积极作用。特别是随着厨师们的不断研发，推陈出新，从品种、口味方面下功夫，烧卤菜肴早已成为各国人士喜爱的特色食品，成为世界级特色美食品种。

4.引领烹饪行业健康发展

烧卤从制作工艺到造型艺术，不愧是中国烹饪的艺术瑰宝，它的每个发展过程，都从侧面反映出当时的烹饪风格。通过研制独特的烧卤冷菜，可以促进烹饪行业的全面健康发展。

单元二 冷菜概述

一、中国冷菜的形成与发展

在我国历史上，饮食生活可以说是社会的等级文化现象，肴馔的丰富程度是不同阶级经济实力和政治权力的直接表现。在古代的上层社会，尤其是君王贵族的宴席，既隆重频繁又冗长烦琐，宴席之中，杯觥交错，乐嬉杂陈。为适应这种长时间进行的饮食活动需要，在爆、炸、煎、炒等快速致熟烹调方法产生之前，古代人无疑是以冷菜为主要菜品的。由于没有文字记载，我们不太了解商代或更早的夏代的情况，但丰富的文字史料可以让我们比较清楚地了解到周代以后肴馔的基本面貌。

《周礼》便有天子常规饮食食例以冷食为主的记载："凡王之稍事，设荐脯醢。"郑玄注："稍事谓非日中大举时而闲食，谓之稍事……稍事，有小事而饮酒。"贾公彦疏："脯醢者，是饮酒肴羞，非是食馔。"这表明早在西周时代人们便已清楚地认识到冷荤宜于宴饮的特点，并形成了一定的食规。

《礼记》一书的《内则》篇详细地记述了一些珍贵的养老肴馔，即淳熬、淳母、炮豚、炮牂、捣珍、渍、熬、肝膋，这就是古今传闻的著名的"周代八珍"。这些肴馔既反映了周代上层社会美食的一般风貌，也反映了当时肴馔制作的一般水准。但更重要的是，我们从中似乎也可以找出一些冷菜的雏形。

"周代八珍"又叫"珍用八物"，是专为周天子准备的宴饮美食。它由两饭六菜组成，具体名称是淳熬（肉酱油浇大米饭）、淳母（肉酱油浇黍米饭）、炮豚（煨烤炸炖乳猪）、炮牂（煨烤炸炖母羊羔）、捣珍（合烧牛、羊、鹿的里脊肉）、渍（酒糟牛、羊肉）、熬（类似五香牛肉干）、肝膋（烧烤肉油包狗肝）。

"周代八珍"推出后，历代争相仿效。元代的"迤北（即塞北）八珍"和"天厨八珍"、明清的"参翅八珍"和"烧烤八珍"，以及"山八珍""水八珍""禽八珍""草八珍"（主要指名贵的食用菌）、"上八珍""中八珍""下八珍""素八珍""清真八珍""琼林八珍"（科举考试中的美宴）、"如意八珍"等，都由此而来。

由此可见，中国冷菜萌芽于周代，并经历了冷菜和热菜兼有的漫长历史。可以说，先秦时代，冷菜还没有完全从热菜系列中独立出来，尚未成为一种特定的菜品类型。

唐宋时期，冷菜的雏形已经形成，并在此基础上有了很大发展。这一时期，冷菜也逐步从肴馔系列中独立出来，并成为酒宴上的特色佳肴。唐朝的《烧尾筵》食单中，就有用五种肉类拼制成“五生盘”的记载。宋代陶谷的《清异录》中记载得更为详尽：“比丘尼梵正，庖制精巧，用鲊臛脍脯，醢酱瓜蔬，黄赤杂色，斗成景物。若坐及二十人，则人装一景，合成辋川图小样。”这也充分反映了在唐宋时期，我国的冷菜工艺技术已达到了相当高的水平。

明清时期，冷菜技艺日臻完善，制作冷菜的材料及工艺方法也不断创新。这一时期，很多工艺方法已经为专门制作冷菜的材料而独立出来，如糟法、醉法、酱法、风法、卤法、拌法、腌法等。同时，用于制作冷菜菜品的原料也有了很大的扩展，植物类有茄子、生姜、茭白、蒜苗、笋、豇豆等；动物类有猪肉、猪蹄、猪腰、鸡肉、青鱼、螃蟹等，以及一些海产鱼类和奇珍异味，如海蜇、象鼻、江珧柱等，这些都是这一时期用于制作冷菜菜品的常用原料。这充分说明了在明清时期，我国的冷菜工艺技术已达到了非常高超的水平。

随着历史的发展，我国冷菜技艺也在不断提高和发展。冷菜逐渐从热菜中独立出来，成为一种独具风味特色的菜品系列；由贵族宴饮中到平民百姓共享，品种由单调贫乏到丰富繁多，工艺技术由简单粗糙到精湛细腻。尤其是近半个世纪以来，我国的冷菜工艺技术更是突飞猛进。烹饪工作者在挖掘、继承我国传统烹饪工艺技术的基础上推陈出新，使冷菜成为我国烹饪艺坛中的一朵鲜艳的奇葩。

二、冷菜、冷拼、烧卤拼盘的概念和特点

1.冷菜

冷菜又称凉菜，是将烹饪原料经过初加工后先烹制成熟或腌渍入味，再切配装盘为凉吃而制作的一类菜肴。在冷菜的制作过程中，常采用两种基本方法。

1）冷菜原料需要经过加热工序，一般辅以切配和调味，并散热冷却。这里的加热是工艺过程，而冷食则是目的，这就是人们平常所称的“热制冷吃”，如“卤牛肉”“盐水鸭”“蜜汁烧排”等。

2）冷菜原料不需要经过加热工序，而是将原料经过初加工、清洗、消毒后加以切配和调味后直接食用，这就是人们平常所称的“冷制冷吃”。这一方法主要用于一些鲜活的动植物性烹饪原料，如“三文鱼刺身”“醉蟹”“横县鱼生”“生拍黄瓜”“姜汁莴苣”“酸辣白菜”等。

2.冷拼

冷拼又称冷菜拼盘、彩盘、中盘、主盘，是指将熟制后的冷菜或直接可食用的生食菜，按照一定的食用要求，采用各种刀法处理后，运用各种拼摆手法，整齐美观地装入盛器内，

制成具有一定图案的冷菜。它是冷菜师傅根据宴席的性质和内容，进行选材、构图、命名、拼制而成的艺术价值颇高的冷菜，用以增添宴席气氛，显示烹调技艺水平。

3.烧卤拼盘

烧卤拼盘又称烧味拼盘、卤水拼盘，最先是在两广地区餐饮行业经营的特色冷菜，就是将熟制好的各种烧卤菜肴按照食用要求和装盘需要，采用各种刀法处理后，运用各种拼摆手法，整齐美观地装入盛器内，制成具有一定图案的烧卤冷菜。

4.冷菜、冷拼、烧卤拼盘的区别和联系

如果不从文字角度来理解，而出于习惯或作为人们的生活用语，它们之间并没有什么区别，都是与热菜相对而言的。冷菜，各地称谓不一，南方多称冷盆、冷菜或冷碟等，北方则多称凉菜、凉盘或冷荤等。比较起来，似乎南方习惯于称冷；而北方则更习惯于称凉。

“冷菜”这一称谓似乎更侧重于菜品的物理感观—— 温度（这也是“冷菜”与“热菜”最主要的区别），几乎没有涵盖菜品的装盘工艺，而冷菜拼盘突出了菜品制作和拼摆的工艺成分。“冷菜”称为制作“冷拼”的材料更为贴切，而冷菜材料经过切配加工、拼摆工艺装入盘中才是一道完整的冷拼菜品。从层次来理解，冷拼比冷菜的内涵更广泛、更普遍些。从烹饪工艺角度而言，冷拼这一称谓似乎更贴切、更合理、更科学些。“烧卤拼盘”所使用的材料必须是烧卤熟食，侧重点在于食用性，对装盘图案的要求没有冷拼那么高，大多数餐厅因为工作量大，要求装盘整齐即可。

三、冷菜与热菜的区别（制作工艺方面）

冷菜，又叫冷荤、冷拼。其之所以叫冷荤，是因为饮食行业多用鸡、鸭、鱼、肉、虾以及内脏等荤料制作；之所以叫冷拼，是因为冷菜制好后，要经过冷却、装盘，如双拼、三拼、什锦拼盘、平面什锦拼盘、花式冷盆等。

冷菜是仅次于热菜的一大菜类，具有独自的技法系统，按其烹调特征，可分为泡拌类、煮烧类、汽蒸类、烧烤类、炸汆类、糖粘类、冻制类、卷酿类、脱水类等，大类中还有一些具体的方法。冷菜烹调技法之多，不在热菜之下，所以，习惯上将它与热菜烹调技法并列为两大烹调技法。

冷菜与热菜相比，在制作上除了原料初加工基本一致外，明显的区别是：前者一般是先烹调，后刀工；而后者则是先刀工，后烹调。热菜一般利用原料的自然形态或原料的割切、加工复制等手段来构成菜肴的形状；冷菜则以丝、条、片、块为基本单位来组成菜肴的形状，并有单盘、拼盘及工艺性较高的花鸟图案冷盘之分。

热菜调味一般能及时见于效果，并多利用勾芡以使调味均匀；冷菜调味则强调“入味”，或是附加食用调味品，热菜必须通过加热才能使原料成为菜品；而冷菜的某些品种不

需加热就能成为菜品。热菜利用原料加热以散发热气使人嗅到香味，在两广地区俗称“锅气”；而冷菜一般讲究香料透入肌里，使人食之越嚼越香，所以素有“热菜气香”“冷菜骨香”之称。

冷菜的风味、质感也与热菜有明显的区别。总体来说，冷菜以香气浓郁、清凉爽口、少汤少汁（或无汁）、鲜醇不腻为主要特色。它具体又可分为两大类型，一类是以鲜香、脆嫩、爽口为特点；另一类是以醇香、酥烂、味厚为特点。前一类的制法以拌、炝、腌为代表，后一类的制法则以卤、酱、烧等为代表，它们各有不同的内容和风格。

冷菜和热菜一样，其品种既能常年可见，也四季有别。冷菜的季节性以“春腊、夏拌、秋糟、冬冻”为典型代表。这是因为冬季制作的腊味，需经一段“着味”过程，只有到了开春时食用，始觉味美。夏季瓜果蔬菜比较丰盛，为凉拌菜提供了广泛的原料。秋季的糟鱼是增进食欲的理想佳肴，冬季气候寒冷有利于羊羔、冻蹄烹制冻结。可见冷菜的季节性是随着客观规律变化而形成的。现在也有反季供应的冷菜，因为餐厅都有空调，有时冬令品种放在盛夏供应，更受消费者欢迎。

模块小结

本模块教学主要从冷菜的基本概念、冷菜的性质及基本特点等基础知识入手，进一步介绍了中国冷菜的形成与发展，让学生对冷菜制作基础知识和原理，有一个基本的认识，让学生能深刻理解中国文化的博大精深以及背后的内涵等，引导青年学生热爱中华优秀传统文化，提升他们的文化自信，加深对中国饮食文化的理解，促进学生形成健康的饮食观念及对中国饮食文化传承和发扬。

课后习题一

一、名词解释

1. 烧卤　2. 冷菜　3. 冷拼

二、填空题

1. 烧卤的特点有__________、__________、酥脆、__________，__________，食之越嚼越香、__________。

2. 烧卤作为迎宾菜，素有“__________”之称。

3. 快速致熟烹调方法包括__________、__________、__________、__________等。

4. “周代八珍”：__________、__________、捣珍、__________、__________、

___________、淳熬、淳母。

5. 周代八珍又叫“___________”。

6. 冷拼又称冷菜拼盘、___________、中盘___________。

7. 冷拼制作过程：根据宴席的性质和___________，进行___________、构图___________拼制。

8. 冷菜的季节性以“___________、___________、___________、___________冬冻”为典型代表。

三、简答题

1. 简述烧卤在餐饮行业中的地位与作用。

2. “周代八珍”分别是指哪些？并写出具体食材。

3. 简述冷菜与热菜的区别。

四、实训题

调查一个酒店或酒楼，了解冷菜的相关情况，并写一份调查报告。

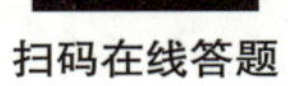

扫码在线答题

习题答案

模块二　烧卤、冷菜制作的设备和工具

学习目标

知识目标:

1. 知道烧卤、冷菜制作的相关设备和工具的基本知识。
2. 了解烧卤、冷菜制作设备与工具的使用方法。
3. 熟悉烧卤、冷菜制作的相关设备和工具的保养方法。
4. 理解烧卤、冷菜制作设备与工具在工作中的作用方法。

能力目标:

1. 理解烧卤、冷菜制作的相关设备和工具的使用方法。
2. 能理解烧卤、冷菜制作的设备与工具的区别和联系。
3. 能利用互联网收集整理烧卤、冷菜制作的设备和工具的知识，解决实际问题。

素质目标:

1. 养成良好的职业素质和爱岗敬业精神，增强诚实劳动意识。
2. 具有质量意识、环保意识、安全意识。
3. 具备良好的社会责任感、职业规范和有较强的集体意识和团队合作精神。
4. 具备自主查询相关文件的意识和信息收集整理素养。

烧卤与冷菜制作的主要设备

在冷菜、冷拼的制作过程中，必须借助一定的设备和工具。当今厨房设备和工具越来越先进、美观、耐用且多功能，这对提高菜肴质量、减轻员工劳动强度、改善工作环境、提高工作效率起到了非常重要的作用。烹调工作人员必须熟练地掌握各种设备和工具的结构、性能、用途及使用方法，才能运用自如，使制作出的冷菜、冷拼制品达到理想的效果。

炉灶的种类很多，因全国各地的地理条件、饮食习惯不同，使用的燃料及烹调方法不一样，常用的炉灶也有很大的差别。下面主要介绍几种烧卤制作间常用的炉灶。

1.炮台灶

炮台灶（见图 2-1）形如古代的炮台，一般为泥砖结构，火眼周围均用泥砌成。主火眼只有一个，正对炉堂，下有炉箅及灰膛；副火眼一般有两个或两个以上，在主火眼的炉膛中设有斜形通火道通向支火眼。燃烧时，火力从主火眼的炉膛经过火道，通向各个副火眼。这种灶主要烧煤，适用于多种烹调方法，是目前中、小城市使用较普遍的炉灶。

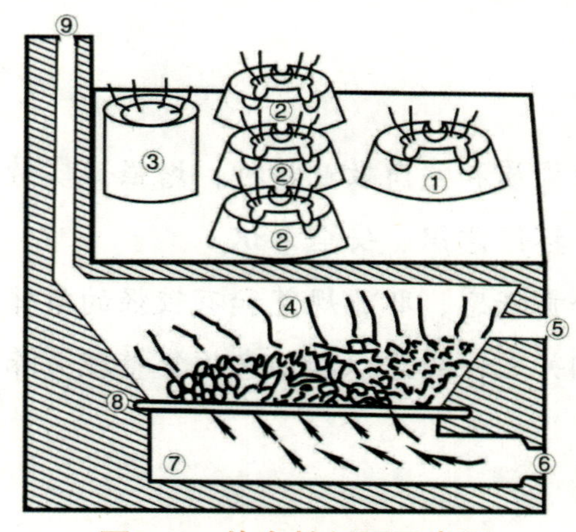

图2-1　炮台灶剖面示意图

①—主火眼；②—副火眼；③—汤锅；④—火室；⑤—腹眼；
⑥—下炉门；⑦—灰膛；⑧—炉箅；⑨—烟道

2.港式双眼炒灶

港式双眼炒灶（见图 2–2）又称广式炒灶，规格一般为长（L）220 cm、宽（W）110 cm、高（H）80 cm。这种灶有两个主火眼、两个副火眼，或两个主火眼、一个副火眼等式样。主火眼均高出灶面，呈倾斜状。燃料可使用液化气、煤气、柴油等。灶内装有鼓风机，火力大而猛，适宜炒、炸、烧等烹调方法。

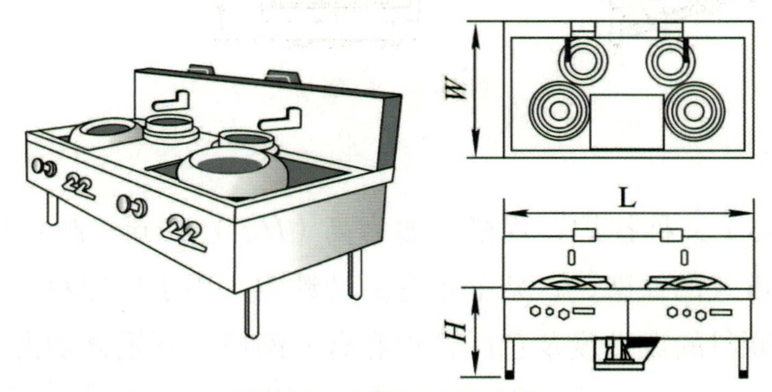

图2–2　港式双眼炒灶

3.矮汤炉

矮汤炉（见图 2–3）又名汤灶，一般多为两个炉头，其规格为长（L）110 cm、宽（W）65 cm、高（H）45 cm。燃料以液化气、煤气为主。因炉体矮，矮汤炉一般用于体重大的冷菜的卤、煮、炸等烹调处理，便于工作人员操作，省力省时。

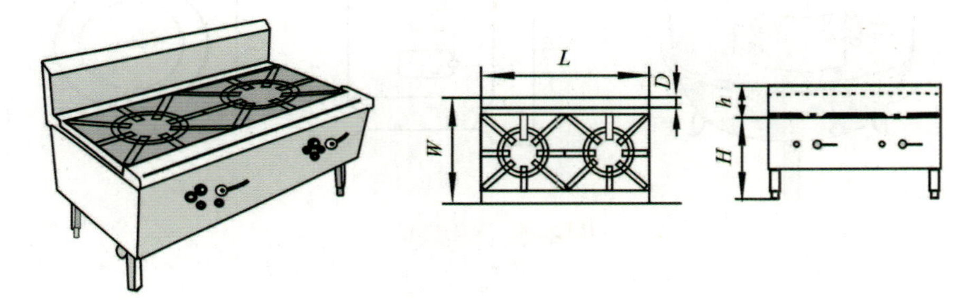

图2–3　矮汤炉

4.烤猪炉

烤猪炉（见图 2–4）又称叉烤炉，规格一般为长（L）110 cm、宽（W）62 cm、高（H）60 cm，其结构是在炉膛内设有多根带小孔的管道，上面放上石块。燃料以液化气或煤气为主，烤制食物时，打开阀门点燃燃料，先加热石块，再进行烤制，这样火力均匀，烤制的成品色泽鲜亮。烤猪灶一般用于叉烤等烹调方法。

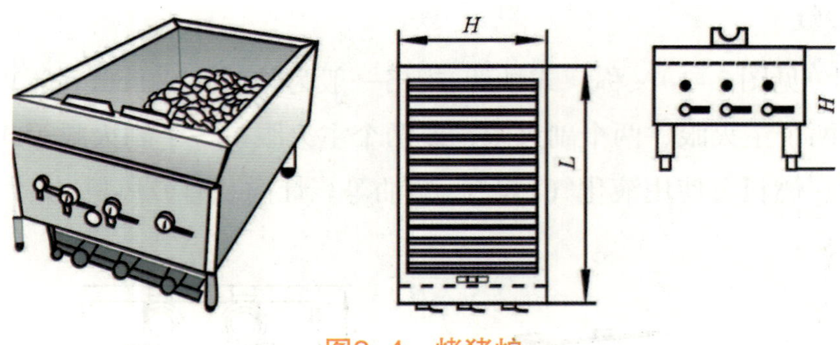

图2-4　烤猪炉

5.烤鸭炉

烤鸭炉（见图 2-5）又称挂炉，规格一般为高（H）150 cm、圆直径（D）81 cm。内部结构中上部四周有轨道式的铁架，铁架上置有活动铁钩，用于挂原料；炉体腰部有一个长方形小炉门，用于观察原料的成熟度及色泽；炉底有一圈燃气管道做加温之用，炉顶有一个活动盖板，用来调节炉温、取送原料、排烟。烤鸭炉利用热的辐射及热空气的对流将原料烤熟。烤鸭炉除用于烤鸭外，还可用于烤鸡、烤肉等。

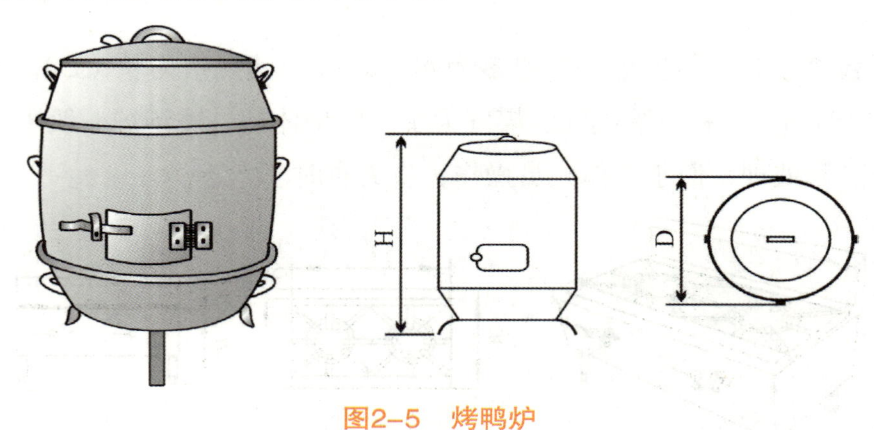

图2-5　烤鸭炉

单元二　烧卤与冷菜制作的主要工具

一、主要工具

1.炒锅

炒锅（见图 2–6）又称炒勺、镬子、炒瓢等，有生铁锅、熟铁锅、不粘锅三大类，规格为直径 30~100 cm。熟铁锅比生铁锅传热快，不易破损；生铁锅经不起碰撞，容易碎裂；不粘锅烧煮冷菜不易粘锅、焦煳。熟铁锅和不粘锅有双耳式与单柄式两种。

图2–6　炒锅

2.不锈钢桶

不锈钢桶（见图 2–7）又称圆底桶，常用于烧煮大量的冷菜、熬卤水、豉油鸡水、煨肉料等，如酱鸡、盐水鸭、卤牛肉等。桶形两旁有耳把，上有盖，规格为直径与高度均在 26~60 cm。

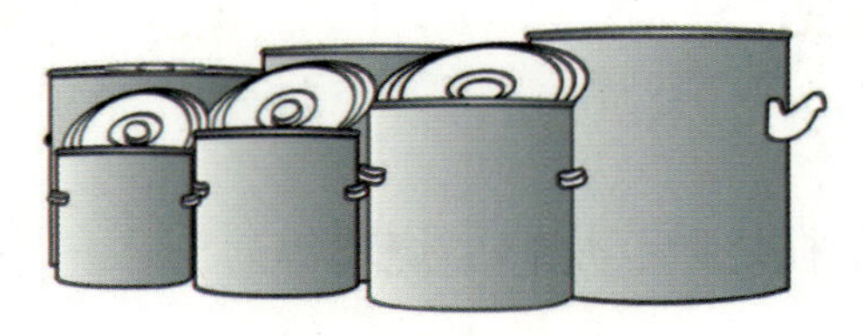

图2–7　不锈钢桶

3.砧板

砧板（见图 2–8 和图 2–9）又称菜墩砧、砧墩，是对原料进行刀工操作时的衬垫用具。冷菜间的砧板最好选用橄榄树或银杏树（白果树）等材料来做，因为这些树的木质坚密且耐用。质量佳的制砧板材料要求树皮完整，树心不空，不烂、不结疤，颜色均匀且无斑，也有的冷菜间用白塑料制成的圆形砧板。无论是木制的还是塑料制成的，其规格一般以直径 40 cm、高 15 cm 为宜。

图2–8　木砧板

图2–9　塑料砧板

4.刀具

用于制作冷菜、冷拼的刀具种类很多，一般由铁或不锈钢制成的，常用的刀具有批刀（也称薄刀）、砍刀（也称劈刀）、前切后砍刀、烤鸭刀（也称小批刀）、剪刀等。应根据冷菜原料的性质不同（如带骨的、有韧性较强硬的、质地较脆嫩的），选用不同类型的刀具来对原料进行刀工处理，这样才能达到理想的效果。

二、特殊工具

1.乳猪叉

乳猪叉（见图 2–10）有 3 种规格：茶猪叉、席猪叉、奶猪叉。

2.叉烧针

叉烧针（见图 2–11）用于烧制蜜汁叉烧、鸡翅、桂花扎、琵琶鸭、琵琶鸽、白鳝等。

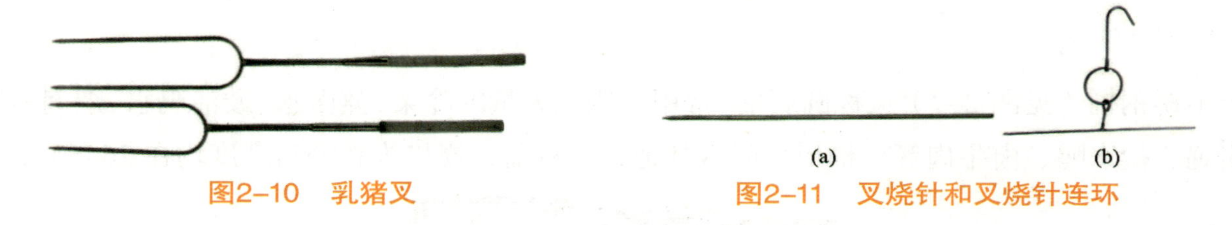

图2–10　乳猪叉　　图2–11　叉烧针和叉烧针连环

3.烧鹅环

烧鹅环（见图 2–12）用于挂烧鹅、烧鸭、烧鸡等。

4.鹅尾针

鹅尾针（见图 2–13）用于缝烧鹅、烧鸭、烧鸡，以及排气等。

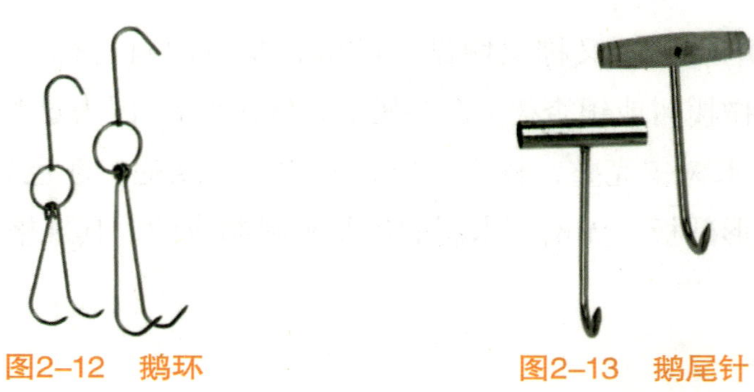

图2–12　鹅环　　图2–13　鹅尾针

5.短手钩

短手钩（见图 2–14）用于钩起烧炉内烧好的物件，避免人手直接接触时烫伤，常见的有木柄和不锈钢柄两种。

6.长手钩（木柄手钩）

烤挂炉烧鹅时，可从窗口处伸入长手钩（见图 2–15），钩住烧鹅使其翻转。

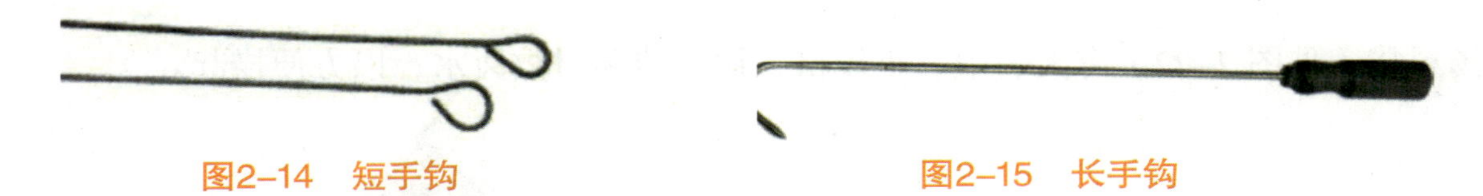

图2–14　短手钩　　图2–15　长手钩

7.乳猪针

烧乳猪和烧大猪时，可用乳猪针（见图 2–16）来刺穿气泡。

8.不锈钢水壳（水勺）

不锈钢水壳（见图 2–17）可用做量水工具，有 1 500 g 或 2 500 g 等规格。

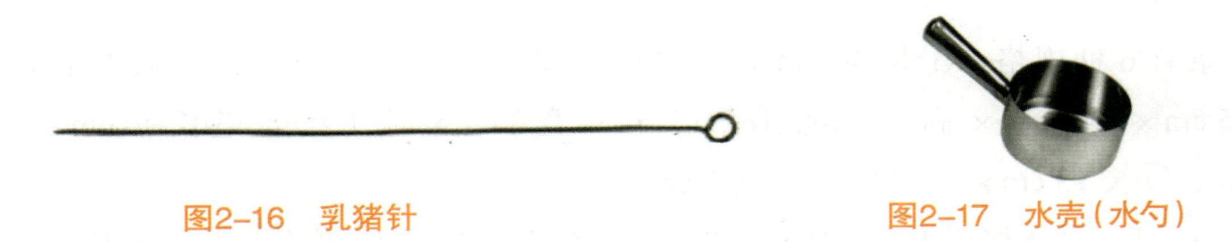

图2–16　乳猪针　　图2–17　水壳（水勺）

9.油刷

扫猪皮糖水和烤制时，可用油刷来扫油（见图 2–18）。

10.磨刀石

磨刀石（见图 2–19）用于磨制厨房刀具。

11.剪刀

剪刀（见图 2–20）主要用于剪去烧好的叉烧上的焦丁等。

图2–18　油刷　　图2–19　磨刀石　　图2–20　剪刀

12.铁线（17号）

铁线用于扎猪手。

13.不锈钢盆

不锈钢盆用于拌猪盐、叉烧盐或腌叉烧等。

14.炒壳（炒勺）

炒壳（见图 2–21）的规格有 500 g 或 600 g，用于煮汁。

15.汤料袋

汤料袋（见图 2–22）有大、中、小规格，用于装药材熬卤水，以方便捞起。

图2–21　炒壳（炒勺）

图2–22　汤料袋

16.木条

木条有 6 种规格：①长 30 cm× 宽 4 cm× 高 4 cm；②长 15 cm× 宽 4 cm× 高 4 cm；③长 45 cm× 宽 3 cm× 高 1.2 cm；④长 15 cm× 宽 3 cm× 高 1.2 cm；⑤长 40 cm× 宽 2.5cm× 高 1 cm；⑥长 13 cm× 宽 2.5 cm× 高 1 cm。

其中，①、②规格用于上大烧猪，③、④规格用于上菜猪、席猪，⑤、⑥规格用于上奶猪。

17.不锈钢层架

不锈钢层架用于挂上好糖皮水的烧鹅、烧鸭、烧鸡和焙干的乳猪等。

18.煤气喷枪

煤气喷枪（见图 2–23）用于烧猪毛，或在烧猪、鹅、鸭时某部位未够色时做补救用。

19.台秤

台秤（见图 2–24）有港秤和市秤之分，港秤 1 斤［1 斤 =0.5 kg，等于 16 两（1 两 = 0.05 kg］，市秤 1 斤等于 10 两。台秤用于配制味料。

图2–23　煤气喷枪

图2–24　台秤

20.琵琶叉

琵琶叉（见图 2–25）有两种规格：烧琵琶鸭专用叉、烧琵琶乳鸽专用叉。

21.火钳

火钳（见图 2–26）主要用于夹木炭。

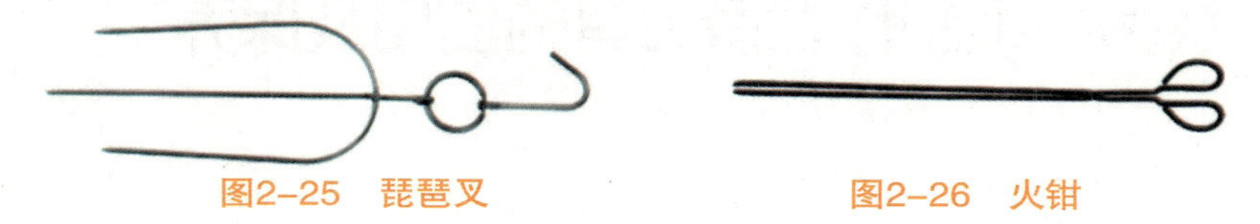

图2–25 琵琶叉　　图2–26 火钳

22.不锈钢笊篱

不锈钢笊篱(见图 2–27)规格有 8 寸(1 寸 ≈3.33 cm)、10 寸、12 寸，用于捞卤好的卤水肉料，如掌翼、大肠、金钱肚、猪舌等，或发好的海蜇丝、煨好的肉料等。

23.S形鸡钩

S 形鸡钩(见图 2–28)有长短之分，长钩用于烧鹅、烧鸭挂档，短钩用于白切鸡、豉油鸡挂档。

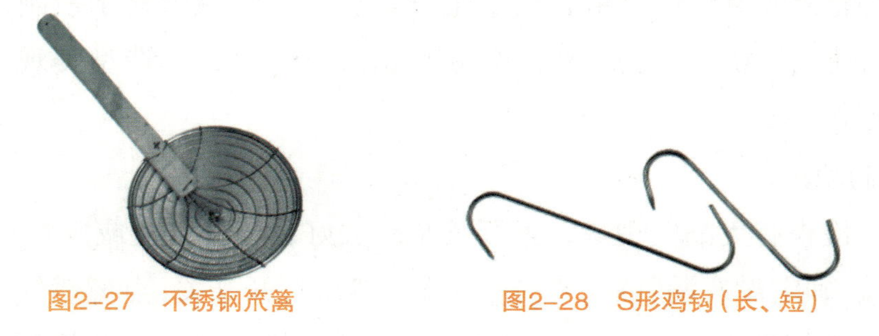

图2–27 不锈钢笊篱　　图2–28 S形鸡钩（长、短）

24.罐头刀

罐头刀（见图 2–29）用于开罐头。

25.麻油壶

麻油壶（见图 2–30）用于装麻油。

26.乳猪灯

乳猪灯（见图 2–31）用于装在乳猪眼睛内，然后加红樱桃，以增加气氛。

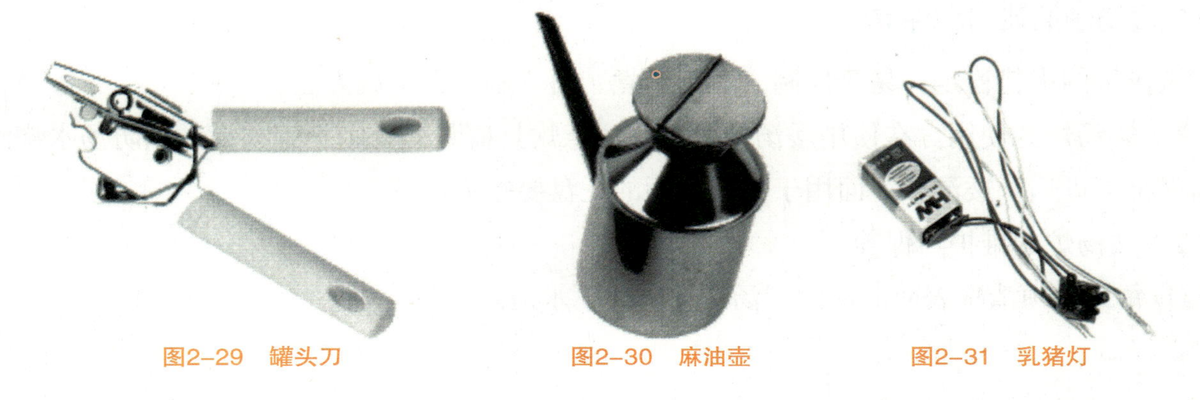

图2–29 罐头刀　　图2–30 麻油壶　　图2–31 乳猪灯

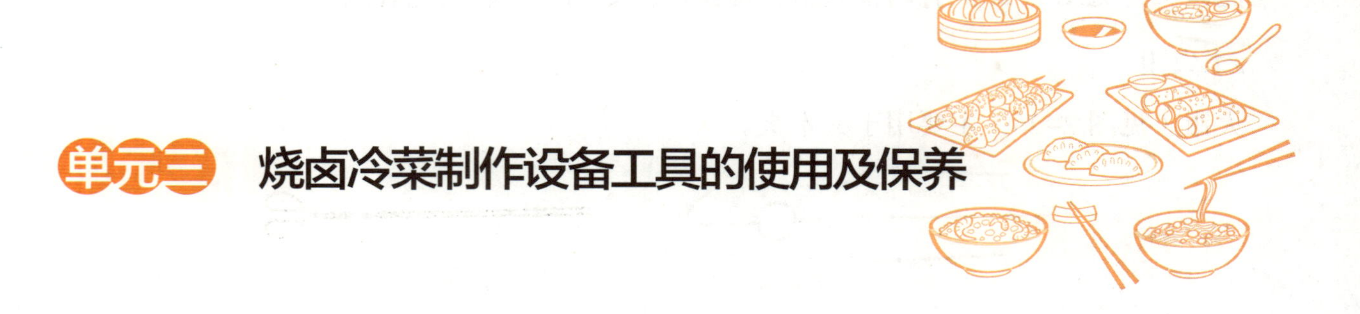

单元三 烧卤冷菜制作设备工具的使用及保养

一、烧卤、冷菜制作主要设备的使用及保养

1.燃气炉灶的使用和保养

燃气炉灶常用的能源有煤气、液化气、沼气等，这种灶火力易于控制，操作方便，常用点火棒点火，有电动鼓风机，火力集中，外表均由不锈钢制成，造型美观，便于清洁，是现代厨房必备的加热设备之一。

1）燃气炉灶的使用。

① 在点火前：检查有无漏气现象，各开关是否关好，各种管道或皮管有无破损。

② 在点火中：在确定没有漏气后，点燃点火棒，然后打开开关，点燃燃气，并观察火焰颜色。

③ 在使用中：根据菜肴的烹调方法和要求，一边旋转灶具的开关旋钮，一边观察火焰的大小，直至火焰大小满意为止。

④ 烹调结束后：先关闭总阀门，再逐个关闭各开关，使管道中不留存气。该程序不能颠倒。

2）燃气炉灶的维护与保养。

① 每天必须清洗炉灶表面的油污，疏通灶面下水道。

② 每周用铁刷刷净并疏通炉灶火眼上的杂物。

③ 经常检查管道接头处和开关，防止燃气泄漏。

2.矮汤炉的使用和保养

矮汤炉的火势稳定，易于控制，适用于煮、卤、制汤等烹调方法。

1）矮汤炉的使用。在使用矮汤炉时，要注意炊具盛装的汤水不宜太满，以防汤水烧沸后溢出而浇灭火焰。矮汤炉下面用于收集油污的托盘要每天清洗。

2）矮汤炉的维护与保养。

① 每天必须清洗表面的油污、汤汁，疏通下水道。

② 每周必须疏通火眼，清除火眼上的杂物。

③ 经常检查管道、皮管接头处和开关是否有泄漏现象，如发现问题应及时修理。

3.冷藏设备的使用和保养

冷藏设备有冰箱、冰库、冰柜等，其功用有速冻、冷冻、冷藏三种，应根据烹调要求正确使用。

1）开启门不要太频繁或太久，最好在规定时间开启。

2）冰库、冰箱存放的食品要摆放整齐，要分类存放。

3）要经常检查各部分有无异常，观测温度，一旦发现故障，及时通知专业人员修理，确保正常运转。

二、烧卤、冷菜制作主要工具的使用及保养

1.铁制工具的使用及保养

铁制工具具有价廉耐用等特点，在使用时应注意：

1）铁制工具易生锈，用完后要及时擦干水，保持清洁（如刀具、饮具等）。

2）熟铁锅如油污太多或太厚，可把锅干烧使其变红，除去油污，再用清水洗净。

3）禁止用金属或其他硬物撞击锅体或用手勺、漏勺敲击，防止变形损坏。

4）铁制烹调用具不可长期盛菜肴或浸泡在汤水中。

2.不锈钢工具的使用及保养

不锈钢工具（盛器）具有美观、清洁、无毒、光亮的特点。冷菜间使用的不锈钢工具很多，如炒锅、手勺、漏勺、不锈钢锅等，在使用时应注意：

1）选购不锈钢工具时要有鉴别能力。按钢材分，其有13–0、18–0和18–8 3种规格：13–0是指钢材中含铬13%，不含镍；18–0是指钢材中含铬18%，不含镍；18–8是指钢材中含铬18%，含镍8%。其中18–8规格的性能最好，不会被磁铁吸附，其他则会被磁铁吸附，选购时只要用磁铁鉴别即可。

2）使用不锈钢工具时要及时清洗表面污物、油迹，否则其表面会变暗，失去光泽。

3）不锈钢工具切勿长时间装盛汤水，或浸泡水中，用完后要及时清洗，擦干水，保持光洁。

4）不锈钢工具要防止干烧，否则会出现难看的蓝环。

5）不锈钢工具不可用硬物敲打，否则易变形损坏。

3.铝制品工具的使用及保养

铝制品工具具有价廉、质量轻、传热快等特点。常用的工具有铝制炒勺、手勺、漏勺等，在使用时应注意：

1）铝制品工具不可干烧，干烧易变形、烧化。

2）铝制品工具要定期擦洗表面油污，才能保持光亮。

3）铝制品工具不可长时间浸泡，或盛装汤水及强酸、强碱的溶液，否则工具会失去光泽，会被氧化而产生有毒成分。

4）铝制品工具质软，不可用硬物敲打等，否则易变形损坏。

4.不粘锅的使用及保养

不粘锅有较多品种，有不粘锅炒锅、平底锅（俗称法兰板）、不粘锅电饭煲等，这些锅的内壁涂了一层“杜邦”的金属，所以不易粘贴食品，但在使用时必须注意以下几方面：

1）在烹制食品时不可使用金属的炒勺或饭勺，应使用专用的塑料或木制的工具。

2）勿使用醋及碱液。

3）清洁时不能使用去污粉和刷子，应使用软布或海绵轻轻擦洗。

4）不要烹制一些带硬壳的食品，以免碰撞使其变形而影响锅内的不粘涂层。

5）切勿将锅直接放在明火上干烧。

5.刀和砧板的保养

（1）刀的一般保养方法

刀用后必须用干净手布擦拭干净。特别是切过带咸味或有黏性的原料（如咸菜、藕、菱角等）后，黏附在刀两侧的鞣酸容易氧化使刀面发黑，所以刀用后一定要用水洗净、揩干。刀使用后放在刀架上，刀刃不可碰硬的东西，避免碰伤刀口。雨季应防止生锈，每天用完后最好在刀口涂上一层油。

（2）砧板的一般保养方法

冷菜间砧板有木制和白塑料两种，使用时应注意：

1）新砧板买进后可浸在盐卤中或不时用水和盐涂在表面上，以使砧板的木质收缩，更为结实耐用。新购进塑料砧板应用 84 消毒液刷洗、消毒方可使用。

2）使用砧板时不可专用一面，应该四面旋转使用，以免专用一面而使其表面凹凸不平。当砧板表面凹凸不平时，应用铁刨刨平，保持砧板表面的平滑。

3）每次使用完毕后应将砧板刮洗干净、晾干，并用洁布或墩罩罩好。每天要做好消毒工作，最好上笼蒸半小时左右。

4）砧板忌在太阳下曝晒，以防开裂。

模块小结

本模块教学主要从烧卤、冷菜制作的相关设备和工具的基本知识入手，进一步介绍了烧卤、冷菜制作的相关设备和工具的使用及保养，学生能熟记烧卤冷菜制作日常运营所需工具与设备的使用方法与整理流程，为学生在进入操作室进行实操训练时能规范标准的进行操作打下认知的基础，学生在实训过程中养成工具保养、整理并及时归位的劳动习惯、爱岗敬业的职业精神。

课后习题二

一、名词解释

1. 炮台灶
2. 烤猪炉
3. 砧板
4. 港式双眼炒灶
5. 烤鸭炉
6. 炒锅
7. 刀具
8. 不锈钢桶

二、填空题

1. 烹调工作人员必须熟练地掌握各种设备和工具的___________、___________、用途及使用方法，才能运用自如，使制作出的___________、___________制品达到理想的效果。

2. 矮汤炉燃料以___________、煤气为主。因炉体矮，矮汤炉一般用于体重大的冷菜的、___________、炸等烹调处理，便于工作人员操作，省力省时。

3. 港式双眼炒灶又称广式炒灶，有___________、两个副火眼，或___________、一个副火眼等式样。

4. 烤猪炉又称叉烤炉，其结构是在炉膛内设有多根带小孔的管道，上面放上石块。燃料以___________或___________为主，烤制食物时，打开阀门点燃燃料，先加热石块，再进行烤制，这样火力均匀，烤制的成品___________。

5. 炒锅又称炒勺、镬子、炒瓢等，有___________、熟铁锅、___________三大类。熟铁锅比生铁锅传热快，不易破损。

6. 叉烧针用于烧制___________、鸡翅、___________、琵琶鸭、___________、白鳝等。

7. 用于制作冷菜、冷拼的刀具种类很多，一般由铁或___________制成，常用的刀具有___________、砍刀、前切后砍刀、___________、剪刀等。

8. 不锈钢桶又称圆底桶，常用于烧煮大量的___________、熬卤水、豉油鸡水、煨肉料等，如酱鸡、___________、___________等。桶形两旁有耳把，上有盖，规格为直径与高度均在26~60 cm。

9. 不锈钢笊篱规格有__________、10寸、__________，用于捞卤好的卤水肉料，如__________、大肠、__________、猪舌等，或发好的__________、煨好的肉料等。

10. 燃气炉灶常用的能源有__________、__________、__________等，这种灶火力易于控制，操作方便。

三、简答题

1. 列举3种烧卤制作间常用的炉灶。
2. 常用于制作冷菜、冷拼的刀具有哪些？
3. 简述冷藏设备的使用和保养。
4. 叉烧针用于制作哪些菜肴？
5. 乳猪叉有哪几种规格？
6. 琵琶叉有哪两种规格？
7. 简述燃气炉灶的维护与保养。
8. 简述燃气炉灶的使用。
9. 简述矮汤炉的维护与保养。
10. 简述砧板的一般保养方法。

扫码在线答题

习题答案

模块三　烧卤、冷菜制作
原料的识别与选用

学习目标

知识目标:

1. 知道烹饪原料选择和鉴别的基本知识。
2. 了解常用原料的质量鉴别方法。
3. 熟悉烧卤冷拼常用香料识别与选用的知识。
4. 理解常用调味品及其用法在工作中的作用。

能力目标:

1. 能理解常用原料的质量鉴别的方法。
2. 能理解烧卤冷拼常用香料识别与选用的区别和联系。
3. 能利用互联网收集整理烧卤、冷菜制作原料识别与选用的知识，解决实际问题。

素质目标:

1. 遵法守纪、崇德向善、诚实守信、尊重生命、热爱劳动，履行道德准则和行为规范。
2. 具有质量意识、环保意识、安全意识。
3. 具有主动获取和应用知识信息素养。
4. 形成爱岗敬业的职业素质，具备良好的社会责任感，践行工匠精神，具备团队协作能力。

单元一　烧卤、冷菜原料选择和鉴别的原则

一、烧卤、冷菜对原料的运用特点

1.对原料的选择十分精准

为保证烧卤制品符合质量要求，在选择原料的时候特别讲究精准。例如，北京烤鸭选用北京填鸭，这种鸭在养殖的时候填喂了大量饲料，加之运动量小，北京填鸭的皮下脂肪较多，经烤制后就形成了皮脆肉嫩的独特口感。再如，新疆烤全羊对羊的选择就有独特的要求，一般选择绵羊中的羔羊、母羊和羯羊及山羊中的黑山羊。若要体现羊肉肉质细腻、紧实的一面，就选择绵羊；若要体现羊肉弹性十足，就选择黑山羊。

2.善于使用各种香料提味、赋香

我国是一个善于使用香料的国家，这一点充分体现在制作烧卤、火锅及一些烧、焖的菜品中。通过添加香料，可以增加食物的香气，同时兼具药物香料的多个功能，诸如馨香、定香、激香、凉辣及正气等。

3.部分原料直接生食

为了体现原料本身的特点，在制作冷菜时，部分动植物原料是可以直接生吃的，如胡萝卜、西红柿、苦瓜、黄瓜、金枪鱼、三文鱼等。

二、烧卤、冷菜原料选择和鉴别的原则

想要制作好烧卤和冷菜，必须学会选择和鉴别原料。烧卤和冷菜的质量，一方面取决于烹饪技术，另一方面取决于原料本身的质量，以及选用是否适当。在选择和鉴别烧卤、冷菜原料时，要注意以下几点。

1. 了解原料的特性

各种原料有其季节性生长的规律，也有其盛产时期和低产时期、肥壮时期和瘦弱时期。

例如，植物性原料一般以春、夏鲜嫩者较多；家畜类原料以秋末、初冬时节为最佳。又如菜心，虽然其在四季都有上市，但质量最好的是在秋季，这个季节的菜心鲜嫩青翠。由此可见，不同季节，原料的品质和肥嫩程度也不同，在选择原料时应对原料特性有所了解。

2. 知晓原料的产地

随着交通运输的日趋方便，烹饪原料已不局限于本地，而是来自不同地区，各地自然环境、种植、养殖方式不同，原料的质量也大相径庭，加上供、销周期长短不同，因而原料的质量有优、次之分。熟悉原料的不同产地，就可以采购到优质的原料；同时也可以根据不同品种的原料，采取相应的烹调方法。

3. 熟悉原料不同部位的特征

各种原料有其不同的部位，每个部位的质地又有所不同。例如，猪、牛、羊、鹅、鸡、鸭等，体内各部位肌肉都有瘦、肥、老、嫩之分，因而有的适于爆炒，有的适于烧煮，有的适于蒸炖，有的适于熬汤。因此，必须掌握原料不同部位的特点，做到物尽其用，这样才能使菜肴美味可口，达到烹调要求。

4. 鉴别原料的质量

原料质量的好坏，不仅关系到菜肴的色、香、味、形，更重要的是关系到食用者的健康，这是烹饪员工应予特别注意的。

1）不能选用有病或带有病菌的家畜、家禽、水产品等。海产品更要保持新鲜，以防止将病原体传染给食用者。

2）含有生物毒素的鱼、蟹、虾、野菜、果仁、菌类等，以及含有有机、无机毒素的香料、色素等，均不能选做烹饪原料，以防止人食后食物中毒。

3）各种原料不应有腐败、发霉、变味以及虫蚀、鼠咬等情况。

单元二　烧卤、冷菜原料的质量鉴别

一、植物性原料的质量鉴别

1.植物性原料质量鉴别要点

1）蔬果类。蔬果类原料的种类很多。其中，根菜类以生脆不干缩、表皮光亮润滑、水分充足者为佳；叶菜类以叶身肥壮、色泽鲜艳、菜质细嫩者为好；瓜果类以色泽鲜艳、无斑点、光滑丰满、有该品种特有的清香气味者为好。

2）豆类。对于鲜豆和豆荚原料，要根据季节及时选用，一般以色绿荚嫩、光洁丰满者为好；干豆类一般以粒大、均匀、质地坚实、富有光泽者为好。

3）粮食类。粮食类原料的种类也很多，但鉴别其质量好坏，有一个共同的标准：应有的色泽和光泽，没有异味（如酸味、霉味等），是否有杂质（如小砂石、泥尘、草屑），是否有病粒、虫咬粒、瘪粒等。

2.冷菜和拼盘中常用植物性原料的选择

1）茄子。茄子的品种较多，形状有圆形、扁球形、长条形或倒卵形。制作冷菜时，常选择嫩茄子，一般不去皮。挑选时，看茄子的皮硬不硬，皮硬的是老茄子，皮软的是嫩茄子。新鲜的茄子，蒂下面的“肩膀”饱满隆起，萼片部分有倒三角的刺，轴位于中心，周围有均匀的萼片，表皮紧致饱满，富有光泽，呈浓郁的绛紫色，敲击起来有“砰砰”声。

2）黄瓜。黄瓜的品种较多，按果形可分为刺黄瓜、鞭黄瓜、短黄瓜和小黄瓜。制作冷菜时，常选择刺黄瓜、短黄瓜和小黄瓜。选择时，以瓜身自然弯曲、表皮浅绿、瓜体饱满硬实、择断后能渗出汁水者为佳。

3）苦瓜。苦瓜按果形和表面特征分为长圆锥形和短圆锥形两类，按果实颜色分为浓绿、绿和绿白等，其中绿色和浓绿色品种的苦味较浓，淡绿色和绿白色苦味较淡。做冷菜时，为了菜肴的颜色，一般选择绿色或浓绿色品种的苦瓜。选择时，以外形饱满、表皮颗粒大、颜色翠绿者为佳。

4）莲藕。莲藕按上市季节可分为果藕、鲜藕和老藕，按花的颜色可分为红花莲藕和白花莲藕。做冷菜时，以果藕、鲜藕或白花莲藕为佳。品质优良的藕，整体饱满，节间紧致，藕的中间有一个洞，中间有 8 至 9 个均匀分布的洞，折断后能拉出丝。

5）秋葵。秋葵又名黄秋葵、羊角豆，俗称洋辣椒，可食用部分是果荚，分绿色和红色两种，脆嫩多汁，滑润不腻，香味独特，深受人们青睐。品质优良的秋葵，形状饱满，直挺、平整无皱，棱角突出且棱角之间不下凹，表面呈浅绿色，有细致的绒毛。做冷菜时，一般选择嫩秋葵，其长度为 5~10 厘米。

6）甜椒。甜椒果形较大，有红、绿、紫、黄、橙黄、浅黄等颜色，果肉厚，味略甜，无辣味或略带辣味。选择以果实鲜艳、体型均匀完整、外皮结实、果蒂面积较小者为佳。

7）西芹。新鲜的芹菜茎部容易折断，芹叶饱满翠绿。选择时，以茎部短粗、直挺、根部切口未变色的西芹为佳。

8）洋葱。洋葱分为白皮洋葱、黄皮洋葱和紫皮洋葱，颜色越深，洋葱的辛辣味越浓。选择时，以体型完整、外表光泽亮丽、洋葱尖部的位置较硬的洋葱为佳。一般来讲，洋葱皮上的弧线越多越好。

9）西红柿。西红柿的品种较多，大小差异较大。果实呈球形、扁球形、茄形、梨形或樱桃形，果肉分为红、粉红、黄、白等。制作冷菜时，一般选用球形、扁球形和茄形的；制作果盘时，选用梨形和樱桃形的。挑选西红柿时，一看西红柿的“屁股”，“屁股”上有很多清晰的放射状筋络，筋络多的较好；二看形状，好的番茄形状圆润，蒂位于中央；三看重量。沉甸甸的西红柿为佳；四看子房，拦腰将西红柿切开，子房大小均匀，且数量较多的西红柿味道会更好。

10）竹笋。竹笋按照采收季节可分为冬笋、春笋、鞭笋。制作冷拼时，以冬笋的质量为最佳，春笋质地较老，鞭笋的质量较差。选择竹笋时，一看竹笋的顶部。竹笋的顶部没有缝隙，没有变成绿色为佳。如果顶部的缝隙变成绿色，说明笋晒过太阳，变老了。二看外表皮。竹笋的外表皮有光泽，不过分干燥。三看竹笋的底部，底部呈圆形，“小疙瘩”没有变成紫色。

二、家畜肉的品质鉴别

家畜肉的品质主要以肉的新鲜度来确定。肉按新鲜度一般可分为 3 类：新鲜肉、不新鲜肉和腐败肉。在行业中一般以感官鉴定方法对家畜肉的品质加以判断。

1.新鲜程度

外观：新鲜肉的表面有一层微微干燥的表皮，呈淡红色；新切开的肉面稍有湿润而无黏性，肉汁透明，并且有各种牲畜肉的特有光泽。

硬度及弹性：新鲜肉的切面肉质紧密有弹性，用手指按压，凹陷处能迅速复原。

气味：新鲜肉具有各种家畜肉的特有气味。不新鲜肉表面稍有氨及酸味，但深层还没有这种气味。腐败肉表面及深层均有浓厚的腐败臭味。

脂肪状况：新鲜肉的脂肪无油腻味。牛肉的脂肪呈白色、黄色或淡黄色，质硬，并可用手捻为碎块；猪的脂肪呈白色，有时略发红，柔软；羊的脂肪呈白色，质硬。

2.老嫩程度

猪肉：皮薄膘厚，毛孔细，表面光滑无皱纹，奶头小而发硬，骨头发白者肉质较嫩；皮厚膘薄，毛孔粗，表面粗糙有皱纹，奶头大而有管，骨头发黄者，肉质较老。

牛肉：嫩牛肉呈鲜红色，老牛肉呈紫红色。

羊肉：嫩羊肉纹质细，颜色浅红；老羊肉纹质较粗，颜色深红。

3.脏腑类的鉴别

肝：新鲜肝呈褐色或紫色，坚实有弹性；不新鲜的肝颜色淡，呈软皱萎缩现象。

腰：新鲜的腰呈浅红色，体表有一层薄膜，有光泽，表面柔润，富有弹性。

心：新鲜的心挤压时会有鲜红的血液流出，肌肉组织坚实，富有弹性。

肚：新鲜的肚有光泽，呈白色，略带一点儿浅黄，肚壁厚的较好。

三、家禽肉的品质鉴别

家禽有活杀的和冷藏的两种。对于活杀的家禽，主要看其有无瘟病及是否肥壮、老嫩；对于冷冻的家禽，其新鲜度为第一鉴别要点。方法均以感官检验为主。

1.肥度

家禽的肥度分 3 个等级。

鸡：一级品具有发达的肌肉组织，皮下脂肪较多，皮细嫩、光滑，紧贴在肉上，鸡体亦呈圆形，肥胖。二级品为骨稍尖，尾部及背部肌肉肥满。三级品则为胸骨突出明显，鸡皮松弛，较瘦。

鸭和鹅：一级品腰部呈圆形，肌肉十分发达，全身脂肪多，尾部脂肪厚，呈淡黄或黄色。二级品胸部稍有突出，全身脂肪较多，尾部脂肪层稍薄。三级品腰部呈扁圆形，胸骨突出，全身及尾部不肥，尾部脂肪很薄。

2.新鲜度

家禽的新鲜度是通过对家禽的嘴部、眼部、皮肤、脂肪、肌肉及制成肉汤的感官反应而检验确定的。

嘴部：新鲜的家禽，嘴部有光泽、干燥，有弹性，无异味。不新鲜的家禽，嘴部无光泽、部分失去弹性，稍有腐败味。

眼部：新鲜家禽的眼部，眼球充满整个眼窝，角膜有光泽。如眼球部分下陷、角膜无光则为不太新鲜。

皮肤：皮肤呈淡黄色或淡白色、表面干燥、具有特有的气味为新鲜的家禽。

脂肪：新鲜家禽的脂肪稍带有淡黄色，有光泽，无异味。

肌肉：新鲜家禽的肌肉，结实而有弹性。鸡的肌肉为玫瑰色，有光泽，胸肌为白色或带玫瑰色。鸭、鹅的肌肉为红色，幼禽肉有光亮的玫瑰色，稍湿不黏，有特有的香味。

制成的肉汤：新鲜家禽的肉汤透明、芳香，表面有大的脂肪油滴。不新鲜的肉汤不大透明，脂肪滴小，有特殊气味。腐败的肉汤混浊，有腐败气味，几乎无脂肪油滴。

3.老嫩

家禽老嫩主要通过看和捏胸骨、喙根、皮肤、脚等部位来判断。

胸骨：以手捏鸡、鸭胸骨的尾端软骨，骨软则嫩，骨硬则老。

喙根：以手捏鸡、鸭嘴根部，骨软嫩，骨硬则老。

皮肤:这是指无毛的冻禽。羽毛管软、表皮皮肤粗糙、毛孔大为嫩;羽毛管硬、毛孔细密为老。

脚：鸡脚皮肤毛粗，爪尖尖锐，指长为老，反之为嫩。鸭、鹅可捏拉其蹼，松软为嫩，韧性足且厚实为老。

四、常见水产品的品质鉴别

（一）水产品品质鉴别的标准

1.鱼类的感官检验标准

1）鲜鱼。鱼鳞新鲜发光，紧贴鱼体而不易脱落；鱼鳃清洁鲜红，无黏液和臭味，鳃盖及口紧闭；眼珠清亮凸出，黑眼珠和白眼珠界限分明；鱼体表皮有一层清洁、透明的黏液；鱼体发硬，用手摸鱼背时感到坚实、有弹性，压下去的凹陷处随即平复；肚腹不膨胀。

2）活鱼。活鱼应活泼好动，对外界刺激有敏锐的反应，身体各部分如眼、口、鳃、鳞、鳍等无残缺或病害。行动缓慢、浮游水面或体不能直立的均为将死特征。

3）冻鱼。鱼体应坚硬，在用硬物敲击时能发出清晰的响声，鱼体温度应在 -8℃~-6℃，体表无污物，色泽鲜亮。解冻后的质量要求应与鲜鱼相似。

2.虾的感官检验标准

新鲜的虾，虾体完整、结实、细嫩，有一定的弯曲度;呈青白色或青绿色，壳发亮;肉质坚实。

3.蟹的感官检验标准

1）新鲜的蟹。

生蟹:壳青腹白，带有亮光，腿爪完整，腿肉坚实，脐部饱满，分量较重，肉质鲜嫩，无臭味。

熟蟹：活着煮熟的蟹，腿爪卷曲，分量重，肉质丰满。

2）活河蟹的肥瘦质量鉴别。

肥蟹：蟹腿坚实，用手指掐不动的，蟹壳离缝大的为肥蟹。

瘦蟹：用手掐蟹腿，一掐就下陷的，蟹壳离缝小的为瘦蟹。

（二）生食水产原料的选择要求

1）生吃水产品要注意品种的选择。一般应选择深海鱼类，不建议生食淡水鱼类。生食的贝类要进行净化处理。

2）生食的水产品要注意新鲜度和注意保鲜。生食水产类原料的感官鉴别标准见表 3–1，为了保持生食水产类原料的新鲜度，可以用白醋、大蒜汁和生姜汁对其进行保鲜。以金枪鱼为例，保鲜液的配比为 52% 纯净水 +26% 白醋 +12% 大蒜汁 +10% 生姜汁。

3）生食的水产品外形要完整，表皮不能有破损。

4）为避免寄生虫给人身体带来的伤害，生食前应当对鱼进行冷冻处理。将鱼放置在 –18℃下冷冻 24 h，可有效杀死鱼肉中的寄生虫。加拿大不列颠哥伦比亚省在生食水产品的规定中也提到了“冷冻处理”。规定如下：①对于野生捕捞的水产品，除金枪鱼和贝类之外的游泳性鱼类（不包括鱼卵），生食前都要经过一段时间的冷冻处理，以避免寄生虫对人的危害。②对于养殖的鱼类，如果养殖鱼是使用小鱼投喂的，也要对其进行冷冻处理才能生食。

表3–1　生食水产类原料的感官鉴别标准

项　目	要　求
外观及色泽	具有产品正常的外观和应有的色泽
滋味、气味	具有产品应有的滋味和气味，无异味
组织形态	肌肉紧密、有弹性，保持活体应有的组织形态
杂质	无正常视力可见的杂质

（三）冷菜中常用的水产品及品质鉴别

1.三文鱼

三文鱼（见图 3–1）即鲑鱼，也叫大马哈鱼，是一种生长在加拿大、挪威、日本、俄罗斯、我国黑龙江省佳木斯市等高纬度地区的冷水鱼类。鱼体长，侧扁，口大，眼小，鱼体肥壮，背部灰黑色，分布斑点，肚白色，两侧线平行；肉色粉红且均匀间隔白肉，特别适合做刺身，烧熟了难有佳味。三文鱼食用价值极高，含大量的 Ω–3 脂肪酸，对预防心脏病和中风有较好的作用。

购买三文鱼时要注意区分三文鱼和虹鳟鱼。一看肉色。挪威三文鱼脂肪相对含量更高，肉色偏橙黄色，表面的白色花纹更白，线条较宽，且线条边缘比较模糊。加拿大三文鱼脂肪含量相对较少，肉色偏红，表面的白色花纹不明显。虹鳟鱼脂肪含量少，线条细而且边缘很硬，红白相间很明显。二看光泽。三文鱼看着有油油的光亮，在灯光下会隐约反光。虹鳟鱼在灯光下黯淡无光。三看口感。三文鱼入口结实饱满，鱼油丰盈，有化口的感觉，弹性十足。而虹鳟鱼吃起来没有这个感觉。

2.金枪鱼

金枪鱼（见图 3–2）是一种大型远洋性重要商品食用鱼，主要生长在海洋中上层水域中，分布在太平洋、大西洋和印度洋的热带、亚热带和温带的广阔水域。鱼体长，粗壮而圆，呈流线型，向后渐细尖而尾基细长，尾鳍呈叉状或新月形。尾柄两侧有明显的棱脊，背、臀鳍后方各有一行小鳍。枪鱼类一般背侧呈暗色，腹侧银白，通常有彩虹色闪光。金枪鱼是高蛋白、低脂肪、低热量的健康美容、减肥食品。整条金枪鱼肉质鲜红，口感鲜嫩，是制作刺身的上好原料之一。

图3–1　三文鱼

图3–2　金枪鱼

市场上的金枪鱼有冰鲜金枪鱼、超低温金枪鱼和经一氧化碳（CO）处理过的金枪鱼，以冰鲜和超低温的金枪鱼品质为佳。一看色泽，冰鲜金枪鱼呈暗红色或褐色，且颜色天然不均匀，背部较深，腹部较浅；超低温金枪鱼颜色较暗，光泽度次之；经氧化碳处理过的金枪鱼肉色呈粉红色，颜色均匀而无光泽；二是品口感。冰鲜金枪鱼口感清爽、不油腻，肉质有弹性，吃到口中会有余香；经一氧化碳处理过的金枪鱼吃起来无香无味，肉质干黏；超低温金枪鱼则介于两者之间。

3.鲷鱼

鲷鱼（见图 3–3）又称加吉鱼、铜盆鱼，在我国各海区均有出产，黄海、渤海产量较大，是我国名贵的经济鱼类。鱼体椭圆，头大，口小，呈淡红色，背部有许多淡蓝色斑点。鲷鱼栖息于海底，以贝类和甲壳类为食，是一种上等食用鱼，肉质细嫩紧密、肉多刺少，滋味鲜美，经常整条用于刺身，头尾做装饰，鱼肉批下后整齐地摆放于盘中。挑选鲷鱼时，以鱼的鳞片完整不易脱落、肉质坚实、富有弹性、眼球饱满突出、角膜透明、鱼鳃色泽鲜红、腮丝清晰者为佳。

4.比目鱼

比目鱼（见图 3–4）包括鲆科、鳎科、鲽科等。各地叫法也不同，北方地区称其为偏口鱼，江浙地区称其为比目鱼、广东地区称其为左口鱼或大地鱼，也有人称其为鞋底鱼，一般将其统称为比目鱼。鱼体侧扁，呈长圆形；两眼均在体的左侧，有眼的一侧为褐色，有暗色或黑色斑点，无眼的一侧为白色；肉质细嫩而洁白，味鲜美而丰腴，刺少。做刺身食用较多的为多宝鱼（即大鲮平）、左口鱼。选择比目鱼时，以鱼鳃鲜红、鱼眼清澈、鱼肉结实有弹性者为佳。

图3–3　鲷鱼

图3–4　比目鱼

5.鲈鱼

鲈鱼（见图 3–5）又称为花鲈、鲈板、鲈子、海鲈，鱼体长而侧扁，一般体长为 30~40 cm，体重 400~1 200 g，眼间隔微凹，口大，下颌长于上颌，吻尖，牙细小，在两颌、犁骨及腭骨上排列成绒毛状牙带，皮层粗糙，鳞片不易脱落，体背侧为青灰色，腹侧为灰白色，体侧及背鳍棘部散布着黑色斑点。鲈鱼具有治水气、风痹、安胎的功效，肉细嫩而鲜美，刺少，也是制作刺身的上好原料。选购时，以鱼体表面不变形、鱼眼饱满、鳃色鲜红、肉质紧实有弹性、体表有透明黏液、鳞片紧附鱼体不脱落者为佳。

6.鳜鱼

鳜鱼（见图 3–6）又称为桂鱼、季花鱼、花鲫鱼、淡水老鼠斑等，鱼体侧扁，背部隆起，呈青黄色，有不规则黑色斑点块。鳜鱼营养丰富，含脂量较高，能补中益气、补虚劳，肉质紧实细嫩，刺少，滋味鲜美，肉色洁白。古诗有“桃花流水鳜鱼肥”，李时珍把鳜鱼比作“水豚”，有河豚的美味。选购时，以活力强、表面无损伤、无充血的个体为佳。

图3–5　鲈鱼

图3–6　鳜鱼

7.河豚

河豚（见图 3–7）又称气泡鱼、吹肚鱼等，体型粗大，呈亚圆筒形，头部宽或侧扁，体无鳞或披刺鳞；体表有艳丽的花纹，因种类不同而花纹的色泽形状各异。其食道扩大为气囊，遇敌害时吸水或空气，使腹部膨胀为球状，浮于水面以自卫。河豚肉质肥美，味道极鲜，但其卵巢、肝脏、血液、皮肤均含有剧毒的河豚毒素，必须经严格去毒之后方可食用。河豚肉可直接制作刺身。目前，市场上允许销售的河豚品种主要为红鳍东方鲀和暗纹东方鲀，选购河豚时，应选择以上两种，不要选择其他品种的河豚。挑选红鳍东方鲀时，以体表富有光泽、无破腹现象，眼球饱满，角膜透明，肉质富有弹性的个体为佳。暗纹东方鲀的选购标准与红鳍东方鲀相同。

8.乌鳢

乌鳢（见图 3–8）又称为黑鱼、乌鱼、生鱼、财鱼、斑鱼等，我国除西北高原外均有分布，冬季肉质最佳。鱼体呈亚圆筒形，青褐色，有黑色斑块，无鳞，口大，牙尖，5~7 月产卵。乌鳢营养丰富，是滋补食品，具有健脾利水、通气消胀的功效，肉多刺少，肉质细嫩，味道鲜美。选购乌鳢时，以眼睛凸起、澄清并富有光泽，鳃盖紧闭，腮片呈鲜红色，没有黏液者为佳。

图3–7　河豚

图3–8　乌鳢

9.龙虾

龙虾（见图 3–9）是虾类中最大的一族，体长 20~40 cm，一般重约 500 g，大者可达 3~5 kg。龙虾品种很多，可分中国龙虾、澳洲龙虾、日本龙虾、波纹龙虾等。国产龙虾分布于东海、南海等海域，尤以广东、福建、浙江较多，夏秋为龙虾上市旺季。龙虾体粗壮，色鲜艳，常有美丽斑纹。头胸甲壳近圆筒形，腹部较短，背腹稍扁，腹部附肢退化。尾节呈方形，尾扇较大。龙虾栖息海底，行动缓慢，不善游泳。龙虾体大肉厚，味鲜美，是名贵的海产品，其外形威武雄壮，最能体现档次，做刺身时，头尾做装饰，虾肉批成片。选购龙虾时，以头部与身体比例匀称、虾壳薄而滑、头部与身体接缝处吻合紧密者为佳。

10.象拔蚌

象拔蚌（见图 3–10）又名皇帝蚌、女神蛤，原产地在美国和加拿大北太平洋沿海，生活在海底沙堆中，每只重 1 000~2 000 g。其因又大又多肉的红管，被人们称为“象拔蚌”。贝壳一般为卵圆形或椭圆形，左右两壳相等，表壳为黄褐色或黄白色。肉足大而肥美，伸出壳外。象拔蚌肉特别爽脆，鲜嫩回甜，是做刺身的绝佳材料。酒楼食肆大多以烹制风味独特的“象拔蚌刺身”菜式吸引顾客，售价虽昂贵，但仍颇受消费者欢迎。挑选象拔蚌时，要触碰一下其水管肌，会动则表示是活的，即可采购。

图3-9　龙虾

图3-10　象拔蚌

11.北极贝

北极贝（见图 3-11）产于北大西洋 50~60 m 深海底，生长缓慢，肉质有天然独特的鲜甜味道，生长环境非常干净，很难受到污染。与其他贝类海产品相比，北极贝的胆固醇含量低，对人体有良好的保健功效，有滋阴平阳、养胃健脾等作用，是上等的食品原料。北极贝在捕获后加工焯熟，鲜活的北极贝呈深紫色，焯熟后呈玫瑰红和白色，非常漂亮，令人食欲大增。北极贝味道非常鲜美，口感爽脆鲜甜，十分适合制作刺身。选购北极贝时，以肉色泽正常且有光泽、无异味、手摸有爽滑感、弹性好者为佳。

12.扇贝

扇贝（见图 3-12）有两个壳，大小几乎相等，壳面一般为紫褐色、浅褐色、黄褐色、红褐色、杏黄色、灰白色等。它的贝壳很像扇面，所以就很自然地获得了“扇贝”这个名称。扇贝具有降低血清胆固醇的作用。人们在食用贝类食物后，常有一种清爽宜人的感觉，这对解除一些烦恼症状是有益的。贝壳内面为白色，壳内的肌肉为可食部位。扇贝只有一个闭壳肌，闭壳肌肉色洁白、细嫩，味道鲜美。选购扇贝时，要注意扇贝肉的颜色，新鲜的扇贝肉色雪白带半透明状，如呈不透明的白色，则是不新鲜的扇贝。

图3-11　北极贝

图3-12　扇贝

13.贻贝

贻贝（见图 3-13）又称壳菜、海红、淡菜、青口等，在我国沿海均有分布，主产于渤海、黄海。贻贝两壳相等，略呈长三角形，壳表面为紫黑色，有细密生长纹，被有黑褐色壳皮，壳内面为白色略带青紫；前闭壳肌退化，后闭壳肌发达；壳顶尖，壳质脆薄。贻贝营养丰富，含钙、磷、铁、碘、烟酸等，具有滋阴、补肝肾、益精血、调经的功效。贻贝肉质细嫩、滋味鲜美，经常被用于刺身，口感滑嫩。新鲜的贻贝带有硬壳，贻贝互击，如果有铿锵声响，表明是活体。品质较佳者，壳面墨绿色，至最外延淡化成绿色。

14.鲍鱼

鲍鱼（见图 3–14）是一种原始的海洋贝类，单壳软体动物。鲍鱼是我国传统的名贵食材，四大海味之首。鲍鱼品种较多，有澳洲黑边鲍、青边鲍、棕边鲍和幼鲍；日本网鲍、窝麻鲍和吉品鲍，其中网鲍为鲍中极品；我国北部沿海常见的是皱纹盘鲍，南部沿海常见的为杂色鲍。鲍鱼的贝壳呈耳状，质坚厚，螺旋部很小，体螺层极大，几乎占壳的全部；壳表面有螺纹，侧边缘有 8~9 个孔；足部肥厚，是主要的食用部分，肉质细嫩、滋味鲜美，生吃口感柔滑，为贝中上品。选购鲍鱼时，以身形完好无缺、鲍身圆厚、肥美肉润、珠边均匀、无缺口，无裂痕者为佳品。对光看，若中间通透并一度红色，且沉甸坠手者为佳。

图3–13　贻贝

图3–14　鲍鱼

15.海胆

海胆（见图 3–15）体型呈球形、半球形、心形等，壳生有很多能活的棘，一般生活在印度洋、大西洋的岩石裂缝中，少数穴居泥沙中。常见的有马粪海胆、紫海胆和大连紫海胆等。《本草纲目》记载，海胆有“治心痛”的功效，近代中医药认为“海胆性味咸平，有软坚散结、化痰消肿的功用”。海胆的可食部分为海胆黄，即海胆的卵巢，在生殖季节，几乎充满整个体腔。此时海胆的生殖腺为黄色至深黄色，质地饱满，颗粒分明，品质最好。做刺身时应取新鲜海胆洗净，把腹面口部撬裂，露出海胆黄，用小匙舀出，直接食用。海胆的雄性和雌性在非生殖季节较难区分，只有在生殖季节才能区分，挤压海胆的卵巢，便会有淡黄色的浆体渗出，打开以后，卵巢为橙黄或橙红色；挤压海胆的精巢，渗出的是乳白色的浆体，打开以后，卵巢为白色或淡黄色。挑选海胆时，要以颜色没有变异、无异味、体表的刺没有松软者为佳。个头一致的情况下，越重越好。

16.梭子蟹

梭子蟹（见图 3–16）俗称蝤蛑、抢蟹、白蟹、盖子等，头胸甲两侧具有梭形长棘。雄性脐尖而光滑，螯长大，壳面带青色；雌性脐圆有绒毛，壳面呈赭色，或有斑点。梭子蟹肉肥味美，有较高的营养价值和经济价值，且适宜于海水养殖，我国沿海均产，黄海北部产量较多。蟹含有丰富的蛋白质及微量元素，对身体有很好的滋补作用。吃蟹对结核病的康复大有裨益。

梭子蟹肉质细嫩、洁白。新鲜质优的梭子蟹色泽鲜艳，腹面甲壳和中央沟色泽洁白而有光泽；手压腹面较坚实，螯足挺直，鳃丝清晰呈白色或稍带褐色，步足和躯体连接紧密，提起蟹体时，头足不松弛下垂。

图3–15　海胆

图3–16　梭子蟹

17.青蟹

青蟹（见图 3–17）俗称锯缘青蟹、朝蟹、膏蟹、肉蟹等。蟹甲壳呈椭圆形，体扁平、无毛，头胸部发达，双螯强有力，后足形如棹，故有据棹子之称。头胸甲宽约为长的 1.5 倍，背面隆起，光滑；头胸甲表面有明显的“H”形凹痕；前额有 4 个突出的三角形齿，齿的大小及间距大致相等；前侧缘有 9 个大小相若、突出的三角形齿。青蟹主要分布在浙江以南海域，是我国南方主要食用海蟹之一。蟹不可与南瓜、蜂蜜、橙子、梨、石榴、西红柿、香瓜、蜗牛同食，吃螃蟹不可饮用冷饮，否则会导致腹泻。青蟹肉质细嫩，肉色洁白，肉比较多，滋味鲜。选购时，举起青蟹，背光查看锯齿状的顶端，如果其是完全不透光的，说明青蟹比较丰满，反之则不饱满。

18.章鱼

章鱼（见图 3–18）又称八爪鱼或八带鱼。章鱼其实不是鱼，它是软体动物，头足纲类。其形态特点是胴部短小，呈卵圆形，无肉鳍，头上生有发达的 8 条腕，故称八带鱼。各腕均较长，内壳退化。章鱼含有丰富的蛋白质、矿物质等营养元素，并富含抗疲劳、抗衰老的重要保健因子——牛磺酸。章鱼肉质柔软鲜嫩，是制作刺身的优质原材料。用来制作刺身的章鱼，选购时要注意新鲜度。鱼体具有弹性、无异味，皮肤光亮透明，鱼眼透明水亮，用力拍打其触角，触角上的吸孔会收缩闭合，说明章鱼的新鲜度较高。

图3–17　青蟹

图3–18　章鱼

19.乌贼

乌贼（见图 3–19）又称墨鱼、墨斗鱼。乌贼遇到强敌时会以“喷墨”作为逃生的方法，伺机离开，因而有乌贼、墨鱼等名称。乌贼属软体动物，头足纲类。胴部呈袋状，左右对称，背腹略扁平，侧缘绕以狭鳍，头发达，眼大，共有 10 条腕；内壳呈舟状，很大，后端有骨针，埋于外套膜中；体色苍白，皮下有色素细胞；体内墨囊发达。墨鱼不但味感鲜脆爽口，蛋白质含量高，具有较高的营养价值，而且富有药用价值。挑选章鱼以体形完整、色泽鲜明、肥大、爪粗壮、体色柿红带粉白、有香味、足够干且淡口者为上品，色泽紫红的次之。

20.枪乌贼

枪乌贼（见图 3–20）俗称鱿鱼、柔鱼等，胴部为袋状，呈长圆锥形；两鳍分列于胴部两侧后端，并相合呈菱形，头部两侧眼较大，共有 10 条腕；内壳角质，细、薄而透明；在我国沿海均有分布，南海产量较多，尤以广东、福建出产量较高，上市期为 5~9 月。鱿鱼具有养血滋阴、补心统脉的功效，可用于治疗慢性肝炎、降低胆固醇等。鱿鱼肉质细嫩，色泽洁白，滋味鲜美，做刺身以大为佳，口感爽脆。优质的鱿鱼体形完整、坚实，呈粉红色，有光泽，体表面略现白霜，肉肥厚，半透明。

图3–19　乌贼

图3–20　枪乌贼

五、烧卤和冷拼中常用动植物类制品的品质鉴别

在烧卤和冷菜制作过程中除了使用新鲜原料以外，还大量使用植物性原料制品和动物性原料制品。掌握好原料制品的质量鉴别，对于制作好烧卤和冷菜菜肴也有重要的意义。

（一）常见动物性制品的质量鉴别

1）火腿。火腿是用猪的后腿经修坯、腌制、洗晒、整形、发酵陈放等多道工序制成的腌制品。火腿的选择一般通过“看、扦、斩”3 个步骤加以鉴别。

①看：主要观察火腿的表面特征，包括形态、色泽、油头大小，有无霉斑和虫蛀等。

②扦：将竹签插入内部，取出后嗅其气味，是否具有火腿独特的香味，一般采用“三签法”。

③斩：观察其切面的特征以及对气味的进一步判断，以切面是否精多肥少、瘦红肥白和

肉质是否紧实、香气是否浓郁为评判指标。

2）腊肉。腊肉是将鲜猪肉腌制后，经烘烤、日光暴晒或熏制而成的肉制品。腊肉以外表干燥、无黏液，色泽金黄，肌肉呈鲜红色或暗红色，脂肪透明呈乳白色，肉质紧实，富有弹性，香味浓郁、无哈味为佳。

3）香肠。香肠是用家畜小肠衣或大肠衣做外衣灌入调好味的肉料风干而成的风味肠制品。以肠衣饱满、肉馅坚实、颜色鲜艳，切开后瘦肉色泽鲜红、肥肉色泽洁白者为佳。

4）西式灌肠。西式灌肠是指将家畜肉切碎或绞碎，加入淀粉和调料制成馅后，灌入肠衣中，经烘烤、熏制等加工后制成的肉制品。以肠衣干燥、质地坚挺、有弹性、肉馅均匀、无杂质、无异味、香味浓郁者为佳。

5）午餐肉。午餐肉是一种罐装压缩肉糜，通常采用猪肉制成。以肉质紧实饱满、颜色淡红，品尝起来有肉味、不肥腻，咸味适中者为佳。

6）皮蛋。皮蛋是以鸭蛋、鹌鹑蛋等为原料，加生石灰、烧碱、食盐、茶叶及其他添加物质加工而成的禽类制品。优质的皮蛋蛋壳完整，两蛋轻敲有清脆声，并能感到内部弹动。剥壳后，蛋清凝固完整，光滑洁净，不沾壳，无异味，呈棕褐色，软绵而富有弹性，表面有松枝结晶花纹；蛋黄外围墨绿色，溏心皮蛋中心质较稀薄，有清香味，无辣味，无臭味。

7）鱼肚。鱼肚为由毛鲿鱼、鮸鱼、鮰鱼、大黄鱼、鲟鱼等大中型硬骨鱼类的鳔加工的干制品，常见的有黄唇肚、黄鱼肚、鳝肚、鮰鱼肚、毛鲿肚、鮸鱼肚、鲟鱼肚等，以黄唇肚品质最佳。选择鱼肚时，以片大纹直、体壁厚实、色泽淡黄、半透明、体型完整者为上品。

（二）常见的植物性制品的品质鉴别

1）腐皮、腐竹。腐皮又称油皮，腐竹形似竹状，均是豆浆表面结皮，经干燥或折叠成粗细均匀的竹条状干燥而成。选择时，要求腐衣干燥而腐竹干湿湿度，以色泽淡黄、有光泽、腐衣片张薄而腐竹细长均匀者为佳。

2）玉兰片。玉兰片又称笋干，是以冬笋或春笋为原料，经蒸煮、熏磺、烘干等程序加工而成的干制品。因其色白如玉、形如玉兰花瓣，故称其为玉兰片。常见的品种有尖片、冬片、桃片和春片。以尖片和冬片品质最佳。在玉兰片选择时以色泽玉白、片小肉厚、节密、质地间脆鲜嫩、无霉点和黑斑、无杂质者为佳。

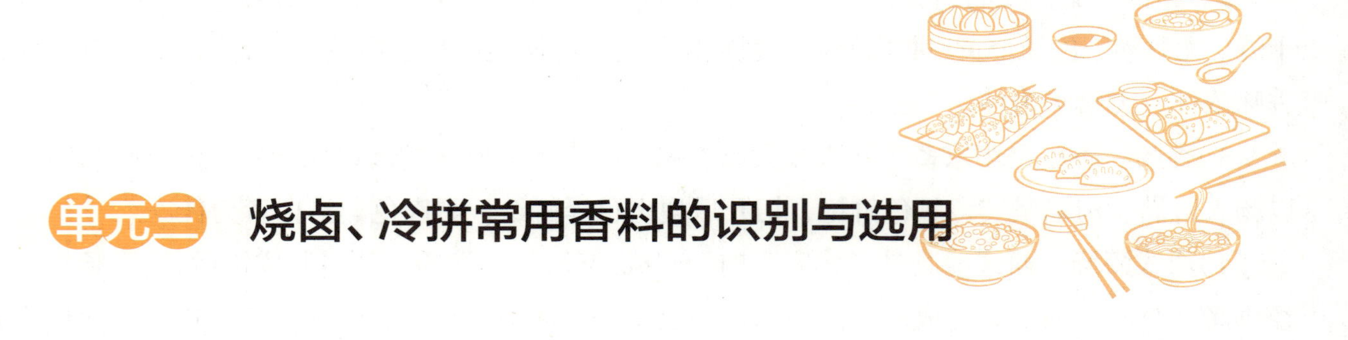

单元三 烧卤、冷拼常用香料的识别与选用

一、常见天然香料

1. 八角

八角（见图 3–21）能除肉中臭气，使之重新添香，故又名八角茴香、茴香、大料、大茴香，颜色为紫褐色，呈八角，形状似星，有甜味和强烈的芳香气味，香气来自其中的挥发性的茴香醛。挑选八角的时候，一看八角的蓇葖数，“真八角”蓇葖数正好是 8 枚。二看八角蓇葖的形状。八角的蓇葖呈钝角，如果蓇葖尖长且上翘则为假八角。选择时，以个大均匀、色泽棕红、鲜艳有光泽、香气浓郁、干燥完整、果实饱满、无霉烂杂质、无脱壳籽粒者为佳。

作用及用途：八角能促进肠胃蠕动，增加食欲。八角是制作烧卤、冷菜及炖、焖菜肴中不可缺少的调味品，适合于卤、炆、扣、焗、焐等长时烹饪法，适宜于几乎所有禽兽类以及一些根茎类原料的调香，取芳香、甘甜和清凉的感觉，也是加工五香粉的主要原料。

2. 小茴香

小茴香（见图 3–22）别名土茴香、野茴香、谷香。双悬果呈长椭圆形，形如稻粒，黄绿色，长约 0.5 cm，宽约 0.2 cm，5 条尖锐纵棱。选择时，以颗粒均匀、干燥饱满、色泽黄绿、气味香浓、无杂质者为佳。

图3–21 八角

图3–22 小茴香

作用及用途：小茴香具有温肾散寒、和胃理气的作用。出味后，挥发小茴香本身芬芳香

气，经肉料吸收后，可去鱼肉腥，能减轻肉质膻味，故称“茴香”，是卤味菜肴常用的香料之一，主要针对禽鱼畜肉以及内脏以卤、炆、焗、扣、焐等烹饪技法制作时使用。

3. 丁香

丁香（见图 3–23）别名丁子、丁子香、鸡舌香。烹饪中使用的主要是丁香植物的花蕾和蒴果。称花蕾为“公丁香”，称蒴果为“母丁香”“鸡舌香”。在烹饪时，常常采用“公丁香”，其呈短棒状，红棕色至暗棕色，上部近圆球形，下部圆柱状。选择时，以个大均匀、色泽棕红、油性足、粗壮质干、无异味、无杂质、无霉变者为佳。

作用及用途：丁香可缓解腹部气胀，增强消化能力，减轻恶心呕吐症状。丁香具有浓烈的特征性香气，其味浸入肉料，食后令人口齿留香，适用于禽、畜、鱼等原料的腌制及以卤、焐等烹饪技法制作时使用，但用量不能过多，否则会有苦涩味和“碱”味。

4. 桂皮

桂皮（见图 3–24）又称肉桂皮、官桂或香桂，为樟科植物天竺桂、阴香、细叶香桂、肉桂或川桂等树皮的通称，是较早被人类使用的香料之一。桂皮呈灰褐色、棕色、褐色等，加工品呈半槽状、圆筒形、板片状。桂皮有桶桂、厚肉桂和薄肉桂。在制作烧卤和凉菜时，选用厚肉桂和薄肉桂。选择时，以皮细肉厚、表面灰棕色、断面紫红色、油性大、香气浓郁、干燥无霉烂者为佳。

图3–23　丁香

图3–24　桂皮

作用及用途：在日常饮食中适量添加桂皮，可有助于预防或延缓因年老而引起的Ⅱ型糖尿病。桂皮因含有挥发油而香气馥郁，可使肉类菜肴祛腥解腻，芳香可口，进而令人食欲大增，但用量不宜太多，香味过重反而会影响菜肴本身的味道。

5. 草果

草果（见图 3–25）别名草果仁、草果子，是姜科豆蔻属植物草果的果实。干燥果实呈椭圆形，具三钝棱，长 2~4 cm，直径 1~2.5 cm；顶端有一圆形突起，基部附有节果柄；表面呈灰棕色至红棕色，有显著纵沟及棱线。选择时，以个大饱满、质地干燥、香气浓郁、表面红棕色者为上品。

作用及用途：草果可祛湿、消滞、除痰、健胃、化积；味辛辣，具有特异香气，微苦，常常拍破使用，在烧卤和冷菜时使用可减少禽畜肉的腥味，赋香，适宜于几乎所有禽兽类以及一些根茎类原料的调香。

6. 陈皮

陈皮（见图 3–26）为芸香科植物橘及其栽培变种成熟的果皮。一般在 10 月份以后采摘成熟的果实，剥取果皮，阴干或通风干燥。正宗陈皮必须满足两个要素，第一必须以新会柑制作，第二必须陈放不少于 3 年。陈皮的成品为深褐色，内面为淡黄色，味苦甜。选择时，以皮薄、片大、色深褐、油润、干燥无霉斑、香气浓郁者为好。

图3–25 草果

图3–26 陈皮

作用及用途：陈皮可顺气化痰，可解鱼蟹毒，能消膈气，和脾止嗽，帮助消化；可去腥味，除异味，是一些异味较重的烧卤菜肴常用的香料，但用量不宜过多，否则会使菜肴味道发苦。

7. 甘草

甘草（见图 3–27）别名甜草根、生甘草、炙甘草、粉干草、甜根子、国老草。甘草多生长在干旱、半干旱的荒漠草原、沙漠边缘和黄土丘陵地带，在引黄灌区的田野和河滩地里也易于繁殖。甘草表面红棕色或灰棕色；根茎呈圆柱形，表面有芽痕，断面中部有髓。选择时，以色泽金黄、香气浓郁、质干个大、回味略甜、无杂质者为佳。

作用及用途：甘草内含大量肾上腺皮激素，对慢性肾上腺机能低下症和胃部、十二指肠溃疡病等症状疗效显著。甘草出味后，挥发甘草本身甜味，肉料吸收后，可减少肉的膻腥味，在烹调中主要用于调制卤水，利用其加热后的香味使卤水更加甘香，有综合味道和缓和刺激性味道的作用。与其他甜味剂相比，甘草释放出的甜味稳定，不会随着反复加热而发生变化。

8. 沙姜

沙姜（见图 3–28）又名三萘子、三萘、山辣、山奈。沙姜根状茎浓辣而芳香，呈淡绿色或绿白色。选择时，以皮呈黄红色、切面色白有光、个大均匀、干燥芳香、无杂质、无霉烂者为佳。

图3-27　甘草

图3-28　沙姜

作用及用途：沙姜可刺激消化道，促进肠胃的蠕动，增进食欲。沙姜作为香料具有定香的作用，以减少烧卤和冷菜香气的散失。在烹调中，生沙姜一般用来制作味碟，干沙姜一般用在调制卤水或用在一些烧菜、炖菜中，出味后经肉料吸收，可减少肉的膻腥味。

9. 花椒

花椒（见图 3–29）别名香椒、山椒、蜀椒、川椒、大红袍，产于陕西省的称为秦椒，因其味麻，又称做麻椒。花椒的主要制品有花椒油和花椒面。花椒果实为蓇葖果，圆球形，成熟时呈红色或酱红色，果皮具有特殊的香气和强烈持久的麻味。选择时，以果实外皮红润、油点大、凸起、香气浓、无籽、质脆、内皮淡黄色者为佳。

作用及用途：花椒可促进唾液分泌，增加食欲；扩张血管，从而起到降低血压的作用。花椒位列“十三香”之首，也是“五香粉”原料之一，常用于配制卤汤、腌制食品或炖制肉类，有去膻味、去除各种肉类的腥气、增香等作用，红烧、卤味、小菜等菜肴均可用到它。

10. 白豆蔻

白豆蔻（见图 3–30）别名多骨、壳蔻、白蔻、百叩、叩仁。蒴果卵圆形，表面黄白色至淡黄棕色，有 3 条较深的纵向槽纹。果皮易纵向裂开，内分 3 室，每室含种子约 10 粒；气味芳香，味辛凉似樟脑，略苦。选择时，以颗粒饱满、干燥、表皮有花纹、色微白、气味芳香、无霉烂、无虫蛀、无杂质者为佳。

图3-29　花椒

图3-30　白豆蔻

作用及用途：白豆蔻有温胃行气、止吐逆反胃、消谷下气的功效。白豆蔻为五香调料之一，可去异味，增香辛，常用于配制各种卤汤及制作卤猪肉、烧鸡，以提高肉质香气和增加菜肴的回味，有综合味道和缓和刺激性味道的作用，特别是用在一些麻辣味的卤水或火锅料中，这种效果更加明显。白豆蔻也是咖喱粉原料之一。

11. 香叶

香叶（见图 3–31）又称月桂叶、香艾、桂叶，是桂树的叶子。香叶可分为两种：一种是月桂叶，呈椭圆形，较薄，干燥后颜色淡绿；另一种是细桂叶，其叶较长且厚，叶脉突出，干燥后颜色淡黄。香味以月桂叶为佳。月桂叶鲜叶香气浓郁但略有苦味，干叶香气弱但无苦味。烧卤冷菜制作中多使用干叶。选择时，以叶长、片大、干燥、色泽浅绿、气味芳香、无杂质者为佳。

作用及用途：香叶具有暖胃、消滞、润喉止渴的功效，还能解鱼蟹毒。在烹调中，其主要作用是增香去异味，促进食欲，多用于酱卤类菜肴或汤类的调味，但因其味道很重，所以不能加太多，否则会盖住食物的原味。香叶除了强化香气的作用外，还能提升、改善加工品的质感。

12. 胡椒

胡椒别名木椒、浮椒、玉椒，压成粉末后称胡椒粉，简称“古月粉”。浆果球形，直径 3~4 mm，未成熟时果皮为绿色，成熟时为红色。胡椒主要分为白胡椒（见图 3–32）和黑胡椒两类。黑胡椒是将刚成熟或未完全成熟的果实采摘后，堆积发酵 1~2 天，晒 3~4 天，当颜色变成黑褐色时干燥而成。白胡椒是将成熟变红的果实采摘后装入布袋，浸在流动的清水中 7~8 天，搓去果皮后再装袋，用流水冲洗 3 天左右，除净果皮，使种子变白，晾晒 3 天左右即成。选择时，黑胡椒以粒大、色黑、皮皱、气味浓烈者为佳，白胡椒以个大、粒圆、坚实、色白、气味浓烈者为佳。

图3–31　香叶

图3–32　白胡椒

作用及用途：胡椒有温中、下气、消痰、解毒的功效，可治寒痰食积、脘腹冷痛、反胃、呕吐清水、泄泻、冷痢，还可解食物毒，在烹调中用于去腥解膻及调制浓味的肉类菜肴。另外要注意的是，黑胡椒、白胡椒皆不能高温油炸，也不宜在锅中煮太久，以免香味挥发掉，应在菜肴或汤羹即将出锅时添加少许，均匀拌入即可。

13. 薄荷

薄荷（见图 3–33）别名夜息香、南薄荷、水薄荷、鱼香菜、狗肉香、水益母、土薄荷、苏薄荷、蕃荷菜等。薄荷茎高 30~60 cm，四棱形，披有微柔毛；叶对生，卵形或长圆形，绿色或赤绛色，有腺点。薄荷以叶多、色绿、气味浓香为佳。

作用及用途：薄荷具有特殊的芳香、辛辣感和凉感，出味经肉料吸收后，可减少其他配料的辛味，激发肉料的鲜味。

14. 香茅

香茅（见图 3–34）别名大风茅、柠檬草、柠檬茅、姜草等。香茅秆粗壮，高 1~2 m，节长具蜡粉；叶片两面均呈灰白色而粗糙，全株具有柠檬芳香。选择时，以干燥、无虫蛀、无杂质、具有新鲜的柠檬香气为佳。

作用及用途：香茅可治疗偏头痛，抗感染，改善消化功能；除臭、驱虫；收敛肌肤，调理油腻、不洁皮肤；赋予清新感，恢复身心平衡（尤其生病初愈的阶段）。在烹调中，出味经肉料吸收后，可增加肉质芬芳的香气，刺激味蕾，增进食欲。

图3–33　薄荷

图3–34　香茅

15. 蛤蚧

蛤蚧（见图 3–35）别名大壁虎、仙蟾、大守宫，为壁虎科动物蛤蚧的干燥体。优质蛤蚧一般体长约 30 cm，头大稍扁呈三角形，口大，上下颌有较多细小牙齿，眼突而大，不能闭合；头背部为棕色，躯干背部呈紫灰色，夹杂红砖色及蓝色斑点，腹部扁平，为灰白色，尾部有 7 条带状斑纹，四肢短小，不能跳跃。挑选蛤蚧时，主要注意将它与蜥蜴区别开。蜥蜴与蛤蚧相似，其特点是指及趾为圆柱形，而蛤蚧的指和趾扁平而大。若取出蛤蚧的眼珠，可用力搓出一个黄色颗粒，而蜥蜴没有。

作用及用途：蛤蚧能补肺益肾，纳气平喘，助阳益精。在烹调中，它主要用在广式卤水中。加入蛤蚧煮出味道，经肉料吸收后，可减轻酸味，能使卤水料保存得较久，同时可以增加卤水的回味。

16. 罗汉果

罗汉果（见图 3–36）别名拉汗果、罗晃子、茶山子、红毛果，被人们誉为“神仙果”，为葫芦科多年生宿根藤本植物。罗汉果呈球形，披柔毛，有 10 条纵线，表面褐色、黄褐色或绿色，有深色斑块及黄色柔毛。个大形圆，色泽黄褐，摇不响，壳不破、不焦，味甜而不苦者为上品。现在也有真空冷冻干燥的罗汉果，质量较热风干燥的罗汉果更佳。

图3-35 蛤蚧

图3-36 罗汉果

作用及用途：现代医学证明，罗汉果对支气管炎、高血压等疾病有显著疗效，还有防治冠心病、血管硬化、肥胖症的作用。在烹调中，它主要用于调制卤水。罗汉果味浓甜，煮出味后经肉料吸收，可减少肉的膻腥味，利用其加热后的香味使卤水更加甘香，有综合味道和缓和刺激性味道的作用，也可以用于煲汤。同时，罗汉果释放出的甜味在卤水的反复熬煮过程中几乎不会发生变化。

17. 当归

当归（见图 3-37）为伞形科多年生草本植物当归的根，是常用的中药之一。当归粗短肥大，呈不整齐圆柱形，表皮黄色，切面为粉白色。选择时，以主根粗长、饱满、油润、外皮黄棕色、断面颜色黄白、气味浓郁者为佳。

作用及用途：当归能补血调经，活血止痛，润肠通便；对于血虚所致的头昏目眩、疲倦、心悸、脉细等症，常与熟地、白芍等配伍。在烹调中，它可用于炖汤（如当归乌鸡汤）或卤水中，因其味道过重，使用时要严格控制其用量。

18. 芫荽籽

芫荽籽（见图 3-38）别名胡妥籽、香菜籽、松须菜籽等。它为双圆球形，表面淡黄棕色，成熟果实坚硬，气芳香，味微辣，带有温和的芳香和鼠尾草以及柠檬的混合味道。选择时，以质地结实、色淡棕黄色、气味纯正者为佳。

图3-37 当归

图3-38 芫荽籽

作用及用途：芫荽籽有温和的辛香，具有健胃消食、散寒理气的作用；是肉制品特别是猪肉香肠、波罗尼亚香肠、维也纳香肠、法兰克福香肠常用的香辛料，出味经肉料吸收后，可减少膻腥味。芫荽籽是配制咖喱粉等调料的原料之一。芫荽籽也可用于食用香精中，主要提取芫荽籽油作为调配香精的原料。

19. 黄栀子

黄栀子（见图 3-39）别名黄箕子、黄枝子、水栀、栀子、山枝子、红枝子，果卵形、近球形、椭圆形或长圆形，黄色或橙红色，具有 6 条翅状纵棱。在挑选时，要注意将其与水栀子加以区分。水栀子比黄栀子长且大，呈长椭圆形，外表面红褐色或红黄色，表面隆起的纵棱较高，果皮稍厚，内表面红黄色。

作用及用途：黄栀子性寒，味苦，用于清热、泻火、凉血，因其含有黄色素，可以用于调色，令食物色味俱佳，增进食欲。

20. 孜然

孜然（见图 3-40）别名安息茴香、阿拉伯茴香。孜然形似小茴香，黄绿色，具有独特的薄荷、水果样香味。在挑选孜然时，要注意真假。一看，真孜然表面呈黄绿色，假孜然表面呈深棕色；真孜然外形呈圆柱椭圆形，假孜然外形呈扁平椭圆形。二闻，真孜然味微甜，略带辛辣味，假孜然味辛辣，没有甜味。

图3-39　黄栀子

图3-40　孜然

作用及用途：孜然气味甘甜，辛温无毒，具有温中暖脾、开胃下气、消食化积、醒脑通脉、祛寒除湿等功效。烹调中，它一般用在浸卤水、串烧等菜肴中，气味芳香，具有除腥膻、增香味的作用。

21. 百里香

百里香（见图 3-41）别名地椒、地花椒、山椒、山胡椒、麝香草等。百里香具有独特而浓郁的香气，略苦，口感辛辣。选购新鲜百里香时，应观察百里香的叶，嗅其叶味应带香气，叶呈绿色且覆有细毛，叶茎呈四方形为佳。选购干燥的百里香时，以叶面完整、颜色别太深、有香气者为佳。选购时尽量选购白色的百里香，不要选购红色的百里香。

作用及用途：百里香有强烈的芳香气味，有抗微生物、抗风湿、抗菌、抗痉挛、抗腐败、祛肠胃胀气、促结疤、利尿、通经、强身、驱蠕虫等功效。在烹调各式肉类、鱼贝类料理中，叶片用作调味品，可减除食物异味，食后令人口齿留香，但有小毒，应少量使用。

22. 南姜

南姜（见图 3-42）又称潮州姜、大高良姜，是一种混合型的香料，除了有强烈的姜味外，还具有肉桂、丁香和胡椒的香味特征。南姜的外形类似树根，颜色较深，体积较大，姜皮颜色偏白，姜芽处呈微红色。其枣红的果实也可以作为香料，称“红豆蔻”。南姜以个大、饱满、新鲜的为佳。

图3-41 百里香

图3-42 南姜

作用及用途：南姜性热，味辛。出味经肉料吸收后，可减少膻腥味，亦能促进肠胃蠕动，引人食欲。潮式卤味素以味浓香软著称，关键是卤料中加入了大量的南姜。

23. 野葱

野葱（见图 3-43）又名荞蒜、沙葱、麦葱、山葱、野荞头等，南方多产小葱，是一种常用调料，又叫香葱，一般用于生食或拌凉菜。

作用及用途：葱可发汗，散寒，消肿，健胃，治伤风感冒、头痛发烧、腹部冷痛、消化不良，能接骨。行业中有“生葱熟蒜”之说，即在短时烹饪法中，葱不用加热，在菜成后直接添加就能起到增香辟腥的作用。

24.木姜

木姜（见图 3-44）又名木姜子、山胡椒、木香子、木樟子、山姜子、山苍子等。木姜在我国大部分地区均有分布，以南部地区为常见；生于向阳丘陵和山地的灌丛或疏林中，海拔 100~2 900 m。浆果状核果，近球形，熟时变黑。选择时，以外表皮黑褐色或棕褐色、果核表面暗棕褐色、质坚脆、有光泽、气味纯正者为佳。

图3–43　野葱

图3–44　木姜

作用及用途：木姜性味辛、微苦，有香气、无毒；能温肾健胃，行气散结；治胃痛呕吐、肾与膀胱冷气及无名肿毒。木姜子的果实及花蕾可做腌菜的原料，由其提炼的油可作为冷菜的调味品。

25.木香

木香种类繁多，由土木香、藏木香、川木香、菜木香、云木香（见图 3–45）等组成，以云木香质量最好。其主根粗壮、圆柱形，有特殊香味，可作为香料加以使用。云木香气味芳香，性温、味甘苦、稍具刺舌感。选择时，以条匀、质坚实、油性足、香气浓郁者为佳。

作用及用途：木香具有降压、解痉、抗菌作用，并有行气止痛、温中和胃的功能。气芳香浓烈而特异，味先甜后苦，稍刺舌。可增加烧卤制品的特殊香味，但用量宜少，过量使用会有刺舌感。

26.灵香草

灵香草（见图 3–46）又称灵草，叶片呈广卵形，先端锐尖或稍钝，具有特殊香气。灵草以气味芳香、干燥、无杂质、无泥沙，并带有许多小果实的为佳。

图3–45　云木香

图3–46　灵香草

作用及用途：灵香草味辛、性温，有驱寒止痛、祛痰温中的功效，在凉卤菜肴中具有增香、压异、去腥、和味的作用。使用时应将灵香草切碎。

27.排草

排草（见图 3–47）又称香排香、排香草、香草，是将鲜排草待成熟后经采收晒干而成的。排草以气味芳香、质干、无泥沙、无虫蛀的为佳。

作用及用途：排草味辛、性甘，有祛风散寒、镇痛、止咳的功效，在凉卤菜肴中具有和味、防腐的作用。应将排草切碎后使用。

图3-47　排草

二、烧卤、冷拼和凉菜中使用天然香料的原则

为达到对香料合理使用的目的，实际使用时，应根据主配料的不同情况、菜肴的质量要求、烹调过程的需要以及香料的呈味特点选择具体的香料品种，以求产生最佳的风味效果。其使用原则如下：

1）根据香料香味的浓郁程度来确定用量，在烹制菜肴时宜少放，尤其是芳香味重的香料。香料用量不宜过大，否则其产生的香味会压抑主味，而且还会产生药味感。

2）混合使用香料比单独使用好。因为香味调料之间有香味的“相乘”作用。

3）对于香料来说，一般只取其味，并不食用。在使用一些小颗粒的香料时，为了不影响菜肴的美观，应用袋子将其装好再进行烹调，便于成菜后拣出。

4）根据菜肴的要求灵活选择使用形式。目前香料的使用形式有整体、粉末、油脂性提取物及微胶囊等。烧、炖的菜品中一般可用整体状的香料；烤、拌菜品中可用粉状、油状的香料。其目的是在烹制过程中将食物风味淋漓尽致地发挥出来。

单元四　常用调味品及其用法

一、调味品的分类

调味品种类繁多，有天然的，也有人工制造的；有动植性产品，也有矿物性产品；有鲜品，也有干品；还有液态、油态、粉状、粒状、膏状等。调味品按商品分类为酿造类、腌渍类、鲜菜类、干品类、水产类及其他类；按原料的味感分为咸味调味品、甜味调味品、酸味调味品、鲜味调味品、酒类调味品、香辛调味品、复合及专用调味品。

二、调味品的作用

我国民间有“开门七件事，柴火油盐酱醋茶”“五味调和百味鲜”的说法，足见调味的重要性。现将调味品基本作用总结如下：

1）赋味。许多原料本身无味或无良好滋味，但添加调味品后，菜点被赋予各种味感。

2）除异矫味。调味品可矫除许多原料的腥、膻、臭、异、臊等不良气味。

3）确定菜点口味。加入一定调味品后，菜点被赋予特定的味型，如鱼香味型。

4）增添菜点香气。当添加适当调味品后，菜点中被赋予香气成分得以突出。

5）赋色。在食品中添加有颜色的调味品，菜点被赋予特定的色泽。

6）增添营养成分。调味品含有种类不一的营养素，可增加食品的营养价值。

7）食疗养生。许多调味品含有药用成分，可起到一定的食疗、养生作用。

8）杀菌、抑菌、防腐。许多调味品含有化学成分，具有杀菌、抑菌、防腐的作用。

9）影响口感。有些调味品可影响烹饪成品的黏稠度和脆嫩程度等。

三、咸味调味品

咸味在烹调中具有重要作用，因此在实际运用中，应首先掌握咸味调味品的作用及咸味与其他味道相互作用的原理。

1.分类

咸味调味品种类繁多，大体分为盐、酱油、酱类、豆豉四大类。腐乳、海干货或其他盐腌渍品都含盐，也属咸味调味品之列。

2.咸味与其他味的关系

1）咸味与鲜味的关系：咸味溶液中适当加入味精后，可使咸味变得柔和；鲜味溶液中加入适量的食盐，则可使鲜味突出。

2）甜味对咸味的影响：在以咸味为主的菜肴中放些糖，可以使咸味变得更加柔和。

3）咸味与酸味的关系：添加少量的醋酸（≤0.1%），则咸味增加；添加多量的醋酸（≥0.3%，pH 在 3.0 以下），咸味减弱。

4）咸味和苦味的关系：苦味以咖啡因为例，咸味与咖啡因混合产生相互削弱味道的现象，即咸味因添加咖啡因而减少，咖啡因因添加食盐而苦味减弱。

3.常用的咸味调味品

（1）盐

盐是烹调必不可缺少的调料，盐之所以被食用，首先是人体生理的需要；其次盐溶液有高度的渗透力，能提出原料中的鲜味，同时它还能刺激味觉，增加唾液，促进胃肠消化，增进食欲。另外，盐还具有防腐杀菌的作用，用于食品的腌浸，可延长保管时间。

（2）酱油

酱油是一种常用的调味品，它赋予食品以适当色、香、味。世界上很多地方都有食用酱油的习惯，只不过由于口味不同，酱油的种类也有所不同。酱油品种很多，按颜色分为红酱油、白酱油；按风味分为辣味酱油、口蘑酱油、虾子酱油、芦笋酱油、五香酱油、鱼汁酱油、荞麦酱油等；按形态分为液体酱油、固态酱油、粉末酱油等。

酱油在烹调运用中的特点：

① 定味作用：代替食盐，起到确定咸味、增加鲜味的作用。

② 增加色泽：除上色外，其包含氨基酸、糖类和醋酸等成分，在烹调过程中也有起色的作用。

③ 增添香气：酱油含有较为复杂的芳香物质，通过加热烹制，可使食品散发酱香气味。

④ 除腥解腻：用酱油对原料码味或一起烹制时，通过所含氯化钠、乙醇、醋酸等物质的作用，也起到一定的除腥臊异味的作用。

（3）豆瓣酱

豆瓣酱称豆瓣辣酱或蚕豆辣酱，原产于四川资中、资阳和绵阳一带。豆瓣酱（蚕豆辣酱）的主要原料为大豆（蚕豆）、面粉、辣椒、食盐等，辅料有植物油、糯米酒、味精、蔗糖等。

酿制豆瓣酱的辣椒以鲜辣椒为宜。豆瓣酱口感鲜稍辣，可以做汤、炒菜，也可以蘸食。四川豆瓣酱历史悠久，采用生料制曲的特殊工艺，精工酿制而成，以鲜辣著称。

（4）黄酱

黄酱的主要原料是黄豆、面粉、食盐等，经发酵制成，有甜香味，颜色棕褐，不易生蛆，以不发苦、不带酸味者为佳。黄干酱采用大豆、面粉制曲，固态低盐发酵，经过 30 天生产周期成熟。黄稀酱用大豆、面粉制曲，成熟后加入盐水进行发酵捣缸，是固态低盐发酵而成的液态调味品，在烹调中用途较广，尤为冷菜所用。黄酱着水后容易变质，因此用后应加盖，防止着水和沾染灰尘。

（5）豆豉

豆豉又名香豉，是用大豆、蚕豆等豆类经蒸制发酵后，利用霉菌、蛋白酶和淀粉酶的作用酿制而成的。豆豉味鲜香，咸淡适口，在菜肴制作中加入可使菜肴有特殊的香味。粤菜中广泛使用豆豉，但使用时常先将其剁为茸，并加入其他的调味品制成豉汁。

（6）柱侯酱

柱侯酱是佛山传统名产之一，是将豆豉磨烂，和以猪油、白糖、芝麻，再蒸煮即成。用柱侯酱制作的菜肴，特别香浓。由于其原料为豆类、糖类、油脂，所以其富含营养，为调馔中最上乘的酱料。又因其含氨基酸、糖类等人体所需的营养成分，且成本不高，所以其比较大众化，深受广大群众所喜爱。其味比海鲜酱更咸，因此调制时常要加入一定量的白糖以中和其咸味。

四、鲜味调味品

（1）味精

味精又称味粉、味素，液态的称味汁或液体味精，味精是小麦面筋蛋白质或淀粉经过水解法或发酵法而生成的一种液态、粉状或结晶体的调味品。味精在烹调中主要起增鲜提味的作用，但味精的鲜味只有与食盐并存时才能发挥出来。味精在使用过程中应适当掌握温度、用量、投入时间及应用范围，其适宜溶解温度为 70℃ ~90℃。若长时间在温度过高的条件下，味精会变成焦谷氨钠，不但无鲜味，且有轻微毒素产生，故一般提倡在菜肴成熟时或出锅前加入，以便突出鲜味，更不宜在油锅中煎炸。味精用于凉拌菜品时，宜提前放入味汁中，便于溶解，溢出鲜味。

（2）蚝油

蚝油是两广菜中较常用的鲜味调味品，是利用鲜牡蛎加工干制时煮的汤汁，经浓缩后调制而成的一种液体调味品。蚝油可烹调鸡、猪、牛肉、香菇等名菜佳肴，也可做腌料、芡汁，并可蘸食及捞拌粉面直接食用。蚝油除用于调味外，还用于调制许多酱汁及制馅，以提升鲜味。

但常用的蚝油因味道较咸，应在使用时适当加入白糖，以中和其咸味。

（3）鱼露

鱼露又名鱼酱油，以福州产的最为著名，我国闽南、潮汕、港澳等地区的居民及东南亚各国的华侨都喜欢使用鱼露调味。鱼露用于腌菜与炒菜，具有保持蔬菜本色的作用。同酱油相比，用鱼露炒的菜不仅滋味鲜美，而且相对久放也不易发酸和变黄。

（4）鸡精

采用高科技和新工艺，以上等肥鸡为主要原料，经科学方法提炼出有效成分，再辅以蔬菜干粉、植物蛋白质、肌苷酸钠、多种氨基酸等营养成分精制而成，具有鸡的天然风味和自然鲜味。它不仅鲜度大于味精，而且含有人体必需的核苷酸、氨基酸和铁、磷、钙，使菜肴更加鲜香可口。

（5）虾子

虾子又称虾蛋、虾卵，烹调中常见的是虾子的干制品，虾子及其制品均可用作鲜味调味品，味道很鲜美，烹饪中虾子常用于肉类、蔬菜、豆腐、汤类等多种菜肴的调味增鲜。

（6）虾油

虾油又名虾油露，虾油含有鲜虾浸出物的多种呈味成分，比鱼露的营养价值更高，其谷氨酸和呈味核苷酸等氨基酸含量更高，所以鲜味也更美。虾油是沿海各地人民喜爱的鲜味调味品，富含营养，易于吸收，在烹调中一般用于汤类，也可用于烧或拌菜，主要起提鲜和味、增香厌异味的作用，也可以浸制咸菜。

（7）虾酱

虾酱又称虾糕，是以各种小鲜虾为原料，加入适量食盐发酵后，再磨制成的一种黏稠状，具有虾米特有鲜味的酱。

（8）蟹酱

蟹酱是用新鲜的海蟹（梭子蟹）为原料制成的一种加盐发酵调味品，味道很鲜，具有海鲜风味，是我国沿海地区常见的一种鲜味调味品。

（9）蟹油

蟹油色黄而味鲜美，为秋、冬时令调料之一。荤素菜肴均适用。

五、酸味调味品

（1）米醋

米醋具有纯粮制作所特有的香气，酸香诱人，不苦涩，无异味，无任何化学添加剂。米醋具有开胃消食、去腥增香、提鲜解油腻的调味作用，还有分解钙质、保护维生素 C、帮助人体吸收营养成分以及杀菌消毒的功能。采用品质优良的纯粮制作的米醋，不仅仅是一种调味品，还可以用纯净水稀释后作为美容健身饮料。

（2）香醋

香醋又名熏醋，颜色略深，香味浓郁，酸而不烈，回味鲜甜醇厚，可用于凉拌菜和腥味较浓咸鲜味的热菜，如醋中加入姜丝或姜末，其提鲜解腻的作用更佳，如“凉拌毛豆”“凉拌莴苣丝”等菜肴用香醋调味，其味会更香鲜。

（3）陈醋

陈醋是我国北方著名的食醋，典型风味特征为：色泽棕红，液体清亮，有光泽，较浓稠，酸香浓郁，食之绵酸，醇厚柔和，酸甜适度，微鲜，口味绵长，而且不发霉，冬不结冻，越放越香，久放不腐。在冷菜制作过程中，陈醋多用于糖醋、酸辣、麻辣等味型的菜肴，因其能改变痢疾杆菌偏碱性的生存环境，并将其杀死，酸性环境又能使大蒜的杀菌功能增加 4 倍，所以醋与大蒜经常在凉拌菜中合用，对预防食物中毒有一定的效果。

（4）番茄酱

番茄酱由新鲜的成熟番茄去皮籽磨制而成，可分两种：一种颜色红，具有酸味，较常见；另一种是由番茄酱进一步加工而成的番茄沙司，为甜酸味，颜色暗红。番茄酱主要用作炒菜的调味品，番茄沙司可以蘸食。

（5）柠檬汁

柠檬汁是以柠檬经榨挤后所得到的汁液，在行业中一般使用现成的罐装浓缩产品，其色泽金黄或微黄，酸味较浓，烹饪中常用于西式菜肴和面点制作中，它的酸味主要来自柠檬酸和苹果酸。柠檬汁能减少原料中维生素 C 在烹调过程的损失，提高营养价值。由于浓缩柠檬汁味道较浓和较稠，因此在调制时要加入白糖及白醋。为提高其鲜味，也可在汁液中加入鲜柠檬汁，使其味道更加纯正。

（6）苹果醋

苹果醋是以苹果汁为原料，先经酒精发酵，后经醋酸发酵而制成的。苹果醋除含醋酸外，还含有柠檬酸、苹果酸、琥珀酸、乳酸等。

（7）酸梅

酸梅又称梅子、梅实等，主产于长江流域和珠江流域，尤以江苏、浙江、福建、广东居多。其鲜果以个大肉厚、味酸微甜、核小香浓者为佳，但因先天味酸，故较少鲜吃，一般均加工成果酱、果汁、果脯或酒食用。酸梅酱可用做蘸食炸类食品，或用作复合类调味汁的原料。

六、甜味调味品

（1）白糖

白糖又名白砂糖、糖霜、白霜糖等，主要为本科植物甘蔗的茎汁经精制而成的乳白色结晶体，在冷菜制作中，白糖主要有以下作用：①增甜。在制作冷菜时，加入适量的白糖，能使食品增加甜味。②缓和酸味。在制作酸味的冷菜时，加入少量白糖，可以缓解酸味，并使口味和谐可口，避免成品寡酸不利口。③制作糖醋味冷菜。④能使食品霜化，可制作挂霜类冷菜。⑤可制成调色剂，制成糖色后广泛用于冷菜的着色、卤菜的调色。

（2）红糖

红糖又名赤砂糖、紫砂糖、黑砂糖，是禾本科植物甘蔗的茎汁精炼而成的赤色结晶体，产于我国南方。红糖的成分为蔗糖，蔗糖经分解，可变为葡萄糖及果糖。红糖色泽赤红，颗粒较大，营养丰富，烹调中应用较广，主要用于制馅及蒸、炖、煮补品。红糖含杂质较多，使用前多需溶成糖水，滤去杂质。

（3）冰糖

冰糖由禾本科植物甘蔗的茎汁炼制而成，是白砂糖煎炼而成的冰块状结晶。冰糖比白砂糖滋补，其味甘甜，但性味比较平和，甜味纯正。冰糖多用于制馅和制作高级冷点。一般服用补药、补品时，如煎制各种膏滋药、蒸煮白木耳、烧煮桂圆汤时，用冰糖为佳。

（4）饴糖

又称麦芽糖、糖稀，饴糖有软硬之分，前者呈淡黄色，后者为黄褐色。饴糖含丰富的麦芽糖、葡萄糖及糊精，味甜软爽口，富含营养。饴糖在烹饪中广泛应用于面点、小吃及烧、烤菜品之中，主要起增加色泽的作用，并使成熟点心松软，不易变硬，如“烧烤乳猪”“挂炉烤鸭”“叉烧猪”等。

（5）蜂蜜

蜂蜜是由蜜蜂采集的花蜜酿造加工而成的一种浓稠状调料，在烹调中可用于矫味，具有增添酥香的作用。蜂蜜主要以转化糖为主，转化糖中的葡萄糖、果糖有很大的吸湿性，可促使成品达到松软爽口、质感均匀、不易变硬、保持柔软弹性的效果。

（6）糖精

糖精是一种人工合成的无营养价值的甜味剂，为无色晶体，难溶于水。在烹调中，糖精主要用于制作甜点制品及调味酱汁、酱果等食品中，以代替食糖增加成品的甜味，并可保持其色形不变、性能稳定。

七、辣味调味品

（1）生姜粉

姜是重要的调味品之一，在烹调上用途广泛，能将自身的辛辣和芳香渗入菜肴中，使其味道鲜美，清香可口。生姜粉是由生姜的干制品磨成的粉，是各种混合调味粉的配料之一。生姜粉香气辛辣，可替代干姜调味，去腥解膻。生姜粉适用于烹调鲜鱼、虾蟹、羊肉等，也可加糖烧煮或用开水泡成生姜茶，饮之有祛寒、发汗、暖胃的功效。

（2）辣椒

辣椒也称番椒、大椒，属茄科一年生草本植物，在热带则为多年生灌木，原产于南美洲，明末传入我国，现在我国各地均有栽培，著名品种有上海的甜椒、北京的柿子椒、湖南的灯笼椒、四川的朝天椒等，以光滑、端正、大小均匀、无杂质、无虫洞者为佳。

（3）干辣椒

干辣椒又称干海椒，是用新鲜尖头辣椒的老熟果晒干而成的。干辣椒在烹调中应用很广，不仅有去腥味、压异味的作用，而且有和味解腻、增香提辣的效果，主要用于炒、烧、煮、炖、炝等方法烹制的菜肴。不论烹调植物鲜蔬还是动物肉类均可使用干辣椒。在使用过程中要注意其主要成分辣椒碱不溶于冷水，微溶于热水，易溶于醇和油脂中，因此在烹制时要注意投放时机、加热时间，准确掌握所用的油温，从而保证辣椒的味道和鲜艳色泽。

（4）泡辣椒

泡辣椒又称鱼辣子，泡辣椒所选用的辣椒必须是鲜品，色泽全红的为佳，通常选用青辣椒。泡辣椒在烹调中多适用于炒、烧、蒸、拌等技法，是烹调鱼香类菜肴的重要调味品，能起到提辣补咸、提鲜增香等作用。

（5）辣椒粉

辣椒粉是干辣椒制成的粉，我国各地均有生产。辣椒粉是以尖头红辣椒干，辅以少量桂皮混合制成，桂皮含量不超过1%。辣椒粉艳红，质红腻，口感辛辣，能刺激食欲，解腻开胃。辣椒粉在烹制菜肴时有调味、开胃、压腥的作用，还可增加菜肴色泽。辣椒粉撒、烧、拌、蘸均可，也是加工鲜辣食品和榨菜的主要配料。

（6）辣椒油

辣椒油又名红油，用辣椒和植物油制成，有鲜红的颜色，味道辣香可口，是烹制辣味菜肴的“明油”。辣椒油的制法：①将干辣椒去蒂洗净，剁成碎末，倒入热油锅中，加上适量的盐，炸出香味即成。②先把油烧至八成熟，再将事先备好的葱、姜投入锅中，然后加入切成丝的干辣椒，用小火煎熬，待辣椒呈焦色时，捞出锅中的葱、姜和辣椒丝，这样剩下的油即辣椒油。

（7）辣椒酱

辣椒酱是以鲜红辣椒经盐腌后，捣碎磨细的加工品。辣椒酱以四川为多，有油制和水制两种。辣椒酱除含丰富的维生素C、胡萝卜素外，还含有蛋白质、糖、磷、铁、钙等营养物质。辣椒酱成品色泽金红，常用于佐食面条、饺子、饭菜等。

（8）芥末

芥末为十字花科一年生或越年生草本植物白芥（白芥子）或黄芥（黄芥子）的成熟种子碾磨制成的酱，具有强烈的刺鼻辣味。芥末性味辛、温，归肝、胃经，有润肺除痰、益气祛济的功效，可增进食欲、解膻祛腥，在粤菜中主要用于凉拌，也可用于蘸食。

模块小结

本模块教学主要从烧卤、冷菜原料选择和鉴别的基本知识入手，进一步介绍了烧卤、冷菜原料质量鉴别方法，特别是烧卤冷拼常用香料识别与选用，及其在烹调过程中的应用，让学生能深刻理解中国饮食文化的博大精深，引导青年学生热爱中华优秀传统文化，提升他们的文化自信，加深对中国饮食文化的理解，养成认真负责、闻香识味、精益求精的工匠精神。

课后习题三

一、名词解释

1. 复合调味品
2. 香料

二、填空题

1. 原料质量的好坏，不仅关系到菜肴的_________、_________、_________、_________，更重要的是关系到顾客的_________，这是烹饪员工应予特别注意的。

2. 烧卤和冷菜的质量好坏，一方面取决于_________，另一方面取决于_________，以及选用是否适当。

3. 酱油在烹调运用中的特点有_________、_________、_________、_________ 4 种。

4. 酸味调味品有_________、_________、_________、_________、_________、_________、_________ 7 种。

5. 甜味调味品有_________、_________、_________、_________、_________、_________ 6 种。

6. 香叶又称_________、_________、_________，是桂树的叶子。

7. 丁香别名_________、_________、_________。

8. 草果别名_________、_________，是姜科豆蔻属植物草果的果实。

三、简答题

1. 简述家畜肉类的品质鉴别方法。
2. 简述家禽肉类的品质鉴别方法。
3. 简述新鲜鱼类的感官检验标准。

4. 简述新鲜生蟹的感官检验标准。
5. 简述八角的作用与用途。
6. 简述桂皮的作用及用途。
7. 简述陈皮的作用及用途。
8. 简述牛肉的老嫩程度鉴别方法。
9. 简述羊肉的老嫩程度鉴别方法。
10. 简述猪肉的老嫩程度鉴别方法。

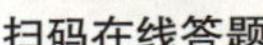
扫码在线答题

习题答案

模块四　冷菜的营养与卫生控制

学习目标

知识目标：

1. 知道冷菜的营养基本知识。
2. 了解调味和制作方法对营养素的影响。
3. 熟悉冷菜的卫生控制的知识。
4. 理解冷菜间设备的卫生控制在工作中的作用。

能力目标：

1. 能理解冷菜制作过程中营养素的变化。
2. 能理解冷菜的营养与卫生控制的联系。
3. 能利用互联网收集整理冷菜的营养与卫生控制的知识，解决实际问题。

素质目标：

1. 具有良好的诚信品质。
2. 具有质量意识、环保意识、安全意识、信息素养。
3. 树立正确的世界观、人生观、价值观，坚持以人为本的现代文明观。
4. 具备良好的社会责任感、职业规范。
5. 养成良好的健康与卫生习惯，良好的行为习惯。

单元一　冷菜的营养

一、冷菜制作过程中营养素的变化

食物营养素可因烹制方法不当而受到一定损失，主要通过流失和破坏两种途径损失。

1.流失

营养素流失是指菜品中的营养素在日光、盐渍、淘洗等因素影响下，通过蒸发、渗出或溶解于水中而损失。

（1）蒸发

由于日晒或热空气的作用，食物因水分蒸发、脂肪外溢而干枯。阳光中紫外线的作用是造成维生素破坏的主要因素。

（2）渗出

由于食物的完整性受到损伤，或其中添加了某些高渗透压物质，如盐、糖等，食物的内部渗透压发生改变，使食物中的水分渗出，某些营养物质也随之外溢，从而使脂肪、维生素等营养素不同程度地受到损失，主要见于盐腌、糖渍等菜品。

（3）溶解

食品在初加工、切配烹制过程中，因方法不当，可使水溶性蛋白质和维生素溶于水中，这些营养物质可随淘洗水或汤汁而丢失，造成营养素损失。

2.破坏

食物中营养素的破坏是指因受物理、化学或生物因素的作用，营养物质发生分解、氧化、腐败、霉变等，使食物失去了原有的基本特性。

（1）高温作用

食品在高温环境烹制时，如油炸、油煎、烟熏、烘烤或长时间炖煮等，菜品受热面积大、时间长，某些易损营养素遭到破坏。例如，油炸菜品，其维生素 B1 损失 60%，维生素 B2 损失 40%，烟酸损失近一半，而维生素 C 几乎全部被破坏。

（2）化学因素

1)配菜不当。将含鞣酸、草酸多的原料与含蛋白质、钙类较高的食物原料一起烹制或同食，这些物质可形成不能被人体消化吸收的鞣酸蛋白、草酸钙等，从而降低了食物的营养价值。

2）不恰当地使用食用碱。在菜品的烹制过程中，食用碱的不恰当使用（如绿色蔬菜焯水时加碱等），可使原料中的B族维生素和维生素C遭到很大程度的破坏。

3）脂肪氧化酸败也是营养物质受损的一个因素。动植物类脂肪在光、热等因素的作用下氧化酸败，失去其脂肪的食用价值，同时还会导致脂溶性维生素受到破坏。

（3）生物因素

这主要是指食物自身生物酶的作用和微生物的侵袭。例如，蛋类的胚胎发育、蔬菜的呼吸作用和发芽，以及食物的霉变、腐败变质等，都可造成食物的食用价值发生改变。

二、调味和制作方法对营养素的影响

1.调味对营养素的影响

调味是冷盘制作工艺中重要的步骤，各种调味原料在运用调味工艺进行合理组合和搭配之后，可以形成多种多样的风味特色。

1）加醋或其他酸味调味品有利于保护维生素C。对于含维生素C较为丰富的植物性原料，如黄瓜、青椒、白菜等，在调味过程中添加适量的醋或者酸味调味品有利于保护维生素C,因为维生素C在酸性环境中较为稳定。所以,像“酸辣黄瓜”“酸辣萝卜丝”“糖醋萝卜皮”等凉拌菜，其中的醋或其他酸味调味品最大限度地保护了食物中的维生素C。

2）加醋有利于食物中钙的溶出。例如，常见的“糖醋排骨”“豆豉鲫鱼”等冷菜，在制作过程中通过加醋来调味，可促进肉骨、鱼骨中钙离子的溶出，便于人体消化吸收。

3）适量添加香油（芝麻油）。在凉菜中适量添加香油，有利于脂溶性维生素的消化吸收。香油不仅含有丰富的维生素E、亚麻酸，还能增加菜肴的光泽、香味、口感等感官特性。

2.制作方法对营养素的影响

食物经过烹调，发生了复杂的物理和化学变化，组织结构也发生了变化。烹调的方法、时间和烹调用具及食物耐热性不同，也使营养素有不同程度的流失和破坏。我国制作冷菜的技法繁多，如拌、卤、烤、冻、炸、泡、腌、挂霜、炝、蒸等，这些烹调技法与食物中营养素的保存率有密切关系，如果制作方法不当，食物就可能产生对人体有害的物质。

1）拌。在冷菜的制作中，拌制菜肴分为生拌、熟拌、生熟拌、干拌。

①生拌的原料大多是新鲜的瓜果蔬菜，如“蒜香黄瓜”（见图4-1）、“糖拌番茄”“酸辣

萝卜丝”等。在制作时这类菜肴要注意，清洗的时候不要浸泡过长的时间，以防止水溶性维生素流失；在浸泡清洗时可加入适量盐，有利于杀菌消毒，时间控制在 1~3 min（见图 4–2）。

图4–1 蒜香黄瓜

图4–2 浸泡清洗

②熟拌的原料都要先焯水或者煮熟，后冷却。新鲜的蔬菜原料在焯水的时候遵循“沸进沸出”的原则，这样能最大限度地减少维生素和无机盐的流失。在餐饮行业中，可以采用淋浮油代替食碱，蔬菜在焯水的时候，加入适量的植物油，使浮油均匀地包裹在原料外表，减少原料与空气接触的机会，同时起到保色和减少原料水分外溢的作用。焯水还可以使一些富含草酸、植酸等有机酸的烹饪原料，如菠菜、牛皮菜（见图 4–3）、苋菜（见图 4–4）等，除去部分有机酸，既能保持一定的口感，又利于矿物质的吸收。

图4–3 热拌牛皮菜

图4–4 热拌苋菜

③生熟拌和干拌中，注意加入一些大蒜或者蒜水，不仅可以提高菜肴风味，而且具有杀菌消毒的作用。

2）卤、腌、腊。香肘（见图 4–5）、五香牛肉（见图 4–6）、酥皮卤鸭、卤猪蹄、风鸡、风鱼、腊肉等卤制菜肴和腌腊菜肴深受人们的青睐，但这些菜品在加工过程中均需要用盐进行腌制。在腌制、腊制过程中，肉品中的蛋白质在微生物和酶的作用下分解产生大量的胺。在腌制、腊制过程中，硝酸钠和硝酸钾常被用作护色剂，硝酸盐在还原菌的作用下可形成亚硝酸盐。胺与亚硝酸盐在烹调不当时或在微生物的作用下，可形成对人体有害的亚硝基化合物。所以，这些腌腊制品中的亚硝基化合物的含量较高。

图4-5　香肘

图4-6　五香牛肉

3）烤、烟熏。在冷菜材料的制作过程中，烟熏（见图 4-7）和烘烤（见图 4-8）是常用的两种制作方法。在烟熏或火烤过程中，燃料的燃烧会产生多环芳烃类物质而使菜品受到污染，冷菜材料的油脂在高温下热解也可产生苯并芘，苯并芘等多环芳烃类物质具有强烈的致癌作用。

图4-7　烟熏

图4-8　烘烤

4）冻。常在凉菜中见到的“皮冻”“蹄冻”及“水晶类”菜肴（见图 4-9），制作原理是胶原蛋白水解后生成明胶，它提高了蛋白质的消化率。

(a)

(b)

图4-9　冻类菜肴

5）炸。油炸食品（见图 4-10）可增加脂肪含量，在胃内停留时间长，不易消化，饱腹作用强。高温加热后 B 族维生素破坏较大，蛋白质严重变性，脂肪发生一系列反应，使其营养价值降低。裹淀粉油炸，还会产生具有致癌作用的丙烯酰胺。反复使用的油脂在持续高温中发生分解作用和聚合反应，产生对人体有害的低级酮和醛类，这些反应使脂肪味感变差；肉中蛋白质焦化，产生强烈的致癌物。因此，温度的控制是制作油炸菜肴的关键，温度最好控制在 200℃以下，以减少有害物质的生成。

(a)

(b)

图4–10 油炸食品

6）泡、腌。泡菜（见图 4–11）是一种常见的食品，较受大众欢迎的是四川泡菜和韩国泡菜。现在国内有一些人担心常吃泡菜会危害身体健康，可能是因为泡菜在发酵过程中会产生对人体有害的亚硝酸盐。其实只要腌制的时间充分，其产生的亚硝酸盐是非常少的。此外，为了避免腌制食品产生有害物质，只要加入维生素 C 和苯甲酸就可阻断亚硝酸盐的形成。

7）挂霜。在挂霜菜肴（见图 4–12）的制作中，原料要先经过初步熟处理，然后再裹熬制好的糖浆。初步熟制处理有油炸、盐炒、烤等，其中盐炒烹调法对营养素的破坏略小一些。

图4–11 泡菜

图4–12 挂霜菜肴

8）炝。在炝菜肴的制作中，原料为新鲜蔬菜和海鲜等，经过焯水或者低油温滑熟，断生后调味炝入热的花椒油。炝制菜肴的维生素、矿物质流失少，被破坏相对较小。油、蛋白质、碳水化合物均没有产生过多中间产物，可更好地保护食物中的营养素。

9）蒸。蒸是以水蒸气作为传热媒介，利用高热将原料蒸熟，温度在 100℃以上。因为原料与水蒸气处于基本密闭的锅中，成菜原汁原味、原形原样、柔软鲜嫩，所以菜肴中的浸出物及风味物质损失较少，营养素保存率高，且容易消化。

单元二　冷菜的卫生控制

冷菜的卫生是厨房生产始终需要强化的至关重要的方面。冷菜厨房卫生是指所使用的原料、生产设备及工具、加工环境，以及相关的生产和服务人员及操作的卫生要符合国家食品卫生法相关规定及行业规范。冷菜和热菜在制作工艺程序上最大的差别是：热菜一般是先切配后熟制调味，而冷菜一般是先烹制调味后切配装盘。换言之，冷菜是经过刀工处理、拼摆装盘后直接供客人食用的。冷菜菜品在制作的过程中，因周围环境及其自身氧化等因素的影响，极易被污染或腐败变质，一旦疏忽，就会带来某种食原性疾病，甚至引起食物中毒等，造成严重后果。因此，冷菜的制作需要更加严格的卫生控制，需要符合卫生的规范化操作。本单元从国家食品卫生法、行业规范中的冷菜间的卫生管理制度、卫生操作流程及标准进行论述，使餐饮及厨房管理人员在明确卫生重要性的同时，更加行之有效地强化厨房卫生管理。

一、环境的卫生要求

冷菜在制作的过程中有其特殊性，因此在餐饮行业中被列为一个相对独立的部门，称其为“熟食间”“冷菜间”或“冷盘间”，如图 4–13 所示。

(a)

(b)

图4–13　冷菜间示意图

冷菜间必须具备以下几个条件：

1）为避免冷菜食品受到污染，冷菜间应具备无蝇、无鼠、无蟑螂、四壁光亮、窗明洁净、无灰尘的相对隔绝条件。地面应用无毒、无异味、不透水、防滑、不易积垢的材料铺设，不得设置明沟，地漏应能防止废弃物流入及浊气逸出。为了防治“四害”（即苍蝇、蚊子、老鼠、蟑螂），可联系四害防治部门前来处理，安装防蝇、防鼠装置。

2）为保证冷菜成品的质量，菜品不受污染，冷菜间还应具备通风换气设备（见图 4–14）及控温设备（见图 4–15）。环境温度一般控制在 25℃以下为宜，一方面避免工作人员出汗，另一方面保证环境空气新鲜，从而可控制冷菜原料的自氧化程度，有效防止冷菜原料腐败变质。

图4–14　通风换气设备

图4–15　控温设备

3）冷菜间实行五专原则，即专人、专间、专工具、专消毒、专冷藏，如图 4–16 所示。

①专间内加工冷菜：强调冷菜必须在专间内加工，原料、半成品、未经清洗的蔬菜、水果不能进入专间。

②实行专人操作：专间操作人员固定，不从事粗加工和烹调，专间工作服与其他岗位明显区分，配备合适的手部洗涤和消毒剂，强调严格洗手消毒，接触即食食品时提倡戴手套操作。

③使用专用工具：配备专间专用工具，配备常用冷菜容器，定位管理。

④配备专用消毒设施：二次更衣室设洗手消毒池，专间内设工具和手部消毒池。

⑤使用专用冷藏设施：专间冰箱张贴“冷菜专用”标识，每 2~3 天对冰箱进行 1 次消毒。

4）专间要求。

①消毒要求。专间在每餐（或第一次）使用前进行空气和操作台的消毒。使用紫外线灯（见图 4–17）消毒时，应在无人工作时开启 30 min 以上。紫外线灯作为空气消毒装置，紫外线的波长为 200~275 nm，强度应不低于 70 μW/cm2。紫外线灯宜采用石英管，并安装定时开关，其位置应分布均匀。为了使用方便，紫外线灯一般安装在距离地面 2~2.2m 墙面处。

图4–16　五专原则

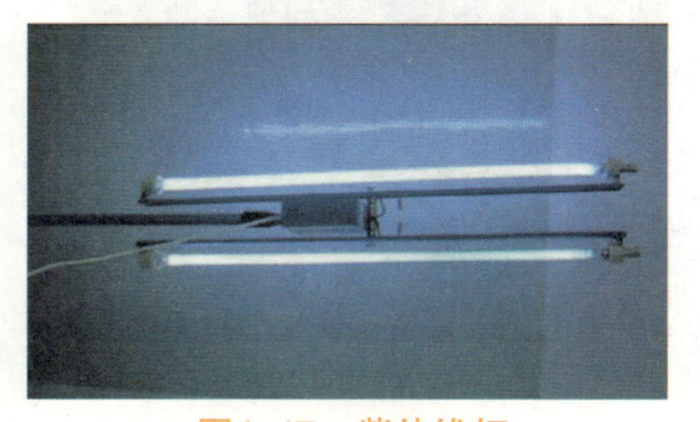

图4–17　紫外线灯

②配备要求。专间内应设置干湿球温度计，有足够容量的餐具保洁设施（见图 4–18），并配备微波炉（见图 4–19）。用于原料、半成品、成品的工具和容器宜分开并有明显的区分标志，如图 4–20 所示。另外，专间还应有足够数量的冷冻、冷藏设备，如图 4–21 所示。

4–18　餐具保洁设施

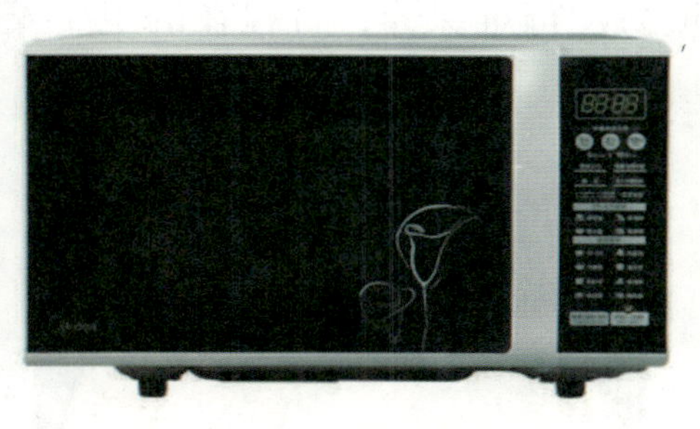

图4–19　微波炉

图4–20　物品分类

图4–21　冷冻、冷藏设备

③工具及设备的卫生要求。专间操作工具、设备、容器等应符合食品卫生的相关要求，并易于清洗消毒。专间的操作台面、搁架等应使用不锈钢、花岗岩或其他易清洗消毒的材料。专间应使用专用的工具、容器和餐具，每餐次使用前均应做到清洗消毒，使用完毕后应立即洗净并存放在专用设施内。

二、冷菜加工工具的卫生控制

冷菜的制作过程离不开与冷菜原料直接接触的加工工具，如各种刀具（包括夹子和镊子及模具等）、砧板和各类盛器等，这些工具始终与冷菜原料直接接触。因此，这些工具都应该是专用的，不受其他部门的干扰，以确保所加工的冷菜原料、菜品不受污染。

1.砧板（墩子）

砧板在使用前必须经过严格的杀菌消毒措施（如高温消毒或消毒液清洗等），决不用于加工生料，以防止生料的血渍、黏液或生水等通过工具对冷菜菜品造成污染。

消毒方法一：可用热水擦洗干净后，用 84 消毒液消毒，如图 4–22（a）所示；将热水加洗涤剂倒在砧板上，用板刷对整个砧板进行刷洗，然后用清水冲净，竖放在通风处，每两天用汽锅蒸煮 20 min。

消毒方法二：在每餐冷菜制作前用 95% 酒精燃烧或蒸汽煮沸等方法对砧板等进行消毒，如图 4–22（b）所示。需要注意的是，以往的餐饮企业，均用木制砧板进行冷菜加工，近年来，由于木制砧板易发霉难保养，且存在的卫生安全问题多，其已经被好清洁、易保养的树脂砧板所取代。

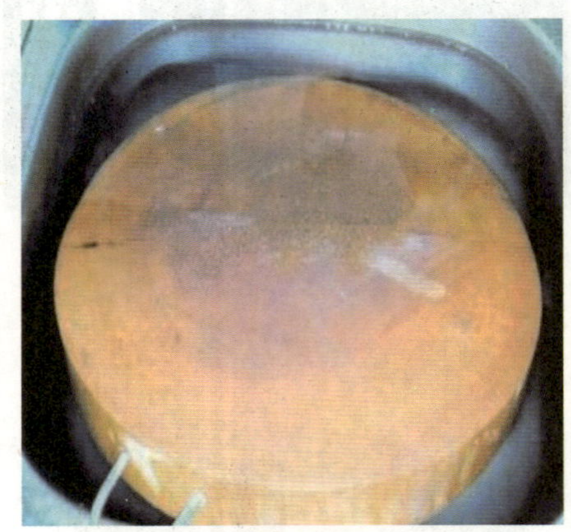

（a）消毒方法一

（b）消毒方法二

图4–22　砧板消毒

2.刀具（见图4–23）

刀具的使用需要注意以下几点：在油石上磨快、磨亮，有重度铁锈时用去污料擦掉，有油时用洗涤剂洗净；用前消毒，用后擦拭干净，放通风处定位存放，如图 4–24 所示。

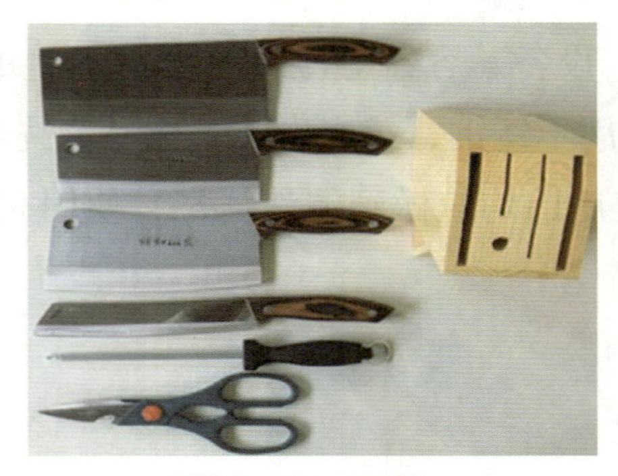

图4–23　刀具

图4–24　刀具的存放

3.餐具

切配器要生熟分开，加工器械必须保持清洁。熟食、熟菜装盆时，餐具不得缺口、破边，必须清洁、消毒，无水迹、油迹、灰迹，只有这样才能装盆出菜。不锈钢器具必须保持本色，不洁餐具退洗碗间重洗。使用熟食器皿做到专消毒、专保存、专使用。

要保证餐具卫生，应做到以下几点。

1）餐具用具清洗：使用专用场所和水池。

2）餐具用具消毒：可使用热力消毒（消毒专用锅、蒸箱、洗碗机、消毒柜等），温度、时间符合要求；也可用化学消毒，使用配备可浸没消毒物品的专用容器，配备合适的消毒剂，配备测量消毒液试纸，浓度和时间符合要求。

3）餐具用具保洁：应有足够数量的保洁柜，柜内不存放未经消毒的餐具、食品和杂物。

三、冷菜间设备的卫生控制

冷菜间常用的设备有存放冷菜原料的冰箱、冰柜、货橱，以及传送冷菜原料或菜品的操作台、货架等。

操作台、货橱或货架等均应采用不锈钢材料制成。一是防止其因环境潮湿生锈而污染冷菜菜品；二是便于清理污渍，彻底铲除微生物繁殖的“根基”。这些设备每天都要清洗，保持其整洁卫生。

冰箱、冰柜是存放冷菜原料必需的设备，在使用时应注意以下 4 点。

1.冰箱、冰柜温度和相对湿度的控制

冰箱或冰柜内的温度控制在 4℃ ~8℃为宜，相对湿度为 45%~75%，这既不会影响所存放冷菜原料的风味特色，又能抑制绝大部分微生物的生长与繁殖。

2.冰箱、冰柜的卫生操作

冰箱或冰柜要每天清理，保持其内外清洁，并定期彻底清洗（每日至少擦洗一次）以始终保持其卫生清洁；2~3 天消毒一次。清理外部时，用洗涤剂水擦至无油迹，并用清水擦净，最后用干布把冰箱外部擦干至光洁。注意：重点清理把手和门沿部位，这些地方容易积油污。

3.冰箱、冰柜存放原料的原则

冰箱或冰柜内所存放的冷菜原料均需要用保鲜膜分别密封，以防止冷菜原料在存放的过程中受到污染，同时也可以防止各种冷菜相互“串味”。每日检查冰箱或冰柜内食品的质量，杜绝生熟混放，严禁叠盘。鱼类、肉类、蔬菜类等应分开放置，以减少串味。及时清理前日剩余物品；把回火的菜和当天新做的菜肴放入消毒的器皿中凉透后，加封保鲜纸，有层次、有顺序地放入冰箱或冰柜中，不直接摆放，如图 4–25 所示。

（a）食品摆放前　　（b）食品摆放后

图4–25　食品的摆放

4.冰箱的管理原则

冰箱应定人定岗，实行专人保管。

四、冷菜点缀中的卫生要求

在冷菜制作过程中，点缀是指对菜品进行修饰、美化，以此展现菜品的色、形、态等，进而吸引顾客的眼球。点缀原料一般不直接食用,主要以装饰为主。而点缀,从卫生的角度而言，其卫生程度与菜品质量有着密切的关联。在原料的选择上，应选择可食用的原料，并在使用前充分清洗消毒，不可用生水清洗后直接使用，以免造成菜品污染。

五、冷菜间人员的岗位要求

1）非冷菜间工作人员不得无故入内。冷菜间严禁放私人物品及杂物，包括茶杯、饭盒等。冷菜间的操作人员，必须定期进行体检，严格做到持证（健康证）上岗，一旦发现患有传染病者，要立即调离，并对冷菜间进行彻底消毒，待其痊愈后方可调回原岗位；冷菜间工作人员要求每年参加食品卫生知识的培训。

2）进入厨房必须做到工装整洁（工作服、帽、口罩），注意自身仪容仪表，如图 4–26 和图 4–27 所示。女职工不允许长发披肩，严禁上岗时留长指甲、戴首饰、涂指甲油，如图 4–28 所示；男职工不允许留长发和胡须，严禁在工作场所吸烟。

图4–26 女职工

图4–27 男职工

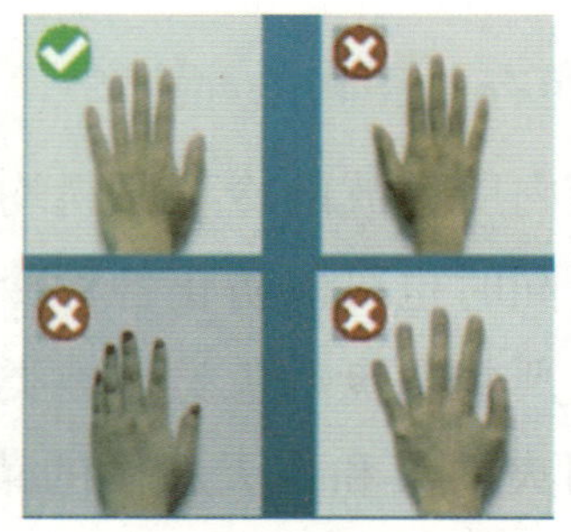
图4–28 手部清洁

3）每天必须做好卫生包干区域的清洁工作。

4）专间在人员入口处应设有洗手消毒、更衣区域和设施。

洗手消毒设施上方应有醒目的“六步洗手法”图示，如图 4–29 所示。制作冷菜前，工作人员应按“六步洗手法”将手洗干净。

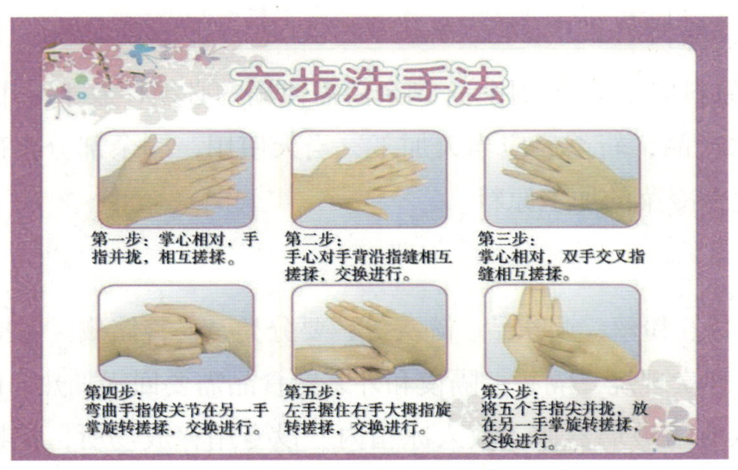

图4-29　洗手六步法

六、冷菜原料的卫生控制

冷菜原料的质量直接影响成品的质量，所以在选择和采购原料时要特别严谨。根据调查，在以往的中毒事件中，其中一部分的中毒原因是原料质量不符合卫生要求。已腐败、变质、发霉、虫蛀或是有异味的原料，坚决不能使用。另外，不能使用法规禁止的食物。

1.果蔬原料

供加工冷菜用的蔬菜、水果等食品原料，必须洗净消毒。未经清洗处理的，不得带入冷菜间；上班后由厨房人员清理隔日蔬菜，蔬菜不得有枯叶、霉斑、虫蛀、腐烂等，如图 4-30 所示。如卫生不合格，则需退回粗加工清洗。

图4-30　不能食用的果蔬原料

2.肉类、水产品类原料

肉类、水产品类原料应尽量当餐用完，剩余尚需使用的必须存放于专用冰箱内冷藏或冷冻。用于制作生食类的水产品，斩杀后应当天加工、当天使用，剩余部分全部丢弃，不允许使用隔天的水产品作为生食冷菜的加工原料。

3.其他原料

干货、炒货、海货、粉丝、调味品、罐头等，要分类、妥善储藏。保持食品新鲜，无异味，烹调时烧熟、煮熟，现卖现烧，隔餐、隔夜和外来熟食品需要回锅加热。罐头食品开启后，当日用余部分必须倒入有盖玻璃器皿，放入冰箱内。设专用存放场所，定期检查库存，做好登记处理，及时清理，如图 4–31 所示。不使用不符合安全要求的食品，包括变质、超保质期等。

图4–31 专用存放场所

七、冷菜制作过程中的卫生要求

1.洗手消毒

在冷菜的制作过程中，手与冷菜原料直接接触，因此，冷菜间的操作人员在进入冷菜间加工操作之前对手的消毒尤为重要，切不可忽视。一般可用 3% 的高锰酸钾溶液或其他消毒液浸洗手，也可用 75% 的酒精擦洗手，确保操作人员的手的清洁卫生。必要时戴手套。

2.穿工作服、戴工作帽

冷菜间的工作人员在进冷菜间操作前必须穿工作服、工作鞋、戴工作帽和口罩，并严禁他人随便出入冷菜间，以免冷菜菜品或环境受到污染。

3.冷菜制作的时间与速度的要求

冷菜间工作人员的冷菜制作工艺技术应娴熟、迅速和准确，尽量缩短冷菜菜品的成型时间。冷菜的拼摆时间越长，菜品受到的污染可能性就越大。一般而言，冷菜菜品应在 30 min 内完成，如图 4–32 所示。

图4-32 冷菜制作

4.冷菜菜品的保鲜要求

所有的冷菜菜品成型后，均应立即加盖，或用保鲜膜密封放置（见图 4-33），直至就餐者就座后由服务员揭去保鲜膜或盖子以供就餐者食用。这样既可以防止冷菜菜品受到污染，也可以保持菜品应有的水分，以免冷菜菜品失水而变形、变色，影响菜品应有的风味特色。

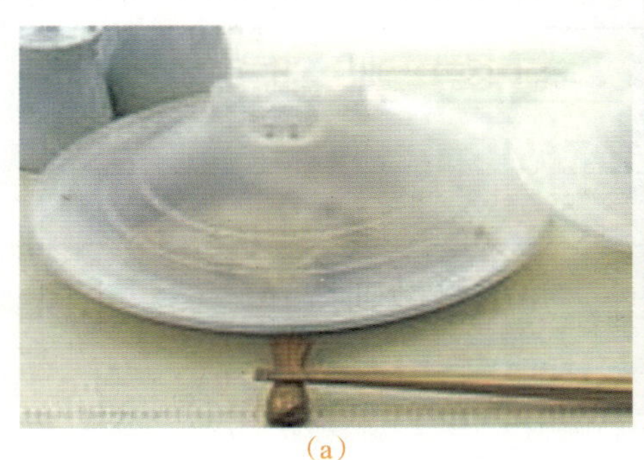

（a）

（b）

图4-33 冷菜菜品的密封

5.冷菜原料隔日使用的卫生要求

在餐饮行业中，冷菜原料的制作是相对批量生产的，尤其是采用动物性原料制作而成的菜品，因而当日剩余的冷菜原料多是第二天继续使用。当天剩余的原料当天一定先回锅加热，待冷却后再冷藏保存，并在次日使用前重新加热再使用，以免原料受污染而变质。最好的方式是根据本店的经营情况把握冷菜原料的数量，以此保证原料的新鲜度，提高顾客的满意度。

模块小结

本模块教学主要有冷菜的营养和冷菜的卫生控制两方面的内容，从冷菜制作过程中营养素的变化、环境的卫生要求、冷菜制作过程中的卫生要求等基本知识入手，进一步介绍了烧卤、冷菜营养素保护措施、冷菜加工工具的卫生控制、冷菜间设备的卫生控制、冷菜原料的卫生控制，让学生能深刻理解冷菜营养养素保护和卫生控制的注意事项和操作规范，引导学生提升质量意识、卫生意识，养成良好的职业素养和操作规范。

课后习题四

一、填空题

1. 冷菜制作过程中营养素的流失主要通过以下途径：________、________、________。

2. 我国制作冷菜的烹调技法主要有________、________、________、________、________、________、________、________、________、________。

3. 我们常说的厨房四害指________、________、________、________。

4. 冷菜间的五专原则是________、________、________、________、________。

5. 冷菜间的操作人员必须定期进行________，并严格做到持________上岗。

二、简答题

冷菜间操作人员的岗位要求是什么？

扫码在线答题

习题答案

模块五　卤水类菜肴的制作

学习目标

知识目标:

1. 知道卤的概念。
2. 了解卤的分类。
3. 熟悉卤的操作要领。
4. 理解各种卤水及卤水菜式的制作。

能力目标:

1. 能理解卤的操作要领。
2. 能理解各种卤水及卤水菜式的制作。
3. 能利用互联网收集整理卤水类菜肴制作的知识，解决实际问题。

素质目标:

1. 具有诚信的良好品质。
2. 有较强的事业心、良好的职业道德和职业素养，具有艰苦奋斗的精神和务实作风。
3. 具有质量意识、环保意识、安全意识、信息素养、创新思维。
4. 具有较强的团结协作及精益求精的工匠精神。

单元一　概　述

一、卤的概念

卤是中国菜常用的烹调方法，多适用于冷菜制作，一般将原料经过焯水或过油后，放入配有各种调味品的酱汁中，用中小火煨、加热成熟，使卤汁的香鲜滋味渗透到原料内部。

二、卤的种类及特点

根据主要调味品的不同，卤可分成红卤、白卤两种。其味型基本相同，属复合味型，具有浓郁香味，所用的味料、香料基本相同。

1）红卤：以酱油、糖色、精盐、冰糖或白糖、黄酒及各种香料为主要调味品的方法。还有一种方法是不加酱油、糖色，而是加入红曲米粉，以增加色泽和亮度。其特点是色泽深红发亮，口味咸鲜回甜，香气浓郁。

2）白卤：不加酱油和糖色，一般也不放糖，香辛料的种类与用量也较少，其他调味品与操作过程与红卤一样。其特点以清鲜见长。

三、卤的操作要领

1）选料得当。

2）适当的初加工和初步熟处理。

3）火候把握得当。形大质老的原料多用大火烧开、小火长时间煨煮法，如卤老牛肉；胶原蛋白丰富的原料多用大火烧开、小火适当煨煮后加浸泡法，如卤猪脚；肉嫩易变形的原料用烧开后浸泡法，如豉油鸡。

4）卤制好的成品要妥善保管，及时出售，以防变色、变质。

5）使用过的卤水汁要保存好，以防变质，造成浪费。

四、卤制的程序

1）选料：卤制的原料一般是动物性原料，包括水产品、家禽类、家畜类及禽畜内脏和蛋类；也可用植物性原料，如菌类、豆制品等。选择原料以新鲜为宜。

2）初加工：根据菜品要求把原料经过去毛、去异物和清洗后再切割成适当的形状、大小或保持整形。卤制的原料一般以大块或整形为主。

3）初步熟处理：根据原料的特性和菜品的要求选用适当的焯水、过油、走红、汽蒸等初步熟处理方式，腥臊异味很轻或基本没有的原料也可直接放入卤汁中卤制。

4）卤制成熟：将经过处理的原料放入烧开、调好的卤汁中卤制成熟，根据菜品的要求灵活掌握卤制的火候。

5）成品保存：将卤制好的成品从卤汁中捞出，然后抹上香油，防止菜品表皮干枯，自然放凉后，用保鲜袋包裹好后放入保鲜盒中，再放入冰箱中妥善保管。成品最好当天卤制当天卖出。

6）卤汁保存：使用过的卤汁需经过滤、烧开后妥善保存。盛放卤汁的容器，最好用陶瓷（陶器）或白搪瓷及玻璃器皿，不能用铁、锡、铝、铜等金属器皿或不锈钢容器、塑料容器。

五、卤水汁的保存技巧和出味法

1）卤水用后只要保存得当，可以继续使用，再次使用时，如卤水变浑浊并感觉无香味，应及时添加香料和卤水，以保持卤水的质量。反复使用的卤水称为“老卤”，因卤汁所含的可溶性蛋白质等成分不断增加，形成复合味，其制成品滋味会更加醇香。

2）卤制品出锅后应用竹筛滤清卤汁中的杂物（如碎肉、细骨头），经烧沸后移至阴凉处，使其自然冷却，并加盖，以防止灰尘、鼠虫侵入，夏天还应放入冰箱保存。卤汁即使不用也应每天都烧开保存，长时间不用的卤汁应放进冰箱中保存。

3）专卤专用。如用于卤制豆制品，其卤水易酸败，因此应按需取适量卤水制作，剩余卤水应丢弃，不可倒回原锅中。卤制动物内脏的卤汁不应用于卤制牛肉、鸡等原料。

4）加入卤水中的香料，须用洁净纱布包起来，以防止其散入卤水中，粘到卤制品上，影响口感和外观。白卤不宜用含单宁较多的香料，如茴香、桂皮等，如果使用应控制用量。

5）卤制的火候要运用恰当，多用小火，不宜用旺火，以防止卤水耗量大并变得稠黏。若卤制的原料的块形较大，则加热时间较长，因此原料下锅后先用旺火烧沸，再改用小火煨煮。

6）多种原料可在一锅中卤制，但要根据原料性质及所需加热时间的长短先后投料，以保证卤制品的成熟度一致。

7）卤汁要保持一定的容量，若卤制过程中水分蒸发过多，则应及时补充鲜汤或清水。卤汁口味太淡时，要及时添加香料及调味品，以增加卤汁的浓度及香味。

卤水及卤水菜式的制作实例

一、白卤水的制作

【原料配方】

淡二汤 15 kg，瑶柱 250 g，虾米 100 g，桂皮 50 g，沙姜 50 g，陈皮 20 g，甘草 50 g，香叶 50 g，八角 30 g，胡椒 30 g，干椒 30 g，花椒 30 g，绍兴花雕酒 400 g，玫瑰露酒 500 g，精盐 500 g，味精 300 g，鸡粉 200 g，糖 300 g，姜 100 g，大葱 150 g，蒜 100 g。

【调制过程】

1）将各种料（桂皮、沙姜、陈皮、甘草、香叶、八角、花椒等）用香料袋包好。

2）放入已煮滚的清水中，小火沸腾 50 min。

3）加入调味品和酒类再熬 15 min 便可使用。

【风味特点】

色泽清亮，保持原色，口味清香。

【操作关键】

1）各种香料要搭配适宜。

2）卤制时用大火烧开后，要改用小火加热入味。

【适用原料】

猪蹄、凤爪、五花肉等。

二、红卤水的制作

【原料配方】

鸡骨架和猪筒子骨各 1 个，糖色 250 g，黄酒 50 g，老抽 50 g，红曲米 250 g，冰糖 250 g，老姜 100 g，大葱 100 g，蒜米 100 g，盐、鸡精、味精适量。

香料:沙姜 30 g，八角 20 g，丁香 10 g，白蔻 20 g，小茴香 20 g，香叶 30 g，白芷 40 g，草果 30 g，香草 40 g，橘皮 30 g，桂皮 30 g，荜拨 20 g，千里香 20 g，香茅草 30 g，干辣椒 40 g。

【调制过程】

1）将鸡骨架、猪筒子骨砍开焯水，去其血沫，用清水清洗干净。

2）老姜（拍破）、大葱、蒜米入油爆香后，加水 10 kg，大火烧开，入骨头，用小火慢慢熬制 1.5 h。

3）香料拍破并用香料袋包好打结，放到汤中，加糖色，用小火继续熬制 45 min 出香味后，调味即成卤水。

【风味特点】

香味浓郁，色泽红亮、油润。

【操作关键】

1）各种香料、调料搭配的分量。

2）注意熬制的火候。

3）各种香料、调料的投放次序。

【适用原料】

卤猪尾、猪肚、牛腩、牛肉、鸡、鸭、鸭肫等。

三、精卤水的制作

【原料配方】

生抽 500 g，老抽 200 g，美极鲜酱油 1 小瓶，冰糖 300 g，蛤蚧 1 对，瑶柱 200 g，大骨 1 000 g，金华火腿 150 g，老鸡 1 000 g，蚝油 150 g、南乳 200 g，香茅 50 g，干葱头 100 g，南姜 50 g，老姜 50 g，黄机子 80 g，蒜 150 g，芫荽头 50 g，鱼露 150 g，糖色 650 g，罗汉果 2 个，桂皮 50 g，桂圆 30 g，白豆蔻 20 g，肉豆蔻 20 g，沙姜 30 g，陈皮 30 g，甘草 50 g，香叶 50 g，丁香 10 g，八角 40 g，草果 30 g，小茴香 15 g，花椒 30 g，绍兴花雕酒 500 g，玫瑰露酒 250 g，精盐 250 g，味精 80 g，鸡粉 80 g。

【调制过程】

1）老母鸡砍块，大骨敲破，一起放入汤锅中焯水，取出后洗去浮沫。

2）锅中加入清水约 15 kg，放入鸡块、大骨、火腿块、瑶柱、芫荽头、姜、葱、蒜（湿料），大火烧开后，撇净浮沫，转用小火熬 1.5 h，捞出锅中的渣料剩下原汤。

3）原汤倒入卤锅中，另将八角、沙姜、桂皮、小茴香、草果、丁香、陈皮、甘草、蛤蚧等（干香料）用纱布包成香料包，放入卤锅中，再放入南姜、罗汉果（磕破）、料酒、鱼露、糖色、冰糖、花雕酒、玫瑰露酒、南乳，小火熬制 50 min。

4）调入精盐、生抽、老抽、蚝油，最后再用小火熬约 20 min 后，调入味精、鸡粉即成卤水。

【风味特点】

香味浓郁，色泽金黄，咸香甜适口。

【操作关键】

1）各种香料、调料搭配的分量。

2）注意熬制的火候。

3）各种香料、调料的投放次序。

4）为了使香料充分出味，可将香料先用小火焙香，再制成香料包。

【适用原料】

卤制鸡、鸭、鹅或禽类原料各部位、猪肘、牛肉等。

四、麻辣卤水的制作

【原料配方】

老鸡 1 只，老鸭 1 只，骨头 1 副，八角 50 g，山楂 20 g，沙姜 30 g，甘草 30 g，红蔻 8 g，白蔻 8 g，草果 30 g，陈皮 25 g，桂皮 30 g，荜拨 20 g，白芷 20 g，丁香 10 g，黄姜 20 g，砂仁 5 g，孜然 80 g，黑胡椒 30 g，小茴香 25 g，干辣椒 900 g，鲜指天椒 500 g，红花椒 400 g，大葱 500 g，生姜 250 g，蒜 250 g，猪油 300 g，鸡油 400 g，生抽 500 g，腐乳 250 g，料酒 600 g，糖色 800 g，冰糖 500 g，盐 750 g，味精 400 g，鸡粉 350 g，麦芽酚 20 g，花椒油 200 g。

【调制过程】

取 20 kg 清水烧开，加入焯过水的老鸡块、老鸭块和大骨，小火熬 2 h（熬出鲜味），再向锅中加入以上香料做成的料包、干辣椒、鲜指天椒、花椒，继续小火熬约 1.5 h，捞出料渣沥干，过滤熬好的老汤，再加入盐、味精、鸡粉等调好味再熬 15 min，至此老汤制作完毕。

【风味特点】

辣劲、麻香十足，回味无穷。

【操作关键】

1）各种香料、调料搭配的分量。

2）注意熬制的火候。

3）根据不同口味要求，适当调整花椒和辣椒的比例。

【适用原料】

鸭脖、鸭翅、鸭舌、鸡、鹅及各种内脏等。

五、各种卤水菜式的制作

实例 5–1　豉油鸡（见图 5–1）

【菜品简介】

豉油鸡又称酱油鸡、酱皇鸡，其特点是色泽鲜亮，鸡肉嫩滑，酱香味浓，是粤菜知名的传统特色菜肴。其做法是通过调制好的豉油鸡水，把鸡放入小火浸至成熟，取出砍件即可。主要食料是鸡及酱油，选择的鸡比较讲究，最好是未下蛋的走地三黄鸡，浸制时把握好火候。菜品色泽红亮，寓意着生活红红火火，经常作为喜庆宴席的首选菜品，十分美味，老少皆宜。

【原料组成】

主料：光土鸡 1 只（约 1 000 g）。

佐料：生抽 4 000 g，老抽 100 g，美极鲜酱油 5 g，冰糖 200 g，料酒 100 g，糖色 150 g，鸡粉 80 g，盐 60 g，二汤 1 000 g，八角 25 g，桂皮 20 g，陈皮 20 g，沙姜 20 g，甘草 10 g，香茅 10 g，草果 15 g，大葱 100 g，黄姜 20 g，蒜 50 g。

图5–1　豉油鸡

【制作方法】

1）将香料装进香料包与二汤小火熬制 1.5 h 左右出味后，再进行调味，继续熬制 20 min。过滤去渣后即成豉油水。

2）光鸡洗净，去内脏，放入烧开的豉油水中来回浸没 3 次提出，让其内外受热均匀。最后浸没在保持 90℃左右的豉油水中，大概浸制 35 min。

3）取出后原只砍件摆回鸡型，配一小碟豉油水即可。

【成品特点】

色泽红亮，香味浓郁，皮爽肉嫩。

【技术要领】

1）注意把握好豉油水的调制及用量。

2）适当控制好豉油水的颜色深浅度。

3）浸鸡的时间、温度要严格把控好。

【菜肴创新】

1）菜肴所用卤水的香料配比可以根据不同的地域灵活加以调整。

2）可以采用改变菜肴主料的方式进行创新，如豉油鹅、豉油鸭、豉油鸽子等。

【健康提示】

鸡肉肉质细嫩，滋味鲜美。鸡肉不但适于热炒、炖汤，而且是比较适合冷食凉拌的肉类。鸡肉的蛋白质含量很高，可以说是蛋白质含量较高的肉类之一，属于高蛋白低脂肪食品。

实例 5–2　豉油皇卤鹅（见图 5–2）

【菜品简介】

豉油皇卤鹅是一道传统的广东美食，也是喜庆宴席必备的菜肴之一。这道菜以入口香浓、软滑，肉质细嫩，滋味鲜美而驰名远近。制作时选料严格，必须是经过 120 天左右自然放养、靠吃小虫和小草长大、体重在 3 500 g 左右的鹅。同时，为保证其肉质纯净，在宰杀前两天需单纯以水喂养，这样才能保证豉油鹅的肉质嫩滑，皮色均匀。制作时用上等豉油加各种名贵香料浸制约 70 min，便成为一道令人齿颊留香的美食，其营养丰富，老少皆宜。

【原料组成】

主料：光鹅 1 只（约 3 500 g）。

图5–2　豉油卤鹅

佐料：生抽 4 000 g，老抽 100 g，美极鲜酱油 5 g，冰糖 200 g，料酒 100 g，糖色 150 g，鸡粉 80 g，盐 60 g，二汤 1 000 g，八角 25 g，桂皮 20 g，陈皮 20 g，沙姜 20 g，甘草 10 g，香茅 10 g，草果 15 g，大葱 100 g，黄姜 20 g，蒜 50 g。

【制作方法】

1）将香料装进香料包与二汤小火熬制 1.5 h 左右出味后，再进行调味，继续熬制 20 min。过滤去渣后即成豉油水。

2）光鹅洗净，去内脏，放入烧开的豉油水中来回浸没 3 次提出，让其内外受热均匀，最后浸没在保持 90℃左右的豉油水中，大概浸制 55 min。

3）取出后原只砍件摆回原型，配一小碟豉油水即可。

【成品特点】

色泽红亮，豉香味浓，皮爽肉滑。

【技术要领】

1）注意把握好豉油水的调制及用量。

2）适当控制好豉油水的颜色深浅度。

3）浸鹅的时间、温度要严格把控好。

【菜肴创新】

1）菜肴所用卤水的香料配比可以根据不同的地域灵活加以调整。

2）可以采用改变菜肴主料的方式进行创新，如豉油鸡、豉油鸭、豉油鸽子等。

【健康提示】鹅肉含蛋白质、脂肪及维生素 A、B 族维生素。其中蛋白质的含量很高，同时鹅肉富含人体必需的多种氨基酸以及多种维生素、微量元素矿物质，并且脂肪含量很低。鹅肉肉质细嫩，滋味鲜美，并富有营养，有滋补养身的作用。

实例 5–3 香辣卤水猪手（见图 5–3）

【菜品简介】

香辣卤水猪手是一道香辣可口、辣而不燥的美食，精选砂仁、荜拨、山楂、胖大海等多味天然香辛料和猪蹄一起卤制，不含任何添加剂和增香剂，其中所用香辛料含有多种降火清热的中草药，能够中和辣椒的燥辣，口味醇和，香辣可口，经常食用有养颜、抗衰老的保健作用。加之其具有极佳的适口性和独特的风味，其深受大众特别是女性朋友的喜爱。

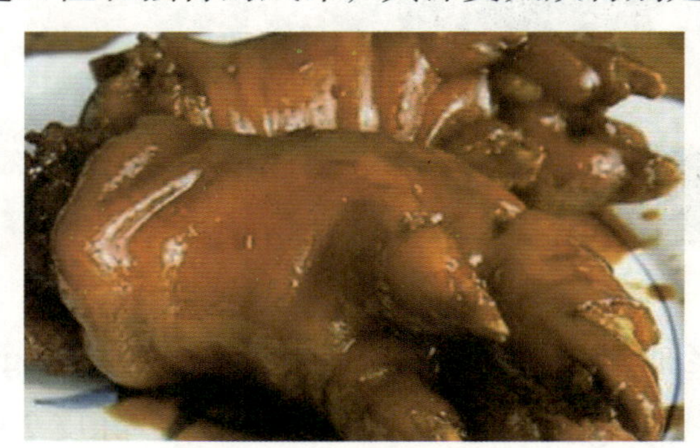

图5–3 香辣卤水猪手

【原料组成】

主料：猪脚 1 个（1 500 g 左右）。

佐料：二汤 15 kg，八角 50 g，山楂 20 g，沙姜 30 g，甘草 30 g，红蔻 8 g，白蔻 8 g，草果 30 g，陈皮 25 g，桂皮 30 g，荜拨 20 g，白芷 20 g，胖大海 20 g，丁香 10 g，黄姜 20 g，砂仁 5 g，孜然 80 g，黑胡椒 30 g，小茴香 25 g，干辣椒 900 g，鲜指天椒 100 g，红花椒 30 g，大葱 500 g，生姜 250 g，蒜 250 g，猪油 300 g，鸡油 400 g，生抽 500 g，腐乳 200 g，料酒 600 g，糖色 600 g，冰糖 400 g，盐 700 g，味精 400 g，鸡粉 350 g。

【制作方法】

1）根据熬制卤水制作的方法，把香辣卤水调制好。

2）猪脚洗净，焯水处理，然后放入香辣卤水中小火浸卤 1.5 h，熄火后泡 1 h。

3）猪脚取出冷却后砍件，摆整齐，配一小碟卤水即可。

【成品特点】

色泽红亮，皮脆肉爽，香料可口。

【技术要领】

1）把握好香辣卤水用料调制的比例及分量。

2）卤水熬制时间要充分，以保证其香味渗入汤中。

3）根据猪脚老韧程度适当控制好卤制时间和泡制时间。

4）砍件时要注意外皮完整不零碎，以保证良好的菜品外形。

【菜肴创新】

（1）菜肴所用卤水的香料配比可以根据不同的地域灵活加以调整。

（2）可以采用改变菜肴主料的方式进行创新，如香辣卤鸡翅、香辣卤鸡、香辣卤鹅肠、香辣卤鹅等。

【健康提示】

猪蹄富含胶原蛋白质，这是一种由生物大分子组成的胶类物质，是构成肌腱、韧带及结缔组织中最主要的蛋白质成分，具有美容养颜的作用。胶原蛋白质在烹调过程中可转化成明胶，它能结合许多水，从而有效改善机体生理功能和皮肤组织细胞的储水功能，防止皮肤过早褶皱，延缓皮肤衰老。经常食用猪蹄对于经常四肢疲乏，腿部抽筋、麻木，消化道出血，失血性休克及缺血性脑病患者有一定辅助疗效。它还有助于青少年生长发育和减缓中老年妇女骨质疏松的速度。

实例 5–4　香辣酱鸭（见图 5–4）

图5–4　香辣酱鸭

【菜品简介】香辣酱鸭是风靡大江南北的一种传统风味名吃，精选全国四大名鸭之一的麻鸭，辅以多味天然香辛料一起卤制而成，由于麻鸭长年放养在湖里，以食鲜活鱼虾、贝类及田螺为主，所以其体大肉嫩，鲜嫩味美。用它加工做成的酱鸭特别受欢迎，产品畅销国内外。

香辣酱鸭成品色泽深红，醇香可口，酱香浓郁，滋味悠长，具有活血、顺气、健脾、养胃、美容的功效，是一道深受大众喜爱的佐酒佳肴。

【原料组成】

主料：麻鸭 1 只（1 000 g 左右）。

佐料：二汤 15 kg，八角 50 g，山楂 20 g，沙姜 30 g，甘草 30 g，红蔻 8 g，白蔻 8 g，草果 30 g，陈皮 25 g，桂皮 30 g，荜拨 20 g，白芷 20 g，丁香 10 g，黄姜 20 g，砂仁 5 g，孜然 80 g，黑胡椒 30 g，小茴香 25 g，干辣椒 900 g，鲜指天椒 100 g，红花椒 30 g，大葱 500 g，生姜 250 g，蒜 250 g，猪油 300 g，鸡油 400 g，生抽 500 g、腐乳 200 g、料酒 600 g，糖色 600 g，冰糖 400 g，盐 700 g，味精 400 g，鸡粉 350 g。

【制作方法】

1）根据熬制麻辣卤水制作的方法，把香辣卤水调制好。

2）鸭子洗净，背部破开焯水处理，然后放入香辣卤水中小火浸卤半小时，熄火后泡 1 h。

3）卤制好的鸭子用烧腊钩平铺放入预热的烤箱中，小火烤 40 min 左右取出。

4）鸭子砍件摆回原形，在表面撒上香油即可。

新式盐焗鸡

【成品特点】

色泽深红，香辣可口，回味悠长，有嚼劲。

【技术要领】

1）香辣卤水用料调制的比例及分量。

2）卤水熬制时间要充分，以保证其香味充分渗入汤中。

3）根据鸭子老韧程度适当控制好卤制时间和泡制时间。

4）卤制好的鸭子要重新回烤炉烤干水分，保证其耐嚼劲。

【菜肴创新】

1）菜肴所用卤水的香料配比可以根据不同的地域灵活加以调整。

2）可以采用改变菜肴主料的方式进行创新，如香辣酱鸡翅、香辣酱鸡、香辣酱鹅等。

【健康提示】

鸭肉属凉性，科学地食用具有滋润养胃、平肝去火、健体美颜、益气养血、除湿去烦、开胃健脾、醒目安神、活血化瘀、滋阴益肾的功效，治疗劳热骨蒸、咳嗽、水肿、小儿惊痫、头生疮肿等都很适宜。

实例 5-5　盐焗鸡（见图 5-5）

图5-5　盐焗鸡

【菜品简介】盐焗鸡是一道久负盛名的客家特色菜肴，也是广东本地客家招牌菜式之一，流行于广东梅州、惠州、河源等地，从古至今都深受海内外人士的喜爱，其原材料是鸡和盐等，口味咸。此做法改变原来传统复杂烦琐的工艺，改为用卤汁卤浸入味的方法，成品皮爽肉嫩，香浓美味，鲜香可口，别有风味。

【原料组成】

主料：光土鸡 1 只（约 1 000 g）

佐料：二汤 8 kg，盐焗鸡粉 250 g，沙姜粉 60 g，鸡粉 80 g，盐 450 g，味精 200 g，冰糖 50 g，麦芽酚 20 g，黄姜粉 50 g，胡椒粉 20 g，大葱 60 g，浓缩鸡汁 50 g，浓缩鸡膏 50 g，黄机子粉 100 g，香油 50 g。

【制作方法】

1）将所有佐料混在一起，熬制 10 min 即可成卤鸡水。

2）光鸡处理干净，放入卤水中浸 18 min，保持微火。

3）取出卤好的光鸡，放入冷的盐焗鸡卤水中继续浸泡 40 min。

4）取出的鸡砍件摆回原形，表皮抹上香油即可。

【成品特点】

色泽金黄，香味浓郁，风味独特。

【技术要领】

1）盐焗鸡卤水用料调制的比例及分量。

2）把握好光鸡卤制火候。

3）卤制好的整鸡要有足够的腌制时间，以利于入味。

【菜肴创新】可以采用改变菜肴主料的方式进行创新，如盐焗鸽、盐焗鸡翅、盐焗鸡腿等。

【健康提示】鸡肉有温中益气、补精添髓、补虚益智的作用。

模块小结

卤是中国菜一种常用的烹调方法，多适用于冷菜制作，一般将原料经过焯水或过油后，放入配有各种调味料的酱汁中，用中小火煨、加热成熟，使卤汁的香鲜滋味渗透入原料内部的烹调方法。卤制法非常讲究火候和卤水香料的配比，通过变化香料的比例可以变化出各式各样菜品，但是要求师傅对香料的特性非常熟悉，卤制过程也非常讲究操作流程和对火候的控制，才能制作出非常美味的卤水菜品。本模块教学主要从卤的分类，卤制菜肴的技术要领基本知识入手，进一步介绍了餐饮行业目前最流行的各种卤水及卤水菜式的制作和菜品的创新方法，让学生能深刻理解中国饮食文化的博大精深，提升他们的文化自信，加深对中国冷菜讲究的是味透肌里的理解，养成闻香识味、精益求精的工匠精神。同时烹调技术、烹调辅助设备等正在以前所示朋的速度发展变化，同学们要有追求卓越的创新意识，只有及时更新知识，不断创新，才能永远立于不败之地，为将来就业和创业打好基础。

课后习题五

一、名词解释

1. 卤

2. 红卤

3. 白卤

二、填空题

1. 根据菜品要求把原料经过去毛、去异物和清洗后再切割成适当的形状、大小或保持整形。卤制的原料一般以____________或____________为主。

2. 如卤水变浑浊并感觉无香味，应及时添加____________和____________，以保持卤水的质量。反复使用的卤水称为“____________”，因卤汁内所含的可溶性蛋白质等成分不断增加，形成复合味，其制成品滋味会更加醇香。

3. 多种原料可在一锅中卤制，但要根据原料性质及所需加热时间的长短先后投料，以保证卤制品的____________。

4. 卤汁要保持一定的容量，若卤制过程中水分蒸发过多，则应及时补充__________或____________。卤汁口味太淡时，要及时添加____________及__________，以增加卤汁的浓度及香味。

三、简答题

1. 简述卤的操作要领。
2. 简述卤水汁的保存技巧和出味法。
3. 简述卤制的程序。
4. 卤水中的香料为什么要用纱布包好?
5. 简述红卤水的操作关键。

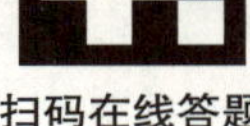
扫码在线答题

习题答案

模块六　烤炸类菜肴的制作

学习目标

知识目标:

1. 知道烤炸类冷菜的概念和特点。

2. 了解烤炸类菜肴制作的技术关键。

能力目标:

1. 能理解烤炸类冷菜的分类。

2. 能利用互联网收集整理烤炸类冷菜的知识，解决实际问题。

3. 能制作典型的烤炸类冷菜菜例。

素质目标:

1. 具有良好的诚信品质。

2. 有较强的事业心、良好的职业道德和职业素养，具有艰苦奋斗的精神和务实作风。

3. 具有质量意识、环保意识、安全意识、信息素养。

4. 具有较强的团结协作及精益求精的工匠精神。

5. 具有一定文化内涵、审美意识、创新思维、灵活应变能力。

烤的概念、种类及操作要领

一、烤的概念与特点

烤，又称烧烤、炙烤，古时候称为炙。烤，就是将生料腌渍或加工成半成品后，放在烤炉内，以木炭、煤气、电能等为热源，利用辐射的高温，使原料成熟的烹调方法。

烤制通常是将生料腌渍或加工成半成品后再进行，中途不加调味品。烤制品成熟后用佐料蘸食，或现烤现吃。烤制品由于经过直接烧烤，表面可产生焦化物，因而具有色泽红亮、表皮酥脆、肉嫩、干香不腻的特点。

二、烤的种类

目前烤法的名称在各地有很大差异，大体有烤、烧、烘、焗、烧烤等几个名称。北方地区流行叫“烤”,南方地区通常叫“烧”,即所谓“南烧北烤”。有的地区把低温（在 100℃以下）烤制食物的方法称为“烘”,而有的地区只把高温（在 200℃以上）烤制食物的方法称为“烘烤”;还有的地方对“烘”“烤”不做区分，通称其为“烘烤”。

烤制工艺水平有多种分类方法，根据原料表层处理方法的不同，可分为清烤、挂浆（糊）烤、网油烤等；根据烤制时的传热方式和直接介质，可分为直接烤（原料直接通过热辐射和热空气传热制成菜肴，不需要其他间接介质）、泥烤、面烤和竹筒烤等；根据选料的生熟，可分为生料烤和熟料烤；根据所用炉具，可分为明炉烤、暗炉烤、电炉烤等。

常见的分类方法如图 6–1 所示。

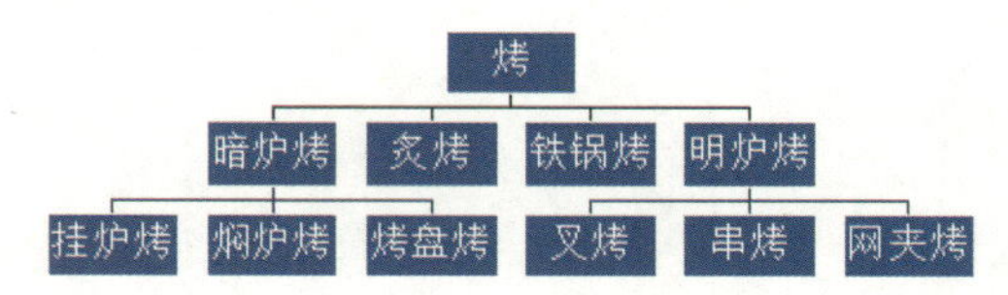

图6–1 常见的分类方法

不同烤法，所用炉具和操作方法也各不相同，风味质感既有脆香的共性，又有口味上的差异。下面分别对各种烤制方法进行介绍。

1.暗炉烤

暗炉烤是将腌渍后的原料置于封闭的烤炉中加热，将原料烤制成熟的烹调方法。由于在封闭的炉中烤制，热的传递方式除辐射外，还有对流的作用，因此，温度比较稳定，原料受热均匀，相对烤制时间稍短。

暗炉烤，除了使用燃料作为热源的普通烤炉外，还可使用远红外线烤炉，利用电磁波将原料烹制成熟，由于其具有更强的穿透能力，密封更严，温度更高，加热更快，加热时间和温度又能控制，凡采用普通烤炉的菜肴均可采用远红外烤炉烹制，效果更好。

所谓暗炉烤，即在炉内烤，不使原料接触明火，通过封闭式加热烧热炉壁，利用炉壁产生的热辐射使原料迅速发生由生变熟的化学、物理变化而成熟。对于大块原料（如整只鸡、鸭等），还要采取一些其他技术措施，以保证其内外熟透，具体来说，即使用燃烧的木柴、煤炭等，把烤炉等设备烧至炽热，然后放进原料，封闭炉门进行烤制。由于这种方法不见明火，主要以热辐射产生的干热空气来烤熟原料，通常称其为“暗火烤”。

（1）挂炉烤

挂炉烤将加工处理好的原料，吊挂在大型烤炉内，利用燃烧明火产生的辐射热把原料加工成菜的技法。

工艺流程：选料→加工整理、抹糖浆→入炉烤制→切割装盘。

通过挂炉烤烤制的成品色泽光亮，呈枣红色，外皮松脆，肉质鲜嫩，香气浓郁。例如，制作被誉为“国菜”的北京烤鸭，所用的是砖砌的大型烤炉，在放入原料之前，先要把炉烧热，使其产生高温气体，同时不熄灭明火，通过明火和炉壁同时产生的辐射热把鸭烤熟。在烤的时候，原料吊挂在炉内上部蓄热之处，不直接接触明火而经受高温气体的加热，所以称其为“挂炉烤”。烤炉开有窗口，烤时并不封闭，借此散发一些水分，增加外皮的干脆性，这种烤制成品的松脆性比焖炉烤、叉烤的效果更好。但是窗口散发水分的同时，也引起了炉内温度的不匀，因此在烤制时，采取观察、转动等技术措施调整，以使制品表层色泽均匀、内外成熟度一致。

（2）焖炉烤

焖炉烤是将加工处理好的原料，置于焖烤炉内，用炉壁产生的辐射热将原料烤制成菜的技法。这是暗炉烤的代表性技法。

工艺流程：选料→加工→腌渍、抹糖浆→入炉用高温气体烤制→装盘。

焖炉烤通过炉内壁和底火的辐射热，把原料焖烤成熟。焖炉烤的炉内可以保持很高的温度，通常可达250℃左右。在烤的过程中，使原料四面受热，色泽和成熟度都较均匀。有底火的，还可以用铁板间隔、撤火、加火等方式进行调节，以获得最佳的烤制火候。焖烤制品的质感风味独特，烤制抹糖浆的禽类，如鸭、鹅等整料，能烤得外焦里嫩，香气浓郁；烤制腌渍大块、粗条的畜类肉品，能烤得焦香味厚，肉质不硬不软，耐嚼且有咬劲，而且越嚼越香，如名菜“叉烧肉”；烤装入烤盘内的带汁原料，或用网夹夹住用网油等外皮包好的原料，其口味则多种多样。

由于焖烤的菜肴品种不同，焖烤的烤炉也多种多样，大体上可分为以下几种：一是大型砖砌立体炉，它与挂烤的烤炉形式、大小基本相同，只是焖烤炉必须装有炉门，在烤制时加以封闭；二是铁制的桶炉或陶制的缸炉，炉底中间为火膛，放燃料，原料则挂吊在炉内四周；三是小型砖砌炉，炉内装有铁架或铁板的隔离层，炉底放燃料，但原料装入烤盘，并用铁板隔离，不与火直接接触，即间接受热，烤时也要封闭炉门。这种炉保有底火，并可以用加火、撤火和铁板隔离等方法调节火候，只适用于烤制带汁的原料和用网夹烤的原料。此外，还有烤箱、微波炉等。通常所说的焖烤炉，是指焖烤填鸭的立体大炉和焖烤全羊的桶炉。这类焖烤在操作上有以下两方面的特点：

第一，大火烧炉。这类焖烤过去所用燃料是柴（如秸秆）、煤，目前大多改用天然气。在使用前，必须一次用大火把炉膛烧热，四周烧透，达到250℃左右的炉温，并能保持原料在烤制全过程的加热需要，才能挂入原料。在烤制原料过程中，不能中间加火，不能降低炉温，要保持恒定的温度。在这种充满干热空气的炉内，原料通体受热均匀，比较容易内外烤熟，烤制时间也较快。以焖炉烤鸭为例，大体在30 min左右即可成熟，比挂炉烤鸭出炉要稍快一些。

第二，封闭烤炉。原料挂入炉内开始烤制时，必须立即关闭炉门，关得越严越好，封闭得越死越好，并同时堵住炉路的通气口，采用一切措施，尽可能防止干热空气散失，以免影响烤制质量。一般来说，焖炉之所以能烤熟原料，靠的就是烧炉所产生的高温干热空气提供的热能，特别在关门封闭以后，炉内干热空气不易散失，就能保持较稳定的高温，这是保证烤制品的前提。如果炉门关闭不严，热能有所损失，一般会引起烤制品的色泽不一（业内叫作“烤花”）生熟不均等问题，严重的不能将原料烤熟而产生废品。对于桶式烤炉，因其较小，产生干热空气较少，所以炉内仍要保留底火，利用炉壁和底火产生的热辐射把原料烤熟。如果烤制全羊，因原料体积较大，一般要烤3 h以上才能烤透。在烤制时，同样要封闭严实，除必须移动烤的部位外，一般都不宜揭盖，尽可能保持炉内恒定的温度。

焖烤的菜品很多，都有特色。代表性的菜肴有北京菜系的“焖炉烤鸭”、广东菜系的“叉烧肉”和西北地区的“烤全羊”等。

成品特点：色泽红润，形态美观，外焦里嫩，香味醇浓。

（3）烤盘烤

烤盘烤是将加工好的原料装入烤盘内，再放入蓄热炉内，用高温气体进行密封加热成菜的技法。

工艺流程：选料→切配→腌渍或预制熟料→入盘烤制→装盘。

这种技法从西方引进，又称为“西法烤”。它在西餐馆中使用非常广泛，制成品都是特色风味菜，现在中餐馆中用此技法的也在逐渐增多。

烤盘有大小不同规格，外形有圆形、腰圆形之分，盘的深浅也不一样，深的叫“烤斗”。

对于炉具，西餐馆用的是烤箱（广东餐馆称其为“焗炉”，凡用烤箱烤制的都称为“焗”菜），中餐馆一般多用带门的、可以封闭烤制的砖砌暗火烤炉（也有用铁制的烤炉）。这种炉体结构是根据不同菜肴烤制的需要设计的，大多数烤炉内部有多层（至少两层）铁架，并在中间加铁板隔成两层至数层；炉底放燃料，点燃以后，火苗与铁板相隔，不能与烤盘内原料接触，原料受火的辐射热而烤熟。所加铁板也起着调节火力强弱、控制炉内温度的作用。烤制以前，一般要以旺火烧热炉壁，使烤炉保持较高的温度，然后把装好原料的烤盘放入炉内，封闭炉门烤制，这是一种典型的暗炉烤法。

烤盘烤是在较高温条件下进行的，一般烤制时间较短，特别是对于细碎小料或预制的半成品等，时间更不能长，属于刚性火候致熟的技法。“刚性火候”是相对“柔性火候”而言的，是一种短时高温的烤法。

成品特点：色泽大多是金黄色或深黄色，质感则是表层发挺焦香，有的还凝结成稍硬的松脆外壳，表层以下则是汁稠软嫩，别具风味。

2.明炉烤

明炉烤是指将经过腌渍过的原料放在敞开的烤炉上加热，依靠燃料燃烧产生的辐射热将原料烤制成熟的烹调方法。

用明火的高热量辐射力冲击原料，先逼干原料表面的水分，使之松脆起香；再由表层传到原料内部，使其组织脱水，组织由致密变松软，由生变熟，如烤羊肉串、烤牛肉、烤乳猪、烤酥方等。通常做法是将原料放在敞口火盆（或火炉、火池、火槽等）上加热，此为“明火烤”。

明炉的设备一般较简陋，但能直接观察到辐射火力，相对容易掌握。辐射具有较强的方向性，原料受热不均匀，因此需要经常翻转。明炉由于热量分散，一般烤制时间较长。为了便于翻转，明炉烤的大型整只原料一般均需上叉，故又称叉烤，如叉烤鸭、叉烤乳猪等。一些经过改刀腌渍后的小型原料一般上铁钎，在炭火上翻转烤制，如牛、羊肉串等。

明炉烤的特点是设备简单，火候较易掌握，但因火力分散，故烤制的时间较长。烤制时，火直接烧燎原料，脱水更多，干香味也更为浓郁。

成品特点：色泽红亮，外焦里嫩，干香有嚼劲。

明炉烤又可分为叉烤、串烤、网夹烤等烤法。

（1）叉烤

叉烤是指将腌渍入味的原料或抹了糖浆的原料用叉子叉住，或用其他方法固定在叉上，在明火炉具上不断翻动叉子，调整原料与火的远近距离进行加热成菜的技法。这是明火烤中最有代表性的烤法。

工艺流程：选料→腌渍、抹糖浆→上叉→明火烤制→装盘。

叉烤是旺火烤制，能自由调整原料与火的远近距离，以此调节加热温度，因而烤制品的色泽、质感等均与挂炉烤、焖炉烤相似。其中以广东菜系的“烤乳猪”风味最为独特，所以其与北京烤鸭一起，被人们称为“双烤国菜”。此外，江苏菜系的叉烤鸭、烤酥方等也是享誉国内外的名品。

叉烤对原料的品质选择比较严格。广东的烤乳猪在全国名居首位就是以选料取胜。它选用的是广东省南雄市的猪仔，这种猪仔体重 5~10 kg，小耳、肥壮、皮薄、肉嫩，“与常猪不类”。用它烤出的乳猪“色如琥珀，又类真金，入口则消，状若凌雪，含浆膏润，特异凡常也”。江苏的叉烤鸭，则必须选用江南鱼米之乡散养的湖鸭，这种鸭子的活动量大，又常食小鱼虾等活食，所以体大膘肥，肉质细嫩，其品质堪与北京填鸭媲美。

叉烤技术主要有以下两个关键：

第一，原料的加工处理与上叉操作要精细，技术要求高，特别是原料上叉，更要求娴熟的技术，具体的操作方法随原料而定。其中以烤乳猪的加工和上叉较为复杂。先把乳猪宰杀，取内脏，洗净以后开膛劈开，剔骨，压成平板状；再用调料两次涂抹内膛，即成“生胚”；再经过上叉、开水烫皮、上糖浆、吊晾后，烤前的加工准备才结束。

第二，烤制的技术要求。首先要用适当的炉具。明烤的炉具都是敞口炉，大体可分为槽形、火盘形、长方形火池等几种，烤乳猪多用火盘形。其次是所用燃料，传统是用柏树、梨树木柴作为燃料，现多用芦柴、芝麻秸秆和木炭等。无论用什么燃料，都要燃烧适当，即烧成红色但不冒烟，火苗、火势稳定，火力要强，还要保持尾火的持续时间长，只有这样，火候才能较好地控制和调节。烤的时候，手拿叉柄放在敞口火上，不停地转动烤制。调节温度的办法，一是掌握好原料与火的距离；二是不停地按一定的角度转动；三是掌握转动的速度，例如在乳猪的皮面烤出油时，油珠只能在表皮上转动，切忌转动速度过慢，使油珠下滴，以免炉内窜起大火苗，造成部分皮面燎至焦黑，或发生皮面变化，严重影响制品质量。一般来说，离火近，温度高，容易把原料烤焦、烤煳；离火远，温度低，原料所接受的热量，特别是原料内部所受的热量不够，原料不易熟。所以，掌握好原料与火的距离十分关键，要求既要使原料皮层形成焦糖反应，上色、变脆，又要促使原料内部产生变性、脱水、脂化等成熟的反应。明火烤的时间也应根据不同原料的性质确定，尽量保持火炉内的较强火力，但炉的结构是大敞口，热量比较分散，原料所受的热量较炉内烤来说，相对较少。所以，明火烤的时间一般比较长。

叉烤成菜后，无论是烤乳猪还是烤酥方，主要食皮。烤好以后，立即把烤制松脆香酥的外皮取下，切成长方形小块，原样码好上桌，另跟三四个小碟调味品、薄饼或千层饼，以及高级清汤一碗同食。

（2）串烤

串烤是指将加工成块、片的小型原料，经过腌渍（也可不腌），分别穿在细长的钎子上，在明火上转动，用短时间加热烤制成熟的技法。

工艺流程：选料→加工切配→穿入钎子→旺火烤制→撒调味品→装盘。

这是烤法中较简便的一种，所用炉具是长方形无盖的，炉体较长，较窄，以能摆放钎子在炉上左右转动为宜，通常称其为“火槽”。

采用这种技法，因原料要放在炉具上烤，不能调整原料与火的远近距离，所以要不停转动，使原料均匀受热。一般烤 3~5 min 就会出现焦香味，并保持原料的鲜味和水分。原料快熟时撒上调味品即可食用。所用原料以细嫩的羊肉居多，其他的如小牛肉、猪肉、鸡肉、鹿肉等亦可使用。在牛羊成群的西北草原地区，烤羊肉串是人们日常生活中不可缺少的小吃。串烤的菜肴可分为大众化和高档两种，所用的原料、钎子、加工方法，以及在烤制操作上均有所不同。例如，大众化串烤所用的原料主要是普通羊肉；高档串烤所用的原料除羊肉外，还有其他较为名贵的原料，如鹿肉、火腿、鳝鱼，以及多种其他原料。

（3）网夹烤

网夹烤是指将加工处理好的原料用外皮包好，放在铁丝网夹内夹住，手持夹柄在明火上翻烤，或放入烤炉内用暗火烤成熟的技法。

工艺流程：选料→切配→腌渍→夹在网夹中→烤制→装盘。

这种技法是先用外皮将加工好的原料包裹起来，再用网夹夹住烤制，这是烹制易碎易散原料（如去骨鱼肉等）的一种技法。这些原料既不能用叉子叉和钎子穿，又需要一些卤汁把它们包裹起来，用网夹烤制就解决了问题。通过网夹烤，可以制成多种风味的菜肴。

网夹烤使用的工具网夹是用铁丝编织成的，上面有很多孔眼，形成纵横相交的网格，网夹分上下两面，既可分开也可合起，通称为“网夹”，有的地区也称“铁丝络子”。有的地区把原料排放在夹子中，并不把它夹起，而是平放在敞口火炉上烤制，称为“箅烤”。实际上，它和网夹烤是类似的，只是在烤的时候有夹住和不夹住的区别。还由于原料在烤制以前大多用猪网油包裹，故有些地区有把这种烤法称为“网油烤”或“包烤”。在用料、烤制方法上，这种烤法又与“烤盘烤”十分接近，因为都要放入炉内铁架上烤，只是一个放网夹，一个放烤盘而已。所以，有些地区把这两种烤法视为一法。尽管它们有许多共同之处，但它们也有明显的区别。例如，在加工处理上，网夹烤的原料都是大片、大块的，甚至是整料，如整只鸡、整条鱼等；而烤盘烤的原料，却必须加工成细碎的小型料。网夹烤的原料大多要用猪网油包裹，而烤盘烤的原料不用猪网油包。在烤制方法上，网夹烤虽可放入烤炉内用暗火烤，但主要使用明火烤，而烤盘烤则必须放入烤炉内用暗火烤，不能也无法使用明火烤。在风味质感上，网夹烤的制品是外香脆、内软嫩，干爽性好，而烤盘烤的制品是表层焦脆香浓，中下层汁鲜细嫩。

网夹烤的技术要点在于明火的火候控制上。为了取得网夹烤的预期效果，要求敞口火炉内的燃料在点燃后，必须烧至无烟、无火苗，但又保持稳定的火势和适当的火力，以达到烤制的最佳温度。此外，原料在用网油包裹时一般要包三层，在包前，网油都要涂抹糊料（常用鸡蛋清加淀粉调制而成），先把第一层网油平摊在案板上，放原料包好，接着包第二层和第三层网油，所有接口处用糊料粘牢，并包裹严实。在烤制时，网油受热熔化，既滋润原料，又进行传热，既为原料创造成熟的条件，本身也随之变性，发挺、上色、松脆，从而形成了网油夹烤制品色泽金黄、表面酥香、内滑鲜嫩、滋润适口的特色。

3.网油烤

网油烤是以干热低温空气为主要导热体，将鲜嫩、肉质含油量较少的原料经过整理加工腌渍调味后，用猪网油涂以全蛋糊将其包裹油炸定型，用烤签或网夹固定放入烤炉中烘烤的烹调方法。从其烤制机理来说，网油烤属于暗炉烤，代表菜有网油烤三宝。

工艺流程：选料→切配→腌渍→夹在网夹中或用竹签固定→烤制→装盘。

成品特点：色泽金黄而富有光泽，质感外香脆、里鲜嫩，并带有鲜香、肥润的汁液。

4.泥烤

泥烤是将原料腌渍入味，用猪网油、荷叶、玻璃纸等包扎，外裹黏性黄泥后，放在火上均匀烤制原料内熟的方法。泥烤传统的方法是采用明炉烤，现大多在封闭的暗炉中，甚至用微波炉。泥烤是一种特殊的烤制方法，以禽类为主，畜肉类、水产类为辅。首先原料必须经过腌渍入味过程，禽类还要填塞馅心入腹内，然后抹上香料，包上猪网油再裹上荷叶，荷叶外再包上一层玻璃纸，再裹上荷叶并用麻绳扎紧，把黄泥均匀地覆裹在原料表面。为防止开裂散碎，可在黄泥外包一层报纸。为了更卫生，现有些地区用湿面团代替黄泥，效果也很好。烤制时要注意掌握火候，一般先用文火将泥烤干以防开裂，再逐步升温至原料熟烂，烤时要注意翻身。

工艺流程：选料→切配→腌渍→荷叶包裹→锡纸包裹→裹黄泥→烤制→装盘。

成品特点：鲜香浓郁，原汁原味，质感酥烂。

5.竹筒烤

竹筒烤是将腌制后的原料置入竹筒中封严，再放到火中直接加热烤制的方法。它主要利用青竹中的水蒸气将热能传递给原料，是一种间接烤。竹筒烤富有浓郁的地方特色，是西南少数民族地区盛行的烹调方法，代表菜肴有明炉竹节鱼、明炉竹筒鸡、竹筒烤肉等。

工艺流程：选料→切配→腌渍→装入竹筒→烧竹筒烤制→装盘。

成品特点：清香鲜嫩，风味醇厚。

6.炙烤

炙烤是将加工好的原料腌渍入味，放在排列炙子的铁锅上，用烤热的炙子和炙子缝隙窜出的旺火苗将原料加热成菜的技法。炙烤是旺火烤的特殊技法，代表菜有烤羊肉等。

工艺流程：毛料→切配→腌渍→烤制→装盘。

成品特点：自烤自食，边烤边吃。

7.铁锅烤

铁锅烤将铁锅锅底加热，锅盖烧红，同时作用于原料，上烤下烘使之成熟的技法。其代表菜有三鲜铁锅烤蛋等。

工艺流程：选料→原料调配搅匀→倒入铁锅烤制→烤熟→装盘。

8.清烤

清烤是以干热空气和辐射热为主要导热体，使原料在没有任何黏裹物的情况下，直接接受干热空气和辐射热能至熟的烹调方法。

成品特点：呈焦黄色，质感外干香、内软烂。

9.挂浆（糊）烤

挂浆烤是以干热低温空气和辐射热为主要导热体，将经过腌渍或水烫处理后的原料挂上一层糖浆（或糊）再进行烤制的烹调方法。其代表菜有烤羊腿等。

成品特点：色泽红亮，质感皮脆肉嫩，肥美香醇。

工艺流程：选料→切配→腌渍或烫水→挂糊或挂糖浆→烤制→装盘。

三、烤的操作要领

1.暗炉烤的操作要领

1）用暗炉烤的原料大多要经事先调味，并要腌渍一定时间，使之入味。

2）烤菜口味宜淡不宜咸，因为黏附于原料表面的某些调味品经火烤后颜色较易变深，故调味时要慎用酱油和糖。

3）有些菜肴讲究外表香脆，色泽红润，可采取涂糖稀的办法。常用的方法为浇淋糖水，用刷子刷上糖水，像搽雪花膏一样涂擦上去。不管采用哪一种方法，都必须注意涂得厚薄均匀，糖稀薄厚不一，便会出现颜色深浅不一。糖稀涂好后还应注意吊起来晾干，否则会影响色泽和脆度。

4）用暗炉烤制时要掌握好火候，在烤前先将烤炉烧热。原料形体大的，火要小一些；原料形体小的，火可大一些。

5）烤制过程中要注意经常变换原料在烤炉中的位置。烤炉中，一般顶部和近火处的温度较高。对于悬吊着烘烤的原料，应在炉内多加转动，变换前后位置。如用烤盘，则要变化上下位置，以使不同烤盘内的原料同时烤熟。

6）烤制品除用于冷菜之外，上席应越快越好。许多菜烤制时形体较大，烤好后再改刀上席，改刀时动作要快。著名的北京填鸭、芝士焗鳜鱼等都属暗炉烤菜品。

2.明炉烤的操作要领

1）原料形体小的，大多需要事先调味，形体大的，要求其外表香脆质感，往往烤成之后另外蘸食调成的调味品。

2）事先调味的要经过腌渍阶段，便于入味。

3）原料形体小的，烤时往往以烤熟为止，离火近一些。

4）原料形体大的，烤制时要有耐心，离火稍远些。

5）缓缓地、不停地转动原料，使每一部分均匀受热。

6）有些原料需要在表皮涂以糖稀，使皮色棕红，质地香脆，烤制这类原料时要注意掌握火候，使其外表脆时里面正好成熟。

 单元二　烤炸类菜肴的制作实例

一、暗炉烤法

脆皮烤鸭

实例 6-1　广式烤鸭（脆皮烤鸭）（见图 6-2）

【菜品简介】

很久以前在岭南地区就流传着这样一句话：“广州吃烧鹅，南宁吃烧鸭。”南宁人自古喜欢吃鸭，这和南宁的气候有极大关系。南宁天气炎热，居住于此的南宁人认为鸭肉清热祛火，而鹅肉性毒，吃了会使患处愈加发炎肿胀，多食上火生疮。据说，南宁最早出现烧鸭是在康熙年间。南宁烧鸭的原料多选用南宁本地的芝麻鸭，皮香肉嫩，骨头带香。南宁烧鸭与北京烤鸭代表了中国烤鸭的南北两派别。

图6-2　广式烤鸭

【味型】味型与肚料、佐料有关，一般有 4 种：咸香味、酸甜味、咸酸味、咸酸辣味。

【原料组成】

主料：光鸭 1 只（2.2 kg 左右）。

五香盐配方：炒盐 350 g，白糖 200 g，味精 75 g，芝麻茸 30 g，五香粉 10 g，八角粉 5 g，沙姜粉 7.5 g，芫茜粉 5 g，胡椒粉 2.5 g，甘草粉 5 g。

糖皮水配方：清水 500 g，麦芽糖 50~60 g，白醋王 30 g，酒 10 g。

肚料配方：（可以放入以下两种配方中的一种）：

1）干料：八角 1 粒，香叶 3 片，姜 1 片，葱条 2 条，白酒 1 瓶盖，五香盐 50 g。

2）湿料：豉（茸）35 g，梅子、柠檬各 30 g，香油 10 g，姜葱蒜茸 30~35 g，生抽 40 g，蚝油 20 g，香醋适量，腐乳半块，白糖 15 g，料酒 15 g，盐 10 g，五香粉 5 g，甘草粉 5 g，八角 1 粒，胡椒粉 2.5 g，陈皮茸 2 g。

佐料配方：

1）咸香味：姜、葱、蒜茸、芫茜段、盐、味精、胡椒粉、生抽、蚝油、腐乳汁、五香肚料原汁、白糖、酒、鸡精、汤水、香菇汁、芝麻、花生茸。

2）酸甜味：冰花梅酱 + 糖醋（清水 200 g，白醋 250 g，红醋 50 g，茄汁 3 匙，冰糖 250~350 g），喼汁几滴，盐 10 g。

3）咸酸味：在咸香味料中加入白醋、红醋、茄汁、喼汁、酸汁（姜、辣椒、荞头、柠檬、梅子）。

4）咸酸辣味：在咸酸味料基础上加入鲜指天椒碎末、四川辣酱、红油、花椒油、花椒末、番茄、芫茜（鱼腥草）。

【制作方法】

1）鸭的初加工：用热水把光鸭烫一下，捡去细毛，在颈部割一小孔吹气至鸭皮全涨起。在腹部划一直刀取出内脏，用刀切去翅尖、下巴、双脚，洗净挂起晾干。

2）腌制处理：把五香盐和料头（姜片、葱、八角、香叶、酒等）放入鸭肚内，用手抹擦匀，用鸭尾针缝好口，腌约 30 min。

3）充气、烫皮、上色：将充气管从鸭的杀口处插入，给鸭子充气至鸭皮全涨起，用沸水烫至各割口处皮肉收缩，汤制好后，提起鸭子，用钩挂好，沥干水分后，淋上调制好的糖皮水，吊在通风处晾干至鸭皮透明、干爽。

4）将晾干皮的鸭坯挂入已烧热的烤炉内，用中火烧烤。先烧背部至金黄色时（约 15 min），再转烧胸部，待烤至鸭皮呈金红色、鸭眼凸出、流清汁时便熟，一般约需 30 min。

5）将烤好的鸭子从烤鸭炉中取出即可。

【脆皮的关键】

选料是决定烧鸭质量的首要因素，要注意以下几点：

1）成数足，斤两够：应选用大小一致，每只重 2.2 kg 左右的光鸭。烧鸭的烧制不是单个进行，而是分组分批进行的。如果光鸭的大小不一致，则这道菜做起来就很麻烦。最常见的是出现烧生现象（多数是熟的，但有未熟的），原因是烧生的鸭较大。在烧制过程中打开炉门将一两只大小不一的鸭抽出来，会影响整炉鸭的质量。

2）选用“四不鸭”：光鸭不破皮、不瘀血、不断骨、不打水（打水鸭弹性好、滑手）。不能选用烂皮、破皮、缺少部分皮的光鸭。烧鸭吸引人的地方正在于其皮亮肉香。鸭皮破损，破损的部位在烘烤时成为鸭体排出水分的缺口，起不到吸热的作用，所以加倍时间加热也不能将它烧熟。烂皮有多种原因：有在鸭场宰杀时造成的，由于烫鸭的水过热，使用拔毛机拔毛时将鸭皮扯烂；有因烧腊工人操作技术不够熟练造成的，在烫皮的时候，鸭在开水里停留过久，浸熟了鸭皮。

3）不能选用腹部切口被撑破的光鸭。因为在烧鸭之前，应先将调味品放进鸭肚内，然后用鸭尾针缝好，不让味汁流出来。而如果光鸭的肚皮烂了，调味料很难被封在鸭腹腔中，鸭未烧熟，汁已流掉，鸭身脱水，很快会受热烧干。

【技术要领】

1）充气：充气的目的是使鸭皮肉分离，一般要充两次气，第一次要先充气后才能开肚。

2）鸭子上糖皮水后，一定要风干透后（皮干爽、透明）才能烤制，风干的方法有以下几种。

自然风干：要天气晴朗，气温要高，夏秋季节一般要 4~6 h，冬季一般要 8 h 以上。

大功率电风扇吹干：在潮湿天气，气温低，湿气重，可以选用此方法，一般要吹 8 h 以上。

焙炉：如果需要急用，可以选用焙炉的方法，炉温应在 45℃左右，不能加盖。

3）烤：如果选用小火烤制，炉温控制在 60℃ ~70℃，需要烤 40~50 min，成数可以达到 7.5 成，外观色泽稳定、均匀，但光泽和口感欠佳；如果选用中小火烤制，炉温控制在 85℃左右，需要烤制 25~30 min，成数可以达到 8 成，皮色金红，色泽光亮，皮脆肉嫩；如果选用中大火烤制，炉温控制在 95℃以上，需要烤 15~20 min，成数可以达到 8.5 成左右，但色泽偏深，往往出现熟不透现象，需要改变火力，转小火烤胸部 5~8 min。

【脆皮的原因】

皮不脆的原因是多方面的，归纳起来主要有以下 5 点：鸭未风干透就开始烤制；未经焙炉就将鸭挂入炉里烤；打开炉门的次数过多；打开炉门的时间过久，炉里的热量流失；烤炉内鸭挂得太密。以上 5 点都可导致皮不脆。

想烤出质量好的鸭，一定要让上过糖皮水的鸭干透后，才可以入炉烤制，一般要晾 8 h 以上才能够干透。假如为了赶时间，最少也要 4 h 以上，而且烤制的时间要适当延长，因鸭身未干，其吸热作用就很低，烤多些时间才能成熟。一般在酒店的烧卤厨房或烧腊店里，烧鸭都是提前一天上好糖皮水，第二天才进行烤制。

当然要想达到真正理想的效果，还要注意以下几个方面。

1）已经进行了合格上皮处理。

2）鸭身晾皮干爽。

3）已经烧过空炉，将干爽的鸭进行慢火焙烤，看见鸭尾部开始出现红斑时，拿出来晾冷（不冷则烧不脆皮）。

4）有一定炉温后，将焙过而又晾冷的鸭挂入炉中（不可挂得太密），用中小火烤制。

5）必要时中途替鸭换位。

在烤鸭的过程中，如果做到以上 5 点，烤出来的鸭基本上是理想的，皮脆肉香。

【成品特点】色泽红亮，表皮香脆，鲜嫩可口。

【菜肴创新】依据烹调方法、味型，利用变换原料和形状的方法，还可烹制广式烧鹅、脆皮乳鸽、广式扒鸭等菜肴。

【健康提示】烤鸭营养丰富，每百克含蛋白质 19.2 g、脂肪 41 g、水分 36.2 g，并含有维生素 B1、维生素 B2 和钙、磷、铁、铜、锰、锌等微量元素及 18 种氨基酸。鸭肉性寒、味甘、咸，主大补虚劳，滋五脏之阴，清虚劳之热，补血行水，养胃生津，止咳自惊，消螺蛳积。肥胖者、动脉硬化者、慢性肠炎者应少食，感冒患者不宜食用。

实例 6–2　琵琶鸭（见图 6–3）

【菜品简介】琵琶鸭因形似琵琶而得名。琵琶鸭是经腌制、上脆皮水、吹干等程序后烤制而成的。

图6–3　琵琶鸭

【味型】咸香味。

【原料组成】

主料：光米鸭一只（约 2 000 克）。

佐料：白糖 20 g，盐 15 g，味精 4 g，十三香 1 g，甘草粉 0.5 g，沙姜粉 0.5 g，花生酱 2 g，生抽 5 g，花雕酒 5 g，姜茸 3 g，蒜茸 3 g，干红葱头茸 1 颗，胡椒粉少许。

鸭皮水：清水 200 g，醋精 100 g，大红浙醋 50 g，九江双蒸酒 50 g，麦芽糖 50 g，柠檬 1 个。

【制作方法】

1）鸭经宰杀、除毛后，用刀自胸骨到肛门处切开。掏去所有的内脏和油脂，斩去双脚、双翅，把鸭子投入清水中浸泡半小时后，捞起沥干。

2）用刀将鸭的脊骨两边、翅膀骨轻轻斩断，肉厚的地方用尖刀划开一下，特别是鸭腿部。把鸭背朝上，用手把鸭压平使其呈琵琶状。

3）将上述佐料在鸭腹腔内涂均匀，腌制 30 min。然后用琵琶环将鸭穿好，并用烧鹅尾针固定好。

4）鸭子背部用开水烫皮，让鸭皮紧绷，烫皮时要注意不要将开水冲到腌料上。烫好的鸭子淋上鸭皮水，然后用风扇吹干鸭皮水分，一般需要 3~8 h。

5）把烤炉预热到 230℃，然后把鸭子放进烤炉中，先烤腹部，然后烤背部，烤制时炉温保持在 200℃ ~210℃，用时 30~35 min。待其色泽金黄时即可成熟出炉。

【成品特点】形似琵琶，色泽金黄，皮酥脆，鲜香可口。

【技术要领】

1）鸭子无论是肥还是瘦，在做琵琶造型时都要在脊骨两旁、翅膀骨根部和鸭腿部用刀轻轻斩开一下，这样才好造型和入味。

2）无论是用开水烫鸭皮还是淋鸭皮水，都要注意不要将鸭皮水淋到腌料。

3）如果不小心将鸭皮水淋到腌料，及时用红酒过滤袋把皮水过滤，然后再使用。

4）烤制时要注意烤炉的温度，如果琵琶鸭需要烤得干香一些，用烤炉余火延长烤制时间即可。

【菜肴创新】依据烹调方法、味型，利用变换原料和形状的方法，还可烤制南乳琵琶鸭、广式烧鹅、脆皮鸡、吊炉烧鸭等菜肴。

【健康提示】鸭肉的营养价值很高，蛋白质含量比畜肉高得多。鸭肉的脂肪、碳水化合物含量适中，特别是脂肪，均匀地分布于全身组织中。鸭肉中的脂肪酸主要是不饱和脂肪酸和低碳饱和脂肪酸，含饱和脂肪酸量明显比猪肉、羊肉少。有研究表明，鸭肉中的脂肪不同于黄油或猪油，其饱和脂肪酸、单不饱和脂肪酸、多不饱和脂肪酸的比例接近理想值，其化学成分近似橄榄油，有降低胆固醇的作用，对防治心脑血管疾病有益，对于担心摄入太多饱和脂肪酸会形成动脉粥样硬化的人群来说尤为适宜。

实例 6–3　吊烧鸡（见图 6–4）

【菜品简介】吊烧鸡又名香茶鸡、太爷鸡、茶叶熏鸡，但其最早的名称是“太爷鸡”。

图6–4　吊烧鸡

百年前的广州市有个官宦世家，这家的老太爷经常去陆羽居饮茶，最喜欢吃油鸡。有一次，老太爷订购了一只油鸡。到茶楼收市，老太爷结账取鸡时，大家才发现老太爷的油鸡不翼而飞了，众人大惊失色。

正当大伙不知如何是好时，清理茶渣垃圾的伙计发现原来油鸡掉入了装茶叶渣的竹篓中，被发热的茶叶渣覆盖起来，鸡还是热的。厨房的伙计拿起这只油鸡看看并不脏，只是沾满一身茶叶渣，于是拂掉鸡身的茶叶，将鸡包起来，交给老太爷。当晚老太爷吃的油鸡，与以前的味道完全不同，赞不绝口。老太爷次日去陆羽居饮茶，连连赞叹昨天的油鸡好吃，风味独特，要求订购 3 只带回家请朋友品尝。

这个消息立即传入厨房，厨房也立即明白这是意外收获。几位厨师立即研究，确定茶叶熏鸡所得的特殊香味与众不同，进行试制，最后定名为“太爷鸡”。

【味型】咸香型。

【原料组成】

主料：肥嫩土光鸡（750~900g）。

佐料：茶香汤加生沙姜茸、葱白丝、芫茜段。

茶香汤卤水配方：清水 1 锅（约 9 kg），盐 750 g，味精、鸡精各 350 g，姜、葱、酒适量，香料 1 小包（八角 2 粒，草果 1 只，甘草 12 g，陈皮 1 片，桂皮 5 g，香叶 6 张，干沙姜 6 克，冰糖 75 g，茶叶 15 g）。

糖皮水配方：白醋 15 g，白酒 10 g，红醋 120 g，麦芽糖 35 g。

【制作方法】

1）制茶香汤：锅内加入清水、姜、葱、酒、药材（洗过），大火烧沸，小火煮 10 min 后，调入盐、味精、鸡精、冰糖、茶叶，小火煮 5 min 即成茶香汤。

2）煮制：提鸡浸入卤汤中七八次，再把鸡放入汤中，关小火浸约 30 min，取出用清水洗净表面油渍，晾干水分，淋上糖皮水，吊在通风处晾干皮。

3）烤制：将晾干皮的鸡挂在已热的炉内，中火烤约 12 min 至鸡皮呈浅黄色取出，再用六成热的油来淋炸至鸡皮呈金红色即可。

【成品特点】色泽金红，表皮香脆，鸡肉细嫩、味美可口。

【技术要领】

1）鸡种要优良，必须是农家饲养的鸡，净重一定要保持在 800 g 左右，否则鸡体太小肉质虽嫩但香味不足，太大则肉质较老。

2）卤浸鸡的时候，先要提鸡浸入卤汤中七八次，其目的是使鸡紧皮，不要直接把生鸡放入卤汤中，以免鸡皮肉分离。

3）卤浸鸡的时间，要根据鸡的质量、品种、汤水量、水温及天气而确定。如汤水量多，浸鸡时间可以缩短些;鸡重些，品种差些，天气冷些，时间可以长些。鸡膝关节的皮向上收缩，便表明鸡已浸至刚熟。或用竹签插入鸡腿试一试是否有血水流出，便可知鸡是否已浸至刚熟。

4）卤浸好的鸡取出后，一定要马上将表面油渍洗净，晾干水分后，再淋上糖皮水，否则会影响上色的效果。

【菜肴创新】依据烹调方法、味型，利用变换原料和形状的方法，还可烹制南乳吊烧鸡、琵琶吊烧鸡、蚝皇吊烧鸡、吊烧乳鸽等菜肴。

【健康提示】鸡肉含有维生素 C、维生素 E 等，蛋白质含量较高，种类多，而且易消化，很容易被人体吸收利用，有增强体力、强壮身体的作用。另外还含有对人体生长发育有重要作用的磷脂类，是中国人膳食结构中脂肪和磷脂的重要来源之一。

实例 6–4 深井烧鹅（见图 6–5）

【菜品简介】广东烧鹅最著名的是“深井烧鹅”,所谓“深井”其实是一种特殊烤炉形式，即在地上挖出一口干井，下堆木炭，井口横着铁枝，烧鹅就用钩子挂在这些铁枝上，吊在井中烧烤。由于井是在地里挖的，周围都是密不透风的泥土，在这种深井中烧烤，炉温更加均匀稳定，因此烧鹅烤出来都是出品上乘。

图6–5 深井烧鸡

【味型】咸香型。

【原料组成】

主料：黑棕鹅 1 只（约 3 000 g）。

腌料：白砂糖 60 g，味精 15 g，盐 50 g，十三香 1 g，沙姜粉 1 g，甘草粉 0.5 g，八角粉 1 克，柱候酱 3 g，蚝油 6 g，生抽 2 g，黄酒 3 g，乙基麦芽酚 0.5 g，蒜茸 2 g，干红葱头 1 颗。

佐料：酸梅酱 15 g。

鹅皮水：清水 200 g，醋精 100 g，大红浙醋 50 g，九江双蒸酒 50 g，麦芽糖 50 g，柠檬 1 个。

【制作方法】

1）用气泵从鹅颈刀口处打气，使鹅皮全部鼓起。然后从鹅的腹部开肚，掏去所有的内脏、油脂和淋巴，然后清洗干净，清洗时要注意鹅头和尾部。

2）清洗干净的鹅稍稍沥干腹腔的水，然后将腌料放入鹅腹腔内并反复擦匀腌制 60 min。然后用鹅尾针对腹部开口处进行缝口，要缝紧密，不能漏汁或漏气。可用小纱绳在缝口处绑紧加固。

3）用气泵给鹅打第二次气，然后上烤鹅挂钩，注意要把鹅身垂直于地面固定。然后用开水烫皮至鹅身皮肤紧绷，颜色稍稍出现微黄色后，趁热淋上鹅皮水，然后用风扇吹干水分，一般需要 5 h。鹅皮吹干后颜色会更黄，鹅皮不沾手。

4）烤炉预热至 230℃后，放入鹅焖烤，烤鹅期间炉温控制在 220℃ ~225℃，先烤鹅背面，再依次烤侧面、鹅胸，按照这个顺序经常变换位置，使鹅身受热均匀。鹅皮起红色均匀，鹅眼突起，用手按胸及抓两旁有弹性，指痕能恢复原形时便熟（整个过程 35~50 min）。

【成品特点】色泽金红，味美可口。

【技术要领】

1）大腿部一般难以入味，可从鹅内腔把腿部肉刺破，用腌料腌制。

2）烤炉要预热，鹅皮要吹干水分后才能烤制，以免影响上色和成品要求。

3）烤制时要注意经常变换原料的受热位置，使原料受热均匀，色泽均匀，成熟一致。

4）鹅眼突出，鹅身收起，用手按胸部能恢复原形便熟。也可将鹅尾针插入鹅胸，拔出后无血水渗出便熟。

【菜肴创新】依据烹调方法、味型，利用变换原料和形状的方法，还可烹制琵琶吊烧鸡、沙姜吊烧鸡、吊烧鹌鹑等菜肴。

【健康提示】鹅肉含蛋白质、脂肪、糖以及维生素 A、B 族维生素，其中蛋白质的含量很高，同时富含人体必需的多种氨基酸以及微量矿物质元素，并且脂肪含量很低。鹅肉营养丰富，脂肪含量低，不饱和脂肪酸含量高，对人体健康十分有利。

实例 6–5 广式叉烧（蜜汁叉烧）（见图 6–6）

蜜汁叉烧

【菜品简介】叉烧是广式烧卤特色肉制品之一，多呈红色，由瘦肉做成，略甜，是把腌渍后的瘦猪肉挂在特制的叉子上，放入炉内烧烤而成。“叉烧”是从“插烧”发展而来的。插烧是将猪的里脊肉加插在烤全猪腹内，经烧烤而成。因为一只烤全猪最鲜美处是里脊肉，但一只猪只有两条里脊，难于满足食家需要。于是人们便想出插烧之法。但这也只能插几条，再多一点就烧不成了。后来，又改为将数条里脊肉串起来叉着来烧，久而久之插烧之名便被叉烧所替代。插在猪腹内烧，用的是暗火，以热辐射烧烤而熟。叉着烧用的是明火，是直接用火烤熟的，这样全瘦的里脊会显得干枯，故后来便将里脊肉改为半肥瘦肉，并在面上涂抹饴糖，使其在烧烤过程中用分解出来的油脂和饴糖来缓解火势而不致干枯，且有甜蜜的芳香味，蜜汁叉烧因此而得名。

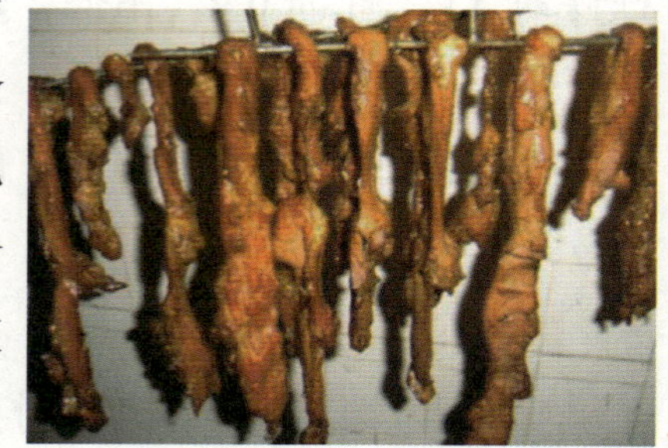
图6–6 广式叉烧

【味型】咸甜味。

【原料组成】

主料：猪枚肉 5 kg。

腌料：盐 60 g，生抽 200 g，老抽 40 g，白糖 400 g，芝麻酱 50 g，腐乳 30 g，鸡蛋黄 3 只，五香粉 5 g，八角粉 5 g，沙姜粉 8 g，胡椒粉 2 g，千杯少 50 g，白酒 100 g，姜葱芫荽适量，食用色素少许。

【制作方法】

1）刀工处理：将猪肉切成厚薄均匀、长 40 cm、宽 3.5 cm、厚 1.5 cm 的长条，每一条都打上浅花刀。

2）冲去血污：将打好花刀的猪肉条洗干净，并用清水反复冲漂，去尽血水。

3）腌制处理：将冲洗净血水的肉条捞起，沥干水分，放入大盆内，加入各种腌渍原料，用双手捞拌均匀至肉条充分收汁，每隔 10 min 要翻搅一次，以使肉料入味均匀，腌制 3~4 h，急用时至少也要腌 40 min。

4）烤制处理：将腌制好的肉条取出，用叉烧针穿排整齐（注意：选五花肉时必须穿瘦肉部分）吊挂入已烧热的烤炉内烤制（注意：如果选用五花肉制作叉烧，挂炉时，瘦肉面向炉火），用中小火烤约 1 h，中途适当转动位置，烤至瘦肉部分滴出清汁时便熟。

5）上蜜汁：将烤熟的叉烧取出，趁热放入糖浆中上糖均匀后，再入炉用中小火约烤 5 min 即成。

【成品特点】肉质软嫩多汁，色泽鲜明、呈红色，香味四溢。

【技术要领】

1）选肉分类（大量制法）。

胫背肌肉：大生猪的胫背肌肉，俗称“枚肉”，肉质松软，肥瘦相间，是制作叉烧的最佳肉类。制成品肉质松软香滑。

髀赤肉：生猪的后腿部瘦肉，俗称“髀赤”，因脂肪少，全瘦肉质，如用来制作叉烧，制成品肉质会显粗糙且略带韧性。

前赤肉：生猪的前腋肩，俗称“前赤”，此部分瘦肉肉质筋膜很多，因此制成品肉质十分粗糙且韧性最高。

2）如何鉴定叉烧成品质量。这个问题涉及个人的喜好，不能强求一致。但一般来说，鉴定叉烧成品质量的一个普遍公认的标准是：不太咸，不太甜，没有化学物的味道；口感松软，咀嚼有汁，不韧；颜色鲜艳，纸包不染色，滚汤不会让汤变红；隔日或入冰柜不会变成黑色。

3）烧上品叉烧的秘诀。

刀工处理的技术要领：如果选用猪枚肉、前赤肉或后腿肉制作叉烧，要先把猪肉肥的部分片净，然后将瘦肉切成厚薄均匀、约 2 cm × 4 cm 的长条。这样入炉烤的时候，成熟的时间大致一样，不会出现厚的熟时薄的干、薄的熟时厚的生的现象。

口感和入味的技术要领：把切好的肉条一条条放入平底盘，每 4.5 kg 肉加入 900 g 清水和 20 g 食用苏打粉和匀。水以仅淹没肉为好。将原盘水和肉放入冷房浸泡过夜，次日早上拿出来洗净，用透明胶袋装好，放回冷房备用。这样处理过的瘦肉变厚，松浮，容易入味，减少猪臊味。

4）在刀工处理时，枚肉头的一端要切得略厚些，以方便穿钢针。切肉时，应沿与肉纹垂直的方向切割。

5）穿肉。用钢针（叉烧针）将已腌好的枚肉穿起，注意要穿较厚的一端（俗称“叉烧头”），切勿扭曲穿过，也不要穿得太挤，要以扁平穿过为标准，挂钩时要平衡吊起，切勿倾斜，以免叉烧在烧时掉进炉内。

6）盖叉烧头，俗称“戴帽”，即将牛油纸裁成宽 5 cm 的纸条，将纸条蘸上叉烧汁后，弯曲纸条，盖在穿起的叉烧头上，以避免烧焦叉烧头。

7）叉烧在炉里烤制时，将烧炉预先加热，放入枚肉后用高温烧约 10 min，然后把枚肉改转方向，转中火烧约 15 min，烧熟之后取出，待稍冷却后，弃去牛油纸，用剪刀剪去烧焦部分（俗称“火鸡”），立即放入糖浆中浸过。再入炉用中小火烤 8~10 min（俗称“回炉”）。其作用是使肉料吸收蜜汁，令肉料色泽鲜明、口感松软，将已回好炉的叉烧取出，待冷却后，再淋一次蜜汁便成。

注意：第二次淋蜜汁的作用是使叉烧表面有光泽，美观。

【菜肴创新】依据烹调方法、味型，利用变换原料和形状的方法，还可烹制叉烧鸡翅、叉烧鸡腿、叉烧鸡、叉烧鸭子、叉烧牛肉等菜肴。

【健康提示】猪肉（肥瘦）含有丰富的优质蛋白质和必需的脂肪酸，并提供血红素（有机铁）和促进铁吸收的半胱氨酸，能改善缺铁性贫血，具有补肾养血、滋阴润燥的功效。但由于猪肉中胆固醇的含量偏高，故肥胖人群及血脂较高者不宜多食。

蜜汁烧排

实例 6–6 蜜汁烤排（见图 6–7）

【菜品简介】但凡肉类，越接近骨的地方，就越好吃，其味越鲜，其肉越瘦。猪的排骨是整只猪最受人喜欢的部分。排骨位于猪腹腔，连着脊背的两边，上部较硬、较长。下腔部较短，并连着可以嚼碎的软骨，吃起来别有情趣，所谓蔗骨就在该处。因为猪排骨除骨之外就是瘦肉，烹饪时骨髓受热分泌精华，所以特别鲜味可口。在肉档中，猪排骨的价格不亚于瘦肉，商人为了满足顾客要求，特在猪肺部割多些瘦肉附于排骨上，称为肉排。屠场交给烧腊铺的排骨规格没有一定标准，视烧腊铺的要求，附瘦肉多则价格另议，一般都是很薄肉的，吃排骨的人意在少吃肉，只喜欢品尝骨味。

图6–7 蜜汁烤排

【味型】咸甜香。

【原料组成】

主料：猪排骨 5 kg。

腌料：盐 60 g，生抽 200 g，老抽 40 g，白糖 400 g，芝麻酱 50 g，腐乳 30 g，鸡蛋黄 3 只，五香粉 5 g，八角粉 5 g，沙姜粉 8 g，胡椒粉 2 g，千杯少 50 g，白酒 100 g，姜葱芫荽适量，食用色素少许。

【制作方法】

1）刀工处理：将每块猪排骨的肥肉片割干净，并将突出形外的硬骨头斩去，再用刀在腹腔内壁的骨膜上划伤透明薄膜，从伤处挑起坚韧的薄膜，用手执住，用力拉离，将整块薄膜撕下，然后将肉排的骨面斩段，用刀将排骨的瘦肉划成榄核形，厚肉部分深划，薄肉部分浅划，刀距约 2.5 cm，在骨面上每条骨与骨之间的肉上打上“一”字花刀。

2）去血污：将打好花刀的排骨洗干净，并用清水反复漂洗，去尽血水。

3）腌制处理：将冲洗净血水的排骨捞起，沥干水分，放入大盆内，加入各种腌制原料，反复抹匀调味品，腌制 3~4 h。

4）烤制处理：将腌制好的排骨取出用钩挂好，吊挂入已烧热的烤炉内烤制，用中小火烤约 50 min，中途适当转动位置，烤至瘦肉部分滴出清汁时便熟。注意掌握好烤制的成熟度，过熟则骨缝的肉立即向后收缩，变成见骨不见肉，不美观。

5）将烤熟的排骨取出，趁热放入糖浆中上糖均匀后，再入炉用中小火烤约 5 min 即成。

【成品特点】甘香中带有蒜香和蜜味，色泽鲜明、呈红色。

【技术要领】

1）选用猪的后腩排：排骨条小、肉质结实、肥瘦均匀。

2）烤制时先烤肉面，后烤骨面。烤 30 min 后再翻面，一般烤 50 min 即可。

3）注意掌握好烤制的火候，用中小火烤制，切勿用大火烤，以免烤焦。

【菜肴创新】依据烹调方法、味型，利用变换原料和形状的方法，还可烹制蜜汁鸡翅、蜜汁鸡、蜜汁烤鳗鱼等菜肴。

【健康提示】猪排骨可提供人体生理活动必需的优质蛋白质、脂肪，其丰富的钙质可维护骨骼健康，适宜于气血不足、阴虚纳差者，湿热痰滞内蕴者慎服，肥胖、血脂较高者不宜多食。

实例 6–7　土窑烧鸡（见图 6–8）

【菜品简介】土窑原指陕北一带的窑洞，也指古人烧砖瓦的窑口。土窑烧鸡用的土窑是指专门用砖石砌成的烤炉。由于砖石砌成的土窑的耐火性、保温性和密封性都非常好，所以土窑预热到一定温度后不用再烧火就可以把原料烤制成熟，而且成品色香味俱全。

图6–8　土窑烧鸡

【味型】咸香型。

【原料组成】

主料：光鸡 1 只（约 900 g）

佐料：白糖 20 g，盐 15 g，味精 4 g，十三香 1 g，甘草粉 0.5 g，沙姜粉 0.5 g，花生酱 2 g，生抽 5 g，花雕酒 5 g，姜茸 3 g，蒜茸 3 g，干红葱头茸 1 颗，鸡皮水 1 份（清水 300 g，白醋 100 g，白酒 10 g，麦芽糖 100 g）。

【制作方法】

1）将光鸡掏走所有的内脏，然后清洗干净，用刀从鸡腹部中线剖开，脊骨两边及鸡翅根部的骨头用刀轻轻斩开，然后压成琵琶状。

2）把姜茸、蒜茸、干红葱头茸炒香，加入花雕酒 5 g、白糖 20 g、盐 15 g、味精 4 g、十三香 1 g、甘草粉 0.5 g、沙姜粉 0.5 g、花生酱 2 g、生抽 5 克制成腌料，放凉后放入鸡腹部，腌制 60 min。

3）把鸡撑开，上挂钩，用开水淋鸡身上让其皮绷紧，再均匀淋上鸡皮水。

4）把鸡用风扇吹干水分，一般需要 3~5 h。

5）把土窑预热至 350℃，把鸡放进烤炉，猛火烤 5 min，然后把火关掉，焖烤 15 min 即可出炉。

6）烧鸡出炉后马上整只装盘上桌，搭配一次性手套、剪刀、椒盐即可食用。

【成品特点】色泽红亮，皮脆肉嫩，咸香适口。

【技术要领】

1）腌料炒制后腌制效果更好。

2）鸡皮必须吹干才能烤制。

3）注意火候的掌控。烤制时运用猛火上色、高温焖烤的方式以保持肌肉皮脆肉嫩、汁液丰富的效果，切忌全程用火烤制。

【菜肴创新】依据烹调方法、味型，利用变换原料和形状的方法，还可烹制土窑烧鸭、土窑烧鹅、土窑烧乳鸽等菜肴。

【健康提示】鸡肉对营养不良、畏寒怕冷、乏力疲劳、月经不调、贫血、虚弱等症状有很好的食疗作用。鸡肉有温中益气、补虚填精、健脾胃、活血脉、强筋骨的功效。

实例 6-8　金陵片皮鸭（见图 6-9）

图6-9　金陵片皮鸭

【菜品简介】金陵片皮鸭源于南京，南京古称金陵，故得此名。烤鸭之美，源于名贵品种北京鸭，它是一种优质的肉食鸭。据说，这一特种纯白北京鸭的饲养，约起源于千年前，是因辽金元之历代帝王游猎，偶获此纯白野鸭种，后为游猎而养，一直延续下来，才得此优良纯种，并培育成今之名贵的肉食鸭种。北京鸭加啤酒腌制，添加各种香料，烤出来的鸭子深红明亮、香味十足、皮脆肉滑。挂炉烧鸭，一般斩件上席。如片皮上席则比较名贵，此即金陵片皮鸭，或称挂炉片皮鸭。

【味型】咸香型。

【原料组成】

主料：毛鸭 1 只（约 2 500 g）。

佐料：姜块 10 g，加糖海鲜酱（40 g 海鲜酱加白糖 10 g 共煮至糖溶）50 g，葱球 25 g，淮盐 15 g，虾片 15 g，皮水（麦芽糖 25 g 加水 25 g）50 g，生抽 500 g，八角 1.5 g。

【制作方法】

1）先把毛鸭宰净，但在拔细毛时注意不要拔破皮，如破皮则烧好时会有花斑，把宰好后的鸭在右翼底处开一小孔，在小孔内弄断 3 条肋骨，挖出食道气管。取出内脏，最后斩去双脚（不要过膝），斩去下翼。

2）取一根直径 12 mm、长 6.5 mm 的竹子，一端削平，另一端两面斜削成叉形，在鸭腔第五节脊骨处，平的一端顶着鸭腹，叉的一端顶着脊骨，把鸭撑起。

3）放入沸水锅内泡至鸭皮发硬，取出稍晾干水分。

4）用皮糖水涂遍鸭的全身，再用铁挂钩在鸭脖的中部。

5）用两条小竹竿将两翼撑开，将一片鸭翼硬毛折弯后插入肛门以将肛门撑开，使鸭腔内水分流清。把鸭吊在阴凉通风处晾干，或用微火烘干。

6）将姜片、葱条用刀拍扁，与淮盐、八角一起由翼底开口处放入鸭腔内，拔出肛门翼毛，改换一个木塞塞紧肛门，防止淮盐水流出，将铁叉从两腿内侧插入，由两腑中穿出，把鸭颈顺着铁叉绕一周，最后用叉尖叉紧下颌。

7）烧烤时两手持挂炉鸭叉的叉柄，使叉尖略向上倾斜，中火烤鸭头、颈部，烤至浅红色，最后烤鸭胸，使全只鸭呈深红色即熟。

8）片皮，把烧烤好的鸭即时放在砧板上，除去铁叉，鸭胸向上，先用斜刀在胸的两边至腿内侧片出 2 块皮并切成 6 件。把鸭翻转，使其背向上，在两翼腑部片出 2 块皮。再从尾端下刀顺着脊骨片出 1 块皮并切成 2 件。然后将两翼掀起，从两翼下起刀，顺向尾端连同腿外侧至尾部，各片出 1 块，每块切成 5 片。最后从胸下至尾部的肚皮，片出两块。整只鸭共片出皮 24 块（片皮时不带过厚肉）。把鸭皮平铺在炸好的虾片上面，迅速送上席。这是上头席。片皮鸭跟料有千层饼 2 碟（每碟 12 件），葱球 2 碟，海鲜酱 2 碟。

9）把已片皮的烤鸭切下头、翼、尾巴、腿及胸肉（从胸骨两侧各顺割下一刀，在锁喉骨处向两侧横割一刀，即可撕出胸肉）。下油 500 g，烧至五成热。放入鸭头、翼、尾、腿及胸肉，炸约 1 min 至熟，取出切块装碟。按鸭头、尾、腿、翼等砌成鸭的原型，再次上桌，称为二次上桌。

【成品特点】皮脂酥脆，肉质鲜嫩，飘逸着清香，鸭体形态丰盈饱满，全身呈均匀的枣红色，油光滑泽，赏心悦目。配以荷叶饼、葱、酱食之，腴美醇厚，回味不尽。

【技术要领】

1）烤前鸭一定要晾干水分并打好气，以免影响上色和成品要求。

2）烤制时要注意经常变换原料的受热位置，使原料受热均匀，色泽均匀，成熟一致。

3）糖浆水中的糖最好用蜂蜜。

【菜肴创新】依据烹调方法、味型，利用变换原料和形状的方法，还可烹制片皮烤鹅、辣酱片皮鸭、薯片烤鸭等菜肴。

【健康提示】鸭肉中的脂肪酸熔点低，易于消化；所含 B 族维生素和维生素 E 较其他肉类多，能有效抵抗脚气、神经炎和多种炎症，还能抗衰老。鸭肉含有较为丰富的烟酸，它是构成人体的两种重要辅酶的成分，对心肌梗死等心脏疾病患者有保护作用。

实例 6–9　澳门烧肉（化皮烧肉）（见图 6–10）

【菜品简介】澳门烧肉又称白切烧肉，是五香烧肉的改良创新品种，以甘香酥脆而著称。澳门烧肉无论从选料和做法都特别讲究，肉要选行内人所称的“挑骨花肉”（即连接排骨的部位，一头猪只有 500 多克这样的肉），烧烤工序要经过煮、松针、受味、定形、纳焦、刮焦、回炉等步骤才可完成。

图6–10 澳门烧肉

【味型】咸香型。

【原料组成】

主料：带皮剔骨五花肉 1 块（2 500 克）。

佐料：白砂糖 60 g，盐 50 g，味精 15 g，盐焗鸡粉 2 g，十三香 1 g，沙姜粉 1 g，甘草粉 1 g，柱候酱 2 g，芝麻油 3 g，干红葱头茸 1 粒，生抽 10 g。

【制作方法】

1）五花肉清洗干净，去掉多余的毛。

2）放入烧开的水里慢火煮 20~30 min 至熟。如发现猪皮浮上水面，则要对其进行翻转，还要注意不要粘底，否则会变焦。

3）把煮好的五花肉迅速放到冷水中，直至完全冷却。然后五花肉保持平整，用猪肉插均匀地在皮上插孔。孔越密越好，但是不能太深，否则会出油影响猪皮的脆度，也不能太浅，烧的时候爆不了皮。

4）用刀把猪皮表层的油刮去，然后用盐加食粉（10:1 的比例）均匀地擦在猪皮上，大概擦 10 min，然后清洗干净。

5）腌料均匀涂在肉的一边，肉厚的地方用刀划 2 cm 深的切纹，腌制 30 min。

6）用风扇或空调把猪皮吹干，要求干透才能进行烤制，视天气情况而定，一般需要 3~10 h。然后用锡纸包好肉的一边，要求只露出皮，然后将多根烧鹅尾针插在肉中，尽量使整块肉平整，以防烤制变形而影响皮受火的均匀度。

7）先在 220℃下烧 10 min 至爆点，再用 400℃以上猛火烧至表皮爆皮起麻点并呈焦墨状，然后马上出炉，用刀顺一个方向刮去焦黑的表皮，直至全露出金黄色，并切去四边焦的地方。然后回炉用慢火烧 5~10 min，表皮呈金黄色即成。

【成品特点】色泽金黄，肉香皮脆，入口松化。

【技术要领】

1）包锡纸时要整齐，只使猪皮外露，整块肉要撑平以让其受火均匀。

2）烧肉进炉时要求肉块大点儿，烧制起来制作方便且成品美观。

3）烧烤时一定要用猛火，高温才能起皮。

4）表皮呈焦黑状才容易刮，皮才松化，刮时要迅速。

【健康提示】猪肉味甘咸、性平，入脾、胃、肾经；补肾养血，滋阴润燥；主治热病伤津、消渴羸瘦、肾虚体弱、产后血虚、燥咳、便秘，润肌肤，利二便。

二、明炉烤法

实例 6–10　广式烤乳猪（见图 6–11）

图6–11　广式烤乳猪

【菜品简介】烤乳猪在誉满中外的广式烧卤中堪称一绝，是广式烧卤中最著名的特色菜。早在西周时此菜已被列为“八珍”之一，那时称为“炮豚”，以后历代都是珍馐美味。在我国，早在南北朝时，贾思勰已把烤乳猪作为一项重要的烹饪技术成果而记载在《齐民要术》中了。1 400 多年前，我国的烹饪技艺已有这样高深的造诣，实在令世人赞叹。清朝康熙年间，烤乳猪是宫廷名菜，成为“满汉全席”中的一道主要菜肴，获得朝野青睐，并一直在官府和民间流行。由于多种原因，烤乳猪在原产地的北方地区已失传，全国只在粤菜中流传下来。在广东、广西，烤乳猪在餐饮业中久盛不衰，深受食客青睐。

烤乳猪在种类上分麻皮与光皮两种：光皮烤乳猪用火较慢，烧时涂油少，有的可在猪身上烧出花纹图案，观感较好；麻皮烤乳猪用旺火，烧制时不断涂油，利用油爆出的气泡疏导乳猪表皮，烧制后乳猪皮色金黄，皮层酥脆，入口则化。由于口感方面的优势，麻皮烤乳猪较受欢迎。

这是一道大菜，适合人多或高档正式宴席，在广式宴席中，一般可用在中高档宴席中做主菜，是较为隆重的大菜之一，广东、广西一带历来有清明节用烤乳猪拜祭先祖和开业祈福等习俗，每逢婚嫁祭祖或开张大吉，无一不用到烤乳猪。据说婚宴上如果有烤乳猪，就表明该婚宴是高档次的，而在高档次的宾馆办的酒席，也是绝对不能少了烤乳猪这道名菜。

【制作方法】乳猪的烧制方法有明炉烧烤与挂炉烧烤两种，广东、广西一带的烤乳猪坚持用明炉烧烤，制法如下：

1）刀工处理：将乳猪放在案板上，四足朝天平放，劈猪时从猪尾开始直至猪头，把猪脊骨和猪头骨开两边，不伤猪皮，不分离，使猪身呈平板状，然后斩断第三、四条肋骨，取出这个部位的全部排骨和两边扇骨，劈开猪头，挖出猪脑，在两旁牙关各斩一刀，洗净，沥干水分。

2）腌制处理：将吊干水分的猪，用五香盐涂匀乳猪内腔，腌约 30 min，即用铁钩挂起，沥干水分后取下，再把乳猪酱均匀涂在猪腔内，腌约 20 min。

3）上叉：腌制好后，用乳猪叉从臂部插入，跨穿到肩关节，最后穿至腮部。而且串穿着排骨而过，又不能伤着表皮。猪腔内用木棍把里面撑开，前后腿也各用一条木条横撑开，外面把四肢叉开用木棍捆扎固定，以便使乳猪保持趴着的形状。

4）烫皮上糖水：上叉后将猪头向上斜放，清水冲洗油污后，用沸水遍淋猪身使皮绷紧、肉变硬，将烫好的猪体头朝上放，用毛刷扫刷糖水，晾干。

5）焙炉：将乳猪放进烤炉中焙，至猪腔仅熟，焙好一只猪大约需要 15 min，具体视炉温而定。

6）烤制：点燃炭火，拨作前后两堆，将猪头和臀部烤成嫣红色后用针扎眼排气，然后将猪身遍刷植物油，将炉炭拨成长条形通烤猪身，同时转动叉位使火候均匀，至猪通身成大红色便成熟。

7）上席时一般用红绸盖上，厨师当众揭开片皮。

【成品特点】颜色大红，火色均匀，光滑如镜，皮脆肉嫩，香而不腻，不焦不糊。

【技术要领】

1）原料猪的选择：烧烤的原料猪应该选择黔桂的香猪，如广西环江的香猪和巴马香猪，也可选用华中、华南地区的地方品种猪。挑选乳猪时要特别留意 3 个基本标准：一是选用 45 日龄左右、体重 7~8 kg、体膘良好的乳猪；二是烧猪的色泽要均匀，皮色以枣红色为佳，皮色偏黑的最不可取；三是选用健康、皮肤无伤痕的乳猪，要观察整只乳猪是否完整，麻皮完整才能让乳猪皮持久酥化。

另外，乳猪需用糯米或大米喂养，使其肉细皮嫩为上。然后以独特工艺、熟练的火工精心烤制，使其皮丝黄透亮，然后切块上盘，拌以葱酱、白糖食之，其味香甜松脆、肉质细嫩甘香，具有滋心润肺、养颜养容的功效。

2）娴熟的碎骨刀法是切开脊椎的关键。乳猪的脊椎长而细，没有娴熟的刀法和熟练而适度的刀力，所切的脊椎会偏刀，缺少工整疏密之美。

3）烧烤的时候，如果不对乳猪的四肢加以绑紧固定，烧烤时乳猪就会出现随着乳猪的烤熟而猪肉收缩的现象，既影响肉质的烘烤，又影响烤完后猪形的美观。

4）在烤乳猪时，为了防止耳朵、尾巴烤焦，保持猪完整而美好的体形，在烤之前，往往用菜叶或锡铂纸等将这些部分包裹好，并在猪腹内塞一个盛水的瓶子，以免腹腔被烤焦。

【品尝要点】烤乳猪要一观形，二吃皮，三吃肉。

1）观形：烤好的乳猪颜色大红，火色均匀，皮光油亮，不焦不糊。

2）吃皮：上桌前，先要把猪皮片成 4 大片，每大片再分片成 8 小片。然后把这 32 片猪皮完整地重新覆盖到乳猪身上（这种覆盖式的片切方法已经被借鉴到片北京烤鸭）。上桌的时候同时上薄饼、甜面酱、葱、酸甜菜及白糖以供食者选用。味道浓香，口感酥脆。

3）吃肉：吃完皮之后要把烤猪端下来，把肉改刀切开再上桌，供客人继续食用。味道清香鲜嫩。

猪皮与猪肉在颜色、口感上不相同。猪皮酥脆，猪肉香嫩。按部位分开食用，不仅有味道上的差别，也有程序上的乐趣，并使人富于期待感和好奇心，更能满足食用者的心理消费需求。

【化皮猪的原理】 猪皮由网状胶质纤维组成，含有水分。猪皮受热软化，在水分挥发出来之后立即变硬。在 300℃以上高温情况下，皮的水分化成气体，在猪皮内部扩张，网状皮胶水分像子弹从浮起的猪皮射出来，发出如爆米般的响声。水分全部排出去之后，皮的体积固定成不规则的多孔硬块，口感松脆化皮。

实例拓展　麻皮烤乳猪（见图 6-12）

（1）原料

光乳猪 1 只（约 8 kg），乳猪腌制料 200 g，乳猪酱 100 g，糖皮水约 300 g。

（2）乳猪腌制料

五香粉 30 g，沙姜粉 60 g，八角粉 20 g，甘草 5 g，草果粉 5 g，丁香粉 5 g，茴香粉 5 g，甘松粉 5 g，孜然粉 5 g，花椒粉 5 g，山黄皮粉 5 g，白扣粉 20 g，胡椒粉 10 g，腐乳 25 g，蚝油 130 g，食盐 150 g，白糖 100 g，味精 75 g，鸡精 75 g，姜葱蒜酒汁 50 g（由姜、葱、蒜加高度酒榨汁过滤而成），大红浙醋 80mL。

图6-12　麻皮烧乳猪

（3）糖皮水配方

配方一：清水 150 g，醋 250 g，酒 50 g，麦芽糖 50 g。

配方二：清水 500 g，麦芽糖 20 g，白醋 30 g，红醋 80 g，高度酒 20 g。

（4）乳猪酱配方

配方一：柱侯酱 2 匙，花生酱、芝麻酱各 15 g，海鲜酱 1 匙，南乳 1 块半，白糖 10 g，腐乳 1 块，蒜茸 10 g，干葱茸 10 g，干淀粉 5 g，味粉 5 g，料酒 15 g，五香粉 0.5 g，八角粉 1 g，沙姜粉 1 g，盐焗鸡料 2 g，陈皮茸 2 g。

配方二：芝麻酱 185 g，花生酱 185 g，海鲜酱 150 g，柱候酱 100 g，冰花酸梅酱 150 g，柠檬酱 150 g，桂林腐乳（花桥牌）150 g，南乳 100 g，豆瓣酱 100 g，番茄酱 250 g，黄皮酱 150 g，蚝油 130 g，大红浙醋 300 mL（不突出酸味）绍兴黄酒 500 mL（后放），胡椒粉 25 g，味精 50 g，白糖 250 g，鸡精 50 g（后放），小磨麻油 50 mL（后放），水 300 mL、盐 100 g、姜 150 g，葱白茸 250 g，蒜茸 150 g，花生油 250 g，沙姜茸 20 g，生抽 150 g，老抽 20 g。

（5）制法

1）刀工处理：从乳猪肚内劈开背骨，不要太深，见骨髓为止，切去四脚、双耳和尾巴，洗净，沥干水分。

2）烫皮抹糖皮水：烧沸水，淋在猪身上，猪皮硬即可，用五香盐和乳猪酱调和涂腌在猪内腔，腌约 20 min 后，用猪叉从猪臂部扦入，穿到肩胛关节，最后穿出腮部，用木条支撑好猪后，用鸭钩把猪挂好，用毛刷扫上糖皮水，吊在通风处晾干皮。

3）烤制：将乳猪放进烤炉内，焙内腔到刚熟取出。

4）刷油烤制：将烤乳猪的炭炉点燃，在猪皮上扫上花生油，先烤头部和臀部，再烤猪身，烤至猪皮起麻泡、金黄色为准（烤时皮要靠近火口，不停地转动，发现起大泡时，用针刺破，并扫上油）。

（6）乳猪酱的调制工艺

1）将花生酱、芝麻酱、海鲜酱、柱候酱、酸梅酱、柠檬酱、番茄酱、黄皮酱、豆瓣酱（背成泥）、豆腐乳（抓茸）、南乳、黄酒、浙醋、蚝油、盐、糖、胡椒粉放入盆中混合均匀（备用）。

2）锅中烧油，下姜、葱、蒜茸、沙姜茸炒香，倒入混合好的酱料熬至汁稠浓香、色泽棕红时，加入绍酒 500 mL、水 300 mL、白糖 250 g、味精 50 g、盐 100 g，至口感合适为宜。

3）浓缩 30 分钟后加入 150 g 花生油和香油，搅拌，同时加少量胡椒粉，最后起锅。

【健康提示】猪皮含大量胶原蛋白，有养颜健肤功能。乳猪较瘦，脂肪含量少，老年人亦可放心食用。

实例 6–11　孜然牛肉串（见图 6–13）

【菜品简介】孜然牛肉是西北菜，以牛肉为制作主料，孜然牛肉的烹饪技巧以炸为主，口味属于咸鲜。孜然牛肉串是将传统的孜然牛肉的做法与烧烤技术结合而成的一道创新菜，口味可以为咸鲜味，也可加做成带麻辣的，主要为了适应流动人群和外卖小吃店经营的需要，同时方便旅客携带和保存。

孜然牛肉串

【味型】咸鲜香辣，孜然香味浓郁。

【原料组成】

原料：黄牛柳肉 1 kg，孜然粒 30 g，指天椒碎 10 g，竹签 1 扎。

腌味料：盐 5 g，味精 8 g，胡椒粉 3 g，白糖 1 g，料酒 10 g，腐乳 10 g，芝麻酱 5 g，生抽 25 g，五香粉 10 g，八角粉 5 g，小苏打 6 g，生粉 75 g，花生油 150 g，香油 15 g，鸡蛋 1 只，鸡精 5 g，老抽 5 g，清水 150 g，姜葱蒜酒汁 50 g（由姜、葱、蒜、芫茜、洋葱、青椒拍碎，加入少许生抽、酒抓汁过滤而成）。

图6–13　孜然牛肉串

【制作方法】

1）腌制漂洗：牛肉切薄片，加入少许小苏打、清水，抓腌至稠，再用清水漂洗后，捞起沥干水分。

2）调汁：姜、葱、蒜、芫茜、洋葱、青椒拍碎，加入少许生抽、酒、抓汁过滤备用。

3）腌制：将牛肉放入大盘，加入过滤汁和上述腌味料，拌匀，生油盖面，腌约 30 min。

4）烤制：用竹签把牛肉串好，热锅下油，烧至四五成热时，倒入牛肉炸至刚熟捞起，沥油，油倒回锅烧至五成熟时，再倒入牛肉串复炸至外酥里嫩、呈浅棕红色时捞起沥油。

5）上孜然味：锅内留少许油，放入孜然粒、生指天椒碎，小火炒香，加入牛肉翻炒入味即可。

【成品特点】牛肉干香滋润，入口化渣，孜然味突出。

【技术要领】

1）此菜腌制的调料用量必须掌握准确，不能过咸。腌制时间要足，才能使成菜入味。

2）炸制时要控制好炸制油温，最好分两次炸制。

【健康提示】牛肉（瘦）富含蛋白质，氨基酸组成比猪肉更接近人体需要，能提高机体抗病能力，对生长发育及术后、病后调养的人在补充失血、修复组织等方面特别适宜。寒冬食牛肉可暖胃，是该季节的补益佳品。牛肉有补中益气、滋养脾胃、强健筋骨、化痰息风、止渴止涎的功效，适宜于中气下隐、气短体虚、筋骨酸软、贫血久病及面黄目眩之人食用。

实例 6–12　壮乡烤乳狗（见图 6–14）

【菜品简介】广西各地方对狗肉的制作，不但品种多，技术精，利用率也高，把脑、肠、骨、爪、肝、胆，甚至是血也利用起来，制作的菜式丰富多彩，如脆皮乳狗、白切狗肉、干锅狗肉、水煮狗肉、酥炸狗脑、板栗狗肉煲、腊狗肉、狗肉香肠等，还可以制成“全狗宴”。

图6–14　壮乡烤乳狗

【味型】咸香味型。

【原料组成】

主料：净乳狗 1 只（4~5 kg）。

佐料：香菜 10 g，葱白粒 10 g，大葱丝 50 g，薄饼 500 g，豆腐乳 3 块，盐 20 g，白糖 100 g，五香粉 2 g，蒜茸汁 30 g，姜汁酒 50 g，米醋 500 克，大红浙醋 100 g，葡萄酒 100 g，麦芽糖（蜂蜜）50 g，三花酒 150 g，红油 20 g，植物油 100 g。

【制作方法】

1）乳狗洗净，经刀工处理，剔去胛骨，砍开背脊骨和狗头。

2）加入豆腐乳、盐、味精、白糖、五香粉、蒜茸汁、姜汁酒等调味品来腌制狗内腔。

3）将腌制好的乳狗上叉定型，用沸水淋烫乳狗表皮（水中可加适量的醋或食粉，便于去表皮的油脂），趁热淋上糖浆水（即米醋 500 g、大红浙醋 100 g、麦芽糖 50 g、盐 20 g、葡萄酒 100 g、高度三花酒 150 g 的混合液），再晾干（6~8 h 以上）或烘干备用。

4）用明火先烤制乳狗内腔 30 min，再烤制外皮（头和尾各 20~30 min）。在烤制过程中要不停地翻动，一般从头部慢慢烤至狗尾部，边烤边抹油，至乳狗皮色金黄，皮酥脆即可（40~50 min）。

5）片狗皮：从狗中间划十字，上下左右各划一刀得 4 大块，分别取出，每块去底部肥肉切成6件，放回原位（注：把皮放回原处时不可出错，否则不平整）。上桌时跟薄饼、葱丝、黄瓜条、白糖、豆腐乳酱。当客人用完24件皮，拿回乳狗，把肉斩件装碟跟白糖、豆腐乳酱上桌。

【成品特点】色泽金黄，皮脆酥化，肉嫩鲜香。

【技术要领】

1）乳狗要腌入味。

2）烤前乳狗一定要晾干水分，以免影响上色和成品要求。

3）烤制时要注意经常变换原料的受热位置，使原料受热均匀、色泽均匀、成熟度一致。

4）明火烤的糖浆水中的糖分要偏少（因原料表面容易上色），挂炉烤的糖浆水中的糖分要偏重（因原料表面不容易上色）。

【菜肴创新】依据烹调方法、味型，利用变换原料和形状的方法，还可烹制壮乡烤玉兔、脆皮花肉等菜肴。

【健康提示】狗肉具有安五脏、轻身、益气、暖腰膝、壮气实、补五劳七伤、填精髓的功效。

实例6-13　明火烤全羊（见图6-15）

【菜品简介】烤全羊是一道地方特色菜肴，是我国新疆或者内蒙古地区少数民族膳食的一种传统风味肉制品。成品外表金黄油亮，外部肉焦黄发脆，内部肉绵软鲜嫩，羊肉味清香扑鼻，色、香、味、形俱全，具有浓郁的民族风味。一般只有在隆重的宴会或祭奠时，才能品尝到烤全羊这道大菜。新疆的羊肉质地鲜嫩无膻味，在国际国内肉食市场上享有盛誉。

图6-15　烤全羊

【味型】咸香味型。

【原料组成】

主料：宰杀好的羔羊1只（7.5~10 kg）。

佐料：生抽10 g，蚝油25 g，味精3 g，糖10 g，红油、辣椒粉、盐30 g，孜然粉20 g，甘草粉15 g，胡椒粉10 g，姜葱酒汁20 g，西芹汁（或土芹）50 g，洋葱汁50 g，面粉20 g。

工具：烤羊架1个，细铁丝，专制羊刀1把，红油刷1个，大方托盘1个，喷酒壶1个。

【制作方法】

1）将宰杀好的羔羊洗干净，去掉头、蹄、皮等，大葱、大姜各1 kg拍裂放入盆中，加优质啤酒2瓶、西芹汁、洋葱汁、盐200 g、味精150 g、水30 kg，用手将大葱和大姜抓挤出味，制成浸泡料水中腌制1~2 h。

2）将腌制好的羊上叉定型；4个脚、颈部、尾部和腰部都用铁丝捆绑固定。

3）将定型好的全羊放在明火上备烤：先烤头颈部和尾部，注意头、尾有炭火，中间无炭火，先备烤羊内腔，再翻转烤羊皮面，重复多次，根据羊的大小和成熟情况而定，整个过程需要 50~60 min。

4）羊内腔、腿部肉厚部位打上花刀，表面喷酒，撒上用盐、生抽、蚝油、孜然粉、辣椒粉、味精等拌匀制成的味粉，涂抹红油，再烤表面呈金黄色成熟时取出装盘，撒葱白粒即可（10 min 左右）。

【成品特点】色泽金黄，外酥脆肉鲜香，别有风味。

【技术要领】

1）浸泡料水腌制时间足够，羊肉才入味。

2）要注意炭火放在头尾两边，羊的中间肉很薄，火力太大会焦。

3）烤制时要注意经常变换原料的受热位置，使原料受热均匀、色泽均匀、成熟度一致。

【菜肴创新】依据烹调方法、味型，利用变换原料和形状的方法，还可烤制烤全狗、烤全鹅、烤骆驼等菜肴。

【健康提示】羊肉具有温补脾胃、温补肝肾、补血温经、护胃黏膜、补肝明目、增加高温抗病能力的功效。

实例 6–14　炭烤玉兔（见图 6–16）

【菜品简介】兔肉适合用各种烹饪方式烹饪，而运用炭烤的方法烹调兔子能更好地去除兔子特有的腥臊异味。兔子先腌制入味再进行烤制，表皮酥脆，肉嫩软烂、细嫩，一股香喷喷的热气扑鼻而来，让人百吃不厌，欲罢不能。另外，兔肉还具有特殊的食用价值，是理想的保健、美容、滋补肉食品，堪称肉中之王，深受人们的欢迎。

图6–16　炭烤玉兔

【味型】咸香味型。

【原料组成】

主料：宰杀好的兔子 1 只（4~5 kg）。

佐料：生抽 10 g，蚝油 25 g，味精 3 g，糖 10 g，红油 50 g，辣椒粉 15 g，葱白粒 20 g，盐 20 g，黑胡椒粉 10 g，芝麻酱 20 g，姜、葱酒汁 50 g，啤酒 1 瓶，西芹汁、洋葱汁各 50 g。

工具：烤兔架 1 个，细铁丝，专制羊刀 1 把，红油刷 1 个，方托盘 1 个，喷酒壶 1 个。

【制作方法】

1）将宰杀好的兔洗净，去掉头、蹄脚、皮等，用姜葱酒汁、啤酒 1 瓶（葡萄酒 1/3 瓶）西芹汁、洋葱汁浸泡 10~20 min 后，再上叉定型（4 个脚、颈部、中部、尾部用铁丝捆绑好）。也可先用五香盐、姜汁酒腌制 1 h。

2）将定型好的兔放在明火上备烤内腔：先烤头颈部和尾部，注意头、尾有炭火，中间无炭火，然后备烤兔的背面，再翻转烤兔内腔，重复多次，根据兔的大小和成熟情况而定，整个过程需 30~40 min。

3）将预烤好的兔内腔经刀工处理后，表面喷酒，撒上用盐、生抽、蚝油、孜然粉、甘草粉、辣椒粉、味精等制成的味粉，涂抹红油，再烤表面呈金黄色成熟时取出装盘，撒葱白粒即可。整个过程约需 10 min。

【成品特点】色泽金黄，外酥脆肉鲜香，别有风味。

【技术要领】

1）原料一定要预先腌制入味。

2）烤制时要注意经常变换原料的受热位置，使原料受热均匀、色泽均匀、成熟度一致。

【菜肴创新】依据烹调方法、味型，利用变换原料和形状的方法，还可烹制壮乡烤狗、脆皮五花肉等菜肴。

【健康提示】兔肉属于高蛋白质、低脂肪、少胆固醇的肉类，兔肉的蛋白质含量高达70%，比一般肉类都高，但脂肪和胆固醇含量却低于很多的肉类，因此有“荤中之素”的说法。

三、烤箱烤法

实例 6–15 烧汁烤鳗鱼（见图 6–17）

【菜品简介】

韩国是鳗鱼消费大国，每年消费鳗鱼 10 000 多吨。韩国各地的商场都有鳗鱼销售，还有很多烤鳗料理店。烤鳗鱼保持了鳗鱼诱人的口感，外焦里嫩，入口窜香，是女性美容养颜、防止老化、提高活力的佳品。

图6–17 烧汁烤鳗鱼

【味型】咸香味型。

【原料组成】

主料：鳗鱼 1 条（750 克）。

佐料：小红葱 30 g，香芹 20 g，香菜 10 g，姜 10 g，葱 10 g，蒜 10 g，百里香 3 g，十三香 2 g，蜂蜜 8 g，麦芽糖 5 g，生抽 3 g，蚝油 6 g，海鲜酱 5 g，叉烧酱 5 g，烤肉酱 5 g，料酒、胡椒粉、香油适量。

【制作方法】

1）鳗鱼宰杀，去黏液，去内脏，洗净。

2）鳗鱼从背部破开取出净肉，腹部连着，然后在肉的一面打上花刀。

3）小红葱、香芹、香菜、姜、葱、蒜，一起碾碎，与百里香、十三香、盐、鸡粉、料酒和鳗鱼肉拌匀，腌制 25 min 左右。

4）蜂蜜、麦芽糖、生抽、蚝油、海鲜酱、叉烧酱、烤肉酱加入 1 勺水烧开和匀调成烧烤酱汁。

5）烤箱调到底火 200℃、面火 220℃，放入抖干净香料的鳗鱼肉，烤至成熟、表面干爽时，在最后 10 min 边烤边刷油，刷酱汁，待鳗鱼烤至色泽红亮、香味浓郁时取出。

6）烤好的鳗鱼趁热改刀日字块，点缀摆放装盘即可。

【成品特点】香味浓郁，色泽红亮，油润，口味咸甜适中，外酥里嫩。

【技术要领】

1）鳗鱼打花刀要深浅一致，以防烤制时变形。

2）腌制时间要足够才能入味。

3）烤制时要烤干水分，要注意把烤箱调到通风模式，最好用蒸烤箱烤，在抽干模式下烤制，水分烤干很快。

4）刷酱要分多次，颜色才红亮。

【菜肴创新】依据烹调方法、味型，利用变换原料和形状的方法，还可烹制烤剑骨鱼、烤三文鱼、烤银鳕鱼等菜肴。

【健康提示】鳗鱼营养成分丰富，每百克（100 g）生鲜鳗鱼含水分 61.1 g、蛋白质 16.4 g、脂质 21.3 g、糖类 0.1 g、灰分 1.1 g、矿物质 95 g、维生素 230 mg，还含有钙、磷、铁、钠、钾等物质。鳗鱼具有补虚养血、祛湿等功效，是久病、虚弱、贫血、肺结核等病人的良好营养品。

实例 6–16　奥尔良烤翅（见图 6–18）

【菜品简介】奥尔良烤翅是一种独具甜辣香味的烤翅，最早出现在肯德基等连锁快餐店中，因带有异域的神秘感而被广知，深受年轻一代的喜欢与追捧。奥尔良烤翅是引入来自美国新奥尔良（新奥尔良是 New Orleans 的音译，1718 年，通过印第安部落的指引，法国人在靠近密西西比河口的仅有高地安了家，殖民者用路易十五的摄政王奥尔良公爵的名字给这个地方取名“新奥尔良”。最早的新奥尔良老城就是今天河边的法国区）的传统烤法工艺而得名的。

图6–18　奥尔良烤翅

【味型】咸甜香辣味型。

【原料组成】

主料：鸡中翅 1 000 g。

佐料：十三香 2 g，百里香粉 1 g，罗勒粉 0.5 g，甘牛至 0.5 g，黑胡椒粉 1 g，辣椒面 2 g，蒜香粉 1 g，蜂蜜 8 g，麦芽糖 5 g，番茄酱 6 g，生抽 3 g，蚝油 5 g，海鲜酱 5 g，叉烧酱 5 g，烤肉酱 5 g，姜茸 5 g，干红葱茸 5 g，花雕酒 5 g，胡椒粉 1 g。

【制作方法】

1）鸡翅清洗干净，沥干水分备用。

2）用十三香、百里香粉、罗勒粉、甘牛至、黑胡椒粉、辣椒面、蒜香粉、蜂蜜、麦芽糖、番茄酱、生抽、蚝油、海鲜酱、叉烧酱、烤肉酱、姜茸、干红葱茸、花雕酒、胡椒粉等调料调成腌料，放入鸡翅腌制 1 h，然后整齐摆放在烤盘上。

3）烤箱调至底火 200℃、面火 220℃预热到绿灯亮后，放入鸡翅烤制 20 min。当烤到 10 min、15 min 时分别刷上一次腌料汁。烤至色泽红亮即可。

【成品特点】独具奥尔良的甜香及辣香，气味鲜香诱人，口味饱满，回味十足。

【技术要领】

1）腌制时间要够，否则不易入味。

2）把握好烤制的火候。

3）分次刷上腌料汁，更好入味和上色。

【菜肴创新】依据烹调方法、味型，利用变换原料和形状的方法，还可烹制奥尔良烤鸡腿、蜜汁烤翅、南乳烤鸡翅等菜肴。

【健康提示】鸡翅含大量的维生素 A，对视力、生长、上皮组织及骨骼的发育都是必需的。

四、其他烤法

1. 泥烤

泥烤是将原料腌渍入味，用猪网油、荷叶、玻璃纸等包扎，外裹黏性黄泥后，放在火上均匀烤制原料内熟的方法。

实例 6–17 叫花鸡（见图 6–19）

【菜品简介】叫花鸡又称常熟叫花鸡、煨鸡，是江苏常熟地区传统名菜。相传，很早以前，有一个叫花子，沿途讨饭流落到常熟县的一个村庄。一日，他偶然得来一只鸡，欲宰杀煮食，可既无炊具，又没调料。他来到虞山脚下，将鸡杀死后去掉内脏，带毛涂上黄泥、柴草，把涂好的鸡置火中煨烤，待泥干鸡熟，剥去泥壳，鸡毛也随泥壳脱去，露出了鸡肉，扑鼻的香气四散开来。附近张大户的仆人恰巧经过，被香气吸引，向叫花子讨得煨鸡之法。常熟百年老店山景园菜馆名厨朱阿二据此传说加以改进，在鸡腹内填加各种配料，以猪网油、荷叶包裹，以黄泥糊于包裹外，然后烧烤，味道更为鲜美。

图6–19 叫花鸡

【味型】咸香型。

【原料组成】

主料：土肥光鸡 750 g。

佐料：瘦猪肉 100 g，熟火腿丁 30 g，熟猪油 50 g，香菇丁 20 g，南乳 50 g，芝麻酱 25 g，海鲜酱 25 g，花生酱 25 g，洋葱 500 g，丁香 3 粒，八角 1 颗，玉果末 0.5 g，蒜米、姜、葱、玫瑰露酒、味精各 3 克，糖 10 g。

辅助原料：荷叶 1 张，黄泥（酒坛泥）3 kg、干稻草碎 200 g，锡纸 1 张，纱绳：2 m 长。

【制作方法】

1）把光鸡整理干净，鸡肚内放入南乳，芝麻酱，海鲜酱，花生酱，洋葱，丁香，八角，玉果末，蒜米、姜、葱、玫瑰露酒、味精，糖腌制 30 min，然后放入熟火腿丁、熟猪油、香菇丁，再用竹签封口。

2）将腌制好的鸡用开水淋烫表皮，让鸡皮紧缩，再用荷叶把鸡包好后用纱绳绑结实，然后再包上一层，把鸡放到预先摊成长方形的黄泥片上包好，外面粘上稻草碎增加支撑力以防烤制时开裂。

3）烤炉预热至 250℃后，放入包好的鸡烤制，两面各烤 45 min，最后小火 150℃焖烤（20~30 min）至鸡成熟即可（整过程约 2 h 左右）。

【成品特点】鸡皮色金黄橙亮，肉质鲜嫩酥软，香味浓郁，原汁原味，营养丰富，风味独特。

【技术要领】

1）鸡腹部腌制时间要足够才能入味。

2）要选用上等的黄泥，充分揉揣，揉揣时要加入适量的盐，以免黄泥开裂。黄泥摊开时要尽可能薄，摊开时桌子可以铺上稻草碎。黄泥的水分不宜太多，否则烤制时间要增加。

3）掌握好烤制的时间及火候。

【菜肴创新】利用改变原料及原料形状的方法，还可烹制叫花乳鸽、叫花禾花雀、叫花子鸭等菜肴。

【健康提示】鸡肉质细嫩，味道鲜美，营养丰富，所含的蛋白质质量较高，脂肪含量低，氨基酸含量高，且都是人体必需氨基酸。除此之外，三黄鸡还是磷、铁、铜与锌的良好来源，并且富含维生素 B12、维生素 B6、维生素 A、维生素 D、维生素 K 等，可用于补血养身。

2. 竹筒烤

竹筒烤是将腌制后的原料置入竹筒中封严，再放到火中直接加热烤制的方法。它主要利用青竹中的水蒸气将热能传递给原料，是一种间接烤。竹筒烤富有浓郁的地方特色，是西南少数民族地区盛行的烹调方法，菜肴有“明炉竹节鱼”“明炉竹筒烤肉”等。成品特点是清香鲜嫩、风味醇厚。

实例 6–18　竹筒鸡（见图 6–20）

【菜品简介】竹筒鸡是云南哈尼族的传统名吃，在广西的某些地区由于地处偏僻，人们劳作离家遥远，常有利用竹筒制作午餐的做法，在抓获山鸡时常常将其拿来制作竹筒鸡。利用竹筒烹饪，历史久远，时至当代，各少数民族仍保留竹筒烹饪的传统方法。竹筒鸡既有鸡肉的鲜甜，又有青竹的清香，滋嫩软糯，制法独特，古老朴实。

图6-20　竹筒鸡

【味型】咸香味型。

【原料组成】

主料：光鸡 1 只（750 g）。

佐料：火腿片 100 g，水发香菇 50 g，冬笋 50 g，生抽 30 g，白糖 25 g，盐 3 g，味精 10 g，姜葱酒汁 20 g。

工具：新鲜竹筒 1 个。

【制作方法】

1）将光鸡洗净，斩件，用生抽 30 g、白糖 25 g、盐 3 g、味精 10 g、姜葱酒汁 20 g 腌制 5~8 min。

2）将腌制好的原料放入火腿片 100 g、水发香菇 50 g、冬笋 50 g 拌匀，放入预先准备好的竹筒中，并用木头塞子盖好。

3）将填好鸡肉的竹筒，放入烧炭的明火炉中烧烤，烤到竹筒外焦、鸡肉香味外溢时，即可取出装盘。

【成品特点】鸡肉清香鲜嫩，风味独特。

【技术要领】

1）腌制时调味品投放要准确，腌制时间要够才能入味。

2）掌握好烤制的时间及火候。

【菜肴创新】利用改变原料及原料形状的方法，还可烹制竹筒鸽子、竹筒禾花雀、竹筒鸭等菜肴。

实例 6-19　香葱烤羊腿（见图 6-21）

【菜品简介】“烤羊腿”是内蒙古地区名菜，流传广远，西北各地，皆有制作。此菜以羊腿为主料，经腌制再加调料烘烤而成。

图6-21　香葱烤羊腿

【味型】咸香味型。

【原料组成】

主料：无皮羊腿 1 只（约 2 000 g）。

佐料：面粉 50 g，西芹汁（或土芹）50 g，洋葱汁 50 g，孜然粉 5 g，甘草粉 3 g，姜葱酒汁 15 g，八角 2 颗，陈皮一片，盐 8 g，味精 5 g，生抽 18 g，白糖 5 g，辣椒粉 15 g，面粉 5 g，红油 10 g，胡椒粉 2 g。

【制作方法】

1）把羊腿洗干净，用刀剔去表面筋膜，再用尖刀在羊腿肉上扎几下，以便入味。

2）将西芹汁、洋葱汁、孜然粉、甘草粉、姜葱酒汁、八角、陈皮、盐、味精、白糖、生抽、胡椒粉等拌均匀，再将羊腿放入腌制 5~6 h。

3）用干净毛巾擦去羊腿表面的水分，放入预热好的烤炉内挂好，用 200℃的温度备烤 30 min，再翻转烤 20 min，取出刀工处理，表面喷酒，撒味粉（盐、孜然粉、面粉、辣椒粉、味精等），涂抹红油，再放入烤炉烤至表皮呈金黄色成熟即可。

【成品特点】羊腿肉质酥香、焦脆，不膻不腻。

【技术要领】

1）烤炉要热，火力适当，挂位正确，移位及时，烤制时间恰到好处。

2）羊腿腌制时间一定要足够，才能入味。

【菜肴创新】利用改变原料及原料形状的方法，还可烹制烤羊排、烤兔脚、香辣烤羊腿等菜肴。

【健康提示】羊肉性温热、补气滋阴、暖中补虚、开胃健力，在《本草纲目》被称为补元阳益血气的温热补品。羊肉属大热之品，凡有发热、牙痛、口舌生疮、咳吐黄痰等上火症状者都不宜食用。患有肝病、高血压、急性肠炎或其他感染性疾病，还有发热期间的也不宜食用。

模块小结

烤和炸是冷菜制作中一种常用的烹调方法。目前烤法的名称各地有很大差异。北方地区流行叫“烤”，南方地区，特别是两广通常叫“烧”，即所谓“南烧北烤”。烤炸类冷菜制法非常讲究火候和工艺流程，烤制法的熟练程度往往是衡量烧卤师傅水平高低的重要标致。随着烹调技术、烹调辅助设备的极速发展和进步，要求师傅不光要深入研究传统烧卤工艺和配方，同时也要与时俱进地加强学习，及时更新知识，学习新技术，新工艺，能才适应新时代的发展，成为智化能厨房的烧卤大师。本模块教学主要从烤的分类，烤制菜肴的技术要领基本知识入手，进一步介绍了餐饮行业目前最流行的各种烤制法及烤炸典型菜式的制作和菜品的创新方法，让学生能深刻理解中国饮食文化的博大精深，提升他们的文化自信，加深对中国冷菜讲究的是味透肌里的理解，养成闻香识味、一丝不苟地钻研烹调技术，把烹调技术的运用发挥到极致，培养精益求精的工匠品质、协作共进的团队精神、追求卓越的创新精神。

课后习题六

一、名词解释

1. 烤
2. 暗炉烤
3. 明炉烤

二、填空题

1. 烤鸭选料要选用“四不鸭”:__________、不瘀血__________、__________、不打水。
2. 可以用来烤鸭的挂烤炉有水缸炉__________、石棉炉、__________、__________等。
3. 烤乳猪在种类上分__________与__________两种。
4. 明炉烤可分为__________、__________、__________等烤法。
5. 乳猪的烧制方法有__________与__________两种。

三、简答题

1. 简述明炉烤的特点。
2. 简述焖炉烤的成品特点。
3. 简述烤盘烤的成品特点。

扫码在线答题

习题答案

模块七　凉拌菜的制作

学习目标

知识目标：

1. 知道凉拌菜的概念和特点。
2. 了解凉拌菜制作的技术关键。
3. 理解凉拌菜调味汁的配制。
4. 理解生拌、熟拌和生熟拌的区别。

能力目标：

1. 理解凉拌菜的制作方法。
2. 能理解生拌、熟拌和生熟拌等经典菜肴的制作流程。
3. 能利用互联网收集凉拌菜的知识，解决实际问题。
4. 能制作典型的凉拌菜例。

素质目标：

1. 具有较强的爱国意识和文化自信，良好的诚信品质。
2. 有较强的事业心、良好的职业道德和职业素养，具有艰苦奋斗的精神和务实作风。
3. 具有质量意识、环保意识、安全意识、信息素养、创新思维。
4. 具有较强的团结协作及精益求精的工匠精神。
5. 养成良好的健康与卫生习惯，良好的行为习惯。

单元一　凉拌菜制作的特点及制作关键

一、凉拌的概念

凉拌就是把可食的生原料或晾凉的熟原料，加工切配成丝、丁、片、块、条等规格，再加入调味料直接调制成菜肴的烹调方法。

二、凉拌菜的特点

凉拌菜在冷菜的制作中非常常见，凉拌法因而成为冷菜制作的最基本方法之一。凉拌菜由于其“成熟”方法比较简单，因此对料形有一定的要求。在通常情况下，凉拌菜是以丝、条、片、小块等基本料形形态出现，在调味上追求的是清淡、爽口，故调味中往往以无色调味品居多，较少使用有色调味料，特别是深色调味料。由于凉拌菜所需的成品质感要求脆嫩，因此在选料时通常选新鲜脆嫩的植物性原料，如黄瓜、莴苣等。

凉拌菜的主要特点是:用料广泛,品种丰富,制作精细,味型多样,成品鲜嫩柔脆,清爽利口。

凉拌菜多数现吃现拌，也有的先用盐或糖调味，拌时沥干汁水，再调拌成菜。凉拌菜的调味品主要有香油、醋、酱油，也可以根据不同的口味需要加入芝麻酱、胡椒粉、糖、蒜泥、味精、姜末等调味品。

凉拌菜的操作过程极为简单，通常是直接将调味料投入原料中，经过一小段时间后食用，以便于入味。有时凉拌菜中还会出现多种原料，此时应尽量保持各种原料的料形一致，尽可能使原料的色彩搭配和谐、美观大方。常见的凉拌菜有“生拍黄瓜”“拌双笋”等。

三、凉拌菜的种类

拌制类冷菜根据原料生熟不同，可分为生拌、熟拌和生熟混合拌 3 种。

（1）生拌

生拌是将可食用原料经刀工处理后，直接加入调料汁拌制成菜的技法。生拌的烹饪原料，一定要选择新鲜脆嫩的蔬菜或其他可生食的原料，将其洗净后再经消毒处理，然后切配成型，最后加入调味品拌制。异味偏重的原料需先用盐腌制，排出异味滗水。

（2）熟拌

熟拌是将生料加工熟制、晾凉后改刀，或将改刀后烹制成熟原料，加入调味汁拌制成菜的技法。

熟拌的烹饪原料须经过焯水、煮烫，要求沸水下锅，断生后即可。然后趁热加入调味品拌匀，否则不易入味。若要保持烹饪原料质地脆嫩和色泽不变，则应从沸水锅中捞出后随即晾开或浸入凉开水中散热。划油的冷菜原料，若油分太多可用温开水漂洗。

（3）生熟混合拌

生熟混合拌是将生、熟主料和配料切制成型，然后拼摆在盘中，加入调味汁拌匀或淋入调味汁成菜的技法。

生熟混合拌的烹饪原料，其生、熟原料应按一定的比例配制。操作时应注意，熟料一定要凉透后再与生料一起加入调味品拌制，这样才能保证质地脆嫩和色泽不变。

四、凉拌菜的基本操作

粤菜中的凉拌，一般分为传统式和引进的西菜式。

传统式着重鲜香和清爽。惯常采用的主料是鸡和鸭。鸡的烹调，需要利用香料煲成的白卤水浸熟，而鸭更需要用调味料腌制后再烤烧，目的是使鸡肉鲜香、鸭肉香惹。至于配料的取材，有腌酸的时蔬和时果，都以质爽者为佳。为了菜式能够增加香脆的配搭，还会加入一些海蜇、炸核桃、薄脆和炒芝麻。酱料配用，优选糖醋、麻酱、芥末或沙拉酱，取其酸惹和浓香。

由西菜引进而经改良的中式沙拉，特点是酸惹甜美。选材方面，以质地爽脆而鲜美的高级海鲜为主料，如龙虾、虾肉和带子。配料选用，多以质地爽脆香甜的时果做伴，也会加进一些马铃薯和熟鸡蛋粒，增进软糯和鲜香的食味。酱料使用以沙拉酱为主。

1. 凉拌菜式的刀工处理

传统的凉拌菜式，多迎合主料肉质纤维的结构，如鸡肉以直纹切丝，会收到香韧而富有嚼头的食味效果，“香麻手撕鸡”就是基于这个原理。一般传统的凉拌菜式，物料大都切成粗丝入菜，但有时也会将主料切成块状，这是因为相辅配料以原个入菜的关系，如“鲜荔凉拌脆皮鸡”。

沙拉菜式的物料，全部以切粒入菜，这可能是源于西方传统。当粒状的食物混合了沙拉酱，凉冻凝结后产生的效果充满着特别的美感。

2. 凉拌物料的温度处理

凉拌的每一道菜，物料受冻的程度各有不同，如生果受冻的程度可比蔬菜低。生果经冰镇，汁液凝结而变得更好吃；腌酸后的蔬菜，过冻则会影响其酸的味道。又如，鸡肉受冻不可超过一定的程度，火鸭更不可以雪冻处理，这是因为火鸭皮下脂肪丰富，雪冻后油脂凝结，破坏了香的味道。但所有的凉拌酱汁，必须够冻才能发挥较好的功能，如糖醋、沙拉酱等。

3. 凉拌菜式的造型

凉拌的菜式，在新旧的造型上，有着很大的分别。传统的菜式，物料捞乱上碟，外形一片混乱，没有美感和新意。现代流行的凉拌菜，物料大多是分门别类地排放整齐或使用模具来定形，在上桌分菜的时候才拌匀或由客人自己拌匀。沙拉的菜式更为气派，为了美化和装饰，会采用橙皮做成的果篮、芒果皮或西生菜叶做成的器皿，作为沙拉的盛器，分成 12 个单位，分别排列放在碟的边缘，碟的中央还设有甘笋丝、生菜丝及美丽的雕花伴衬。若是龙虾的菜式，更需加设龙虾头尾合成的摆设。

4．凉拌物料的特殊处理

1）龙虾：原只滚熟，拆肉切粒，比生拆肉的成数更高。

2）虾肉：虾肉去壳，必须挑出虾肠，利用盐水浸过洗净，然后再滚熟。这样做的虾肉才没有有沙泥，且更加脆爽。

3）带子：若是急冻的带子，必先用黄酒腌过后再制作滚熟，这样可去腥味。

4）海蜇：海蜇切丝滚熟，用清水冲漂约 3~4h，使其膨胀松化。腌料以生抽、麻油配合，味道清鲜浓香。

5）蔬菜：甘笋（胡萝卜）、白萝卜、子姜去皮切丝，先下盐腌透，洗净榨干，再以白醋、白糖浸至入味。蔬菜用盐腌过，较容易吸入酸味。

6）时果：苹果、雪梨去皮去核，切成丝或粒状，以稀盐水洗过，果肉可避免变成灰黑的色泽。

7）琥珀：核桃肉加入食用苏打粉滚透，再用清水滚去涩味，可使核桃肉松化。将滚过的核桃肉炸透，捞糖浆，最后再蘸上炒香的白芝麻。

8）薄脆：薄脆剪碎，以大滚油急火炸，脆度较佳。

9）芝麻：用烧铁锅熄火烘炒方式，可避免炒焦。

五、冷菜制作的技术关键

1. 选料要精细，刀工要精细

在原料选择上，一般要尽量选用质地优良、新鲜，且符合卫生标准的动植物原料，用于生醉的原料还要求是鲜活的河鲜原料。在刀工处理上，要求整齐美观，根据不同菜肴的需要切成各种形状，还要方便原料入味，如切条时长短大体要一致，切片时厚薄要均匀，切丝时粗细均匀等。此外，有些制法还需要在原料上切出不同的花刀，如糖醋小萝卜切成蓑衣花刀，这样既便于入味，又显美观，让人食欲大增。

2. 调味要准确合理，突出风味

调味是冷菜制作的关键。要根据冷菜的原料和顾客对口味的要求，正确选择不同种类的调味品，酌量、适时使用，口味要求各具特色。例如，糖拌西红柿口味甜酸，只宜用糖调味，而不宜加盐；拌凉粉口味宜咸酸清凉，没有必要加糖和味精，只需加少许醋、盐。此外，调味的方式要根据不同的菜肴要求而有所区别，以突出冷菜的味型特点。

3. 要注意色彩的合理搭配，色调和谐统一

冷菜不仅要注重味道，而且也要注意颜色的搭配，避免菜色单一。例如，在黄瓜丝拌海蜇中，加点海米，绿、黄、红三色相间，色调和谐统一，令人望而生津，胃口大开。

4. 制作的时间、温度要把握适度，达到最佳食用效果

有些拌制蔬菜需要焯水，应注意掌握好火候，成熟度适当，以保持原料脆嫩的质地和碧绿青翠的色泽。醉制冷菜的醉制时间要根据原料的性质而定，一般生料久些，熟料短些。若运用绍兴黄酒醉制，时间不能太长，以免口味发苦。

5. 严格遵守卫生要求，保证食用安全

许多冷菜在食用之前不经过加热和制熟。如果在加工制作菜品时不注意卫生，会很容易造成食物中毒。因此冷菜的制作卫生标准要高，在操作时尽量缩短食材暴露的时间，装盘、调味后及时食用。一些生拌的蔬果原料，必须对原料严格冲刷洗净及消毒，以防止残留寄生虫卵及农药。冷菜制作从选料、刀工、装盘、存放、食用的各个环节，都要严格遵守卫生操作规程，要有专门的冷菜操作间、专用的刀具、砧板、抹布、盛器，避免交叉污染。

单元二　凉拌菜复位调味品的制作

凉拌菜调味品的配制是指将多种不同的调味品进行混合调制，以体现出冷菜的不同味型特点。调味是通过原料与调味品适当配合，发生物理和化学变化，以除去恶味、增加美味、刺激味觉、增强食欲、提高原料的食用价值的过程。在凉拌菜的制作中，原料经装盘造型后需要淋些调制好的味汁，或带调味碟上桌，或原料经加工处理后用味汁拌制。

常用调味汁的调制是凉拌菜制作中的一个重要的环节。调味汁是味型的具体体现，各种冷菜调味汁的用料配搭比例可以根据各地的不同口味因地制宜地进行调整。

1.盐水汁

【原料配方】精盐 3 g，香油 25 g，葱白 1 根，料酒 15 g，清水 75 mL，味精 2 g。

【调制方法】

1）将干净炒锅放在火上，加入清水、料酒、香油，烧开至出香味后，立刻熄火。

2）加入切碎的葱白，轻轻搅拌，自然冷却后，添加盐、味精，装入密闭容器即可。

【味型特点】色泽澄清或乳白，口味咸鲜。

【操作关键】

1）清水、料酒、香油等烧开至出香味后，要立刻熄火，以防止香味过分散逸。

2）精盐后加主要是考虑到精盐为加碘盐的因素。

3）配方中的清水可以用鲜汤代替，以增加鲜味。

【菜例】适用拌食鸡肉、虾肉、蔬菜、豆类等，如盐味鸡脯、盐味虾、盐味蚕豆等。

2.呛味汁

【原料配方】精盐 3 g，酱油 5 g，绍酒 5 g，花椒油 3 g，鲜汤 60 mL，味精 1 g。

【调制方法】把精盐、酱油、绍酒、花椒油、鲜汤、味精同时放入碗中调匀即成。

【味型特点】色泽微褐，口味咸鲜。

【操作关键】将各种材料一起搅拌溶化。

【菜例】炝腰花、炖鱼片。

3.姜末油汁

【原料配方】姜末 20 g，生抽 10 g，精盐 5 g，味精 3 g，白糖 1 g，色拉油或花生油 25 g，白醋 5 g，凉开水 35 mL。

【调制方法】

1）将姜末置于食品搅拌器并加入凉开水 35 mL 搅拌 2 min，让其呈姜茸状，然后加入除色拉油或花生油以外的其余调味料搅拌均匀后装入瓷碗中。

2）色拉油或花生油烧六成热后倒入瓷碗中拌匀即可。

【味型特点】色泽浅茶黄，咸鲜回味带酸，姜末浓郁鲜香。

【操作关键】

1）原料要拌匀。

2）花生油或色拉油要烧热，浇在调味品中拌匀才能产生香气。

【菜例】凉拌白肚、凉拌口条、凉拌鸭块等。

4.蚝油汁

【原料配方】蚝油 35 g，酱油 15 g，香油 2 g，味精 1 g，精盐 3 g，鲜汤 50 mL，湿淀粉 3 g。

【调制方法】

1）将干净炒锅放在火上，加入鲜汤烧开。

2）加入蚝油、酱油、香油、味精、精盐等再次烧开。

3）用湿淀粉勾芡即可。

【味型特点】色泽黑褐，咸鲜。

【操作关键】

1）将各种原料放在一起，搅拌均匀，烧制入味。

2）勾芡成稠浓汤汁。

【菜例】蚝油扒鸭掌、蚝油扒三菇、蚝油牛肉、蚝油乳鸽、蚝油生蔬等。

5.红油

【原料配方】菜籽油 2 500 g，二金条辣椒 500 g，新一派辣椒 250 g，老姜 50 g，大葱 50 g，洋葱 50 g，香菜 50 g，八角 5 粒。

【调制方法】

1）二金条辣椒和新一派辣椒放锅中用小火炒香，然后打成粉。

2）锅内放菜籽油烧热，放入切片的老姜、葱段、切丝的洋葱、香菜等炸干，最后放入泡了水的八角略炸，然后把这些炸干的料捞出，待热油晾凉到三四成油温，再把热油分次淋入装有辣椒粉的油盆中，边淋边搅，放置 24 h 以上即可。

【味型特点】色泽红亮，香味浓厚，微辣。

【操作关键】 干辣椒需要炒香后再打成粉；大豆油不宜烧过高或过低，过高则辣椒粉会糊，过低则辣味及辣椒红色素不易浸出。

【菜例】 红油鸡、红油耳丝等。

6.盐焗鸡汁

【原料配方】 盐焗鸡调料 25 g，葱末 50 g，姜末 50 g，蚝油 50 g，色拉油 200 g，精盐 5 g，白糖 15 g，鲜汤 500 mL。

【调制方法】

1）干净炒锅内放色拉油，上中火烧热，入葱末、姜末稍炸。

2）加蚝油、盐焗鸡调料、精盐、白糖和鲜汤，混合均匀即可。

【味型特点】 色泽浅黄，口味鲜醇。

【操作关键】

1）葱末、姜末要炸香。

2）加入其他调料后要烧开，搅拌均匀。

【菜例】 招牌盐焗鸡、盐焗花蟹等。

7.鱼豉汁

【原料配方】 干葱头 15 g，香菜梗 10 g，冬菇蒂 25 g，姜片 5 g，生抽 60 g，老抽 60 g，味精 5 g，美极鲜味汁 20 g，白糖 10 g，香油 25 g，鲜汤 2 500 mL，胡椒粉 5 g。

【调制方法】

1）将干葱头烧至起色后和洗净的冬菇蒂、香菜梗一起下锅。

2）放入鲜汤，用小火熬至汤剩三分之一，过滤去渣。

3）放入其他调料，至白糖完全溶解即可。

【味型特点】 色泽浅褐，口味鲜香。

【操作关键】

1）将干葱头烧至起色以增香。

2）汤汁用小火熬制。

【菜例】 豉香拌鱼皮、豉香拌海蜇等。

8.香鲍汁

【原料配方】 郫县豆瓣酱 150 g，姜 50 g，葱 50 g，蒜 40 g，香叶 20 g，色拉油 100 g，清鸡汤 300 mL，劲霸鲍汁 200 g。

【调制方法】

1）锅内放色拉油，烧至七成热时下郫县豆瓣酱炒香。

2）加姜、葱、蒜、香叶，小火炒香后下清鸡汤。

3）大火烧开，小火熬 15 min 去渣即成。

【味型特点】色泽红亮，咸鲜微辣。

【操作关键】

1）郫县豆瓣酱、葱、蒜、香叶等一定要用油炸香熬透。

2）用大火烧开，小火熬透，过滤澄清。

3）实际使用时用湿淀粉勾薄芡即可。

【菜例】香汁鲍鱼、香汁鹅掌、香鲍汁生菜等。

9.牛柳汁

【原料配方】番茄 250 g，洋葱 50 g，胡萝卜 50 g，芹菜 50 g，香菜 25 g，葱 15 克，蒜 15 g，花生油 25 g，猪骨 150 g，清水 1 500 mL，精盐 10 g，味精 20 g，白砂糖 15 g，番茄汁 150 g。

【调制方法】

1）番茄切丁，洋葱、胡萝卜、芹菜、香菜、葱、蒜等切末备用。

2）将干净炒锅放在火上，加入花生油烧热，放入番茄丁及洋葱、胡萝卜、芹菜、香菜、葱、蒜等切好的末煸香。

3）加入猪骨、1 500 mL 清水，大火煮沸，慢火熬制，过滤得 500 mL 汤汁。

4）加精盐、味精、白砂糖、番茄汁煮沸后调匀即成。

【味型特点】色泽鲜艳，口味咸鲜，香郁微酸。

【操作关键】

1）番茄丁及洋葱、胡萝卜、芹菜、香菜、葱、蒜等切好的末一定要用油煸香。

2）调味汁要大火煮沸，慢火熬制，才能入味。

【菜例】牛柳汁拌云耳、牛柳汁拌金钱肚等。

10.沙嗲汁

【原料配方】油咖喱 25 g，黄豆瓣 50 g，花生酱 35 g，蒜茸辣椒酱 75 g，洋葱 15 g，沙茶酱 35 g，白腐乳 25 g，白糖 15 g，橙汁 10 g，菜籽油 10 g，味精 5 g。

【调制方法】

1）将洋葱、黄豆瓣剁成细末，白腐乳捣成泥。

2）炒锅上火，放入菜籽油烧热，下洋葱末、黄豆瓣末炒香。

3）放入花生酱、蒜茸辣椒酱、沙茶酱、油咖喱、白腐乳泥、白糖、橙汁及味精，调匀即可。

【味型特点】色褐味鲜，香浓微辣。

【操作关键】

1）洋葱末、黄豆瓣末要炒香。

2）所有原料要搅拌均匀。

【菜例】沙嗲拌鱼丝、沙嗲拌海蜇等。

11.橙味汁

【原料配方】柳橙 1 个，番茄酱 25 g，白糖 15 g，精盐 3 g，清水 50 mL。

【调制方法】

1）柳橙洗净，沥干对切，再切成厚约 0.5 cm 的片状。

2）将柳橙片与其他材料一起放入锅中煮，待煮沸后改小火煮到剩余约 35 mL 即可熄火。

3）过滤掉所有材料渣，酱汁即可使用。

【味型特点】色泽金黄，口味酸甜。

【操作关键】原料一定要用小火熬透。

【菜例】橙味拌排骨、橙味拌里脊等。

12.糖醋果汁

【原料配方】白糖 25 g，白醋 35 g，番茄汁 15 g，果汁 1 汤匙，鲜柠檬汁 10 g，精盐 3 g，清水 75 mL，湿淀粉 10 g。

【调制方法】

1）将清水煮沸加入各种调料搅匀，煮透溶化。

2）用湿淀粉勾芡即可。

【味型特点】含有天然的酸味，芳香可口，色泽鲜红，引人食欲。

【操作关键】

1）各种原料要搅拌烧匀。

2）用湿淀粉勾芡成稠度适中的味汁。

【菜例】果汁拌明虾、果汁拌虾球等。

13.OK汁

【原料配方】番茄 50 g，洋葱 25 g，苹果酱 25 g，瓶装柠檬汁 10 g，瓶装橙汁 5 g，耗油 10 g，辣酱油 5 g，鲜汤 250 mL，白糖 20 g，精盐 5 g，花生油 10 g。

【调制方法】

1）将番茄、洋葱切碎，蒜剁成茸。

2）干净炒锅上火烧油，下花生油，将蒜茸爆香，下切好的番茄、洋葱，炒透转至瓦煲中。

3）加入鲜汤，再用慢火熬 10 min 后过滤。

4）在滤液中加入苹果酱、柠檬汁、橙汁、蚝油、辣酱油、白糖和精盐等，搅拌均匀，最后煮沸即可。

【味型特点】色泽棕黑，具有多种蔬菜和水果的清香，味酸甜可口。

【操作关键】

1）洋葱、蒜等要切碎炸香。

2）各种调味汁要煮匀，以形成复合味。

【菜例】OK 大虾、OK 肉丝等。

14.麻辣汁

【原料配方】酱油 15 g，白糖 5 g，精盐 3 g，味精 2 g，辣椒糊 10 g，香油 25 g，花椒皮 2 g，芝麻仁 3 g。

【调制方法】

1）将花椒皮放在热锅内焙至焦黄，研成末。

2）将香油放锅内烧热，投入辣椒、芝麻仁，煸出红油，当发出香味时倒入碗内。

3）放入酱油、白糖、味精、精盐，再撒上花椒皮末，搅匀即成。

【味型特点】色泽浅褐，麻辣咸香。

【操作关键】

1）辣椒糊要煸出红油。

2）各种调味原料要搅拌均匀。

【菜例】麻辣鸡条、麻辣黄瓜、麻辣肚、麻辣腰片、肚丝、卤牛肉等。

15.五香汁

【原料配方】八角 10 g，桂皮 5 g，丁香 2 g，草果 2 g，甘草 2 g，香叶 2 g，砂仁 2 g，沙姜 2 g，小茴香 3 g，精盐 10 g，料酒 50 g，酱油 50 g，白糖 10 g，味精 10 g，姜末 20 g，香油 100 g，清水或鲜汤 1 200 mL。

【调制方法】

1）将以上除味精和香油外的调味原料加清水或鲜汤，小火烧开 5 min。

2）放入味精并倒入容器中，用香油封汁焖泡 15 min 即可。

【味型特点】五香协调，色泽浅褐。

【操作关键】

1）各种调味原料要煮匀。

2）可直接淋入切好的凉碟中，也可以将香料渣去掉，将汁直接拌入卤菜。

【菜例】五香牛肉、五香驴肉、五香扒鸡、五香口条等。

16.椒盐粉

【原料配方】精盐 35 g，胡椒粉 35 g，沙姜粉 25 g，味精 10 g，鸡精 5 g，五香粉 5 g，辣椒粉 5 g，花椒粉 5 g，熟芝麻 15 g。

【调制方法】

1）干净炒锅上火，将精盐焙炒至浅黄色。

2）加入其他原料炒拌均匀即可。

【味型特点】咸而香麻，鲜有微辣。

【操作关键】

1）炒制时火候宜小。

2）各种调味原料要炒拌均匀。

【菜例】椒盐排骨、椒盐猪排等。

17.家常剁椒汁

【原料配方】剁椒 100 g，姜米 10 g，蒜米 20 g，葱花 25 g，精盐 3 g，胡椒粉 2 g，沙姜粉 3 g，味精 2 g，鸡精 2 g，葱油 15 g，色拉油 25 g。

【调制方法】

1）剁椒斩细，放入瓷碗中。

2）加入姜米、蒜米、精盐、胡椒粉、沙姜粉、味精、鸡精及色拉油，搅匀即可。

【味型特点】色泽鲜艳，鲜咸微辣。

【操作关键】

1）剁椒要斩细。各种调味原料的分量要准确。

2）各种调味原料要搅拌均匀。

【菜例】剁椒拌肚花、剁椒炒小海鲜、剁椒蒸鳜鱼等。

18.鱼香味汁一

【原料配方】精盐 4 g，酱油 5 g，白糖 5 g，醋 5 g，泡红辣椒 30 g，姜末 5 g，蒜末 5 g，葱花 10 g，辣椒油 15 g，味精 5 g，料酒 15 g，清水 35 mL，湿淀粉 5 g，色拉油 15 g。

【调制方法】

1）炒锅入火，放入色拉油，先放姜末煸出香味，再依次下入蒜末及葱花末、剁碎的泡红辣椒，煸出香味。

2）顺锅边淋入料酒，最后加入少许精盐、盐、白糖、味精、酱油，并加清水，烧开后用湿淀粉勾芡，出锅时淋入辣椒油。

【味型特点】色泽红亮，咸酸甜辣兼具，鱼香味突出。

【操作关键】各种调味原料要搅拌均匀。

【菜例】鱼香拌肉丝、鱼香拌茄子、鱼香拌兔丝等。

19.鱼香味汁二

【原料配方】姜末 30 g，葱白 50 g，泡红辣椒末 100 g、蒜泥 50 g，精盐 15 g，白糖 25 g，香醋 30g，复制酱油 50 g，味精 30 g，红油 100g，小麻油 50 g。

【调制方法】

1）先将精盐、白糖、味精放入酱油、醋内充分溶化。

2）呈咸酸甜鲜的味感时，再加入泡红辣椒末，姜末、蒜泥、葱花搅匀。

3）放入辣椒油、香油拌和均匀（若味汁过稠可以适当加入一些冷鲜汤）。

【味型特点】色泽红亮，辣而不燥。咸、酸、甜、辣兼备，姜、葱、蒜味浓馥，鱼香味醇厚，略带辣味，鲜香味美。

【应用】鱼香味用于拌菜，因主料不同，调味料有的要增加胡椒粉、绍酒、红油等不同调料，在实践中要注意变化。

20.黑椒汁

【原料配方】黑胡椒粉 35 g，柱候酱 130 g，沙茶酱 65 g，鼓汁 100 g，绍酒 25 g，白砂糖 60 g，洋葱泥 40 g，蒜泥 40 g，辣椒油 25 g，植物油 50 g。

【调制方法】

1）干净炒锅上火，放入植物油烧热，爆香洋葱泥和蒜泥。

2）加入其他原料，拌匀即成。

【味型特点】色泽深褐，口味香辛。

【操作关键】

1）洋葱泥和蒜泥必须用油爆香。

2）各种调味原料要搅拌均匀。

【菜例】黑椒拌牛柳、黑椒拌羊肚丝等。

21.煳辣味汁

【原料配方】煳辣油 25 g，生抽 15 g，辣鲜露 10 g，美极鲜 10 g，精盐 2 g，白糖 15 g，保宁醋 15 g，蒜水 10 g，味精 3 g，鸡精 3 g，藤椒油 10 g。

【调制方法】

1）将二金条干辣椒节和汉源红干花椒泡水 30 s，下热油锅中炸香制成煳辣油。

2）白糖、保宁醋、水按 1:1:1 在锅内小火熬制成糖醋汁待用。

3）将煳辣油、糖醋汁以及各种调味料拌匀即可。

【味型特点】麻辣鲜香，回味带甜酸。

【操作关键】煳辣油最好当天炼制当天使用；注意熬制糖醋的比例。

【菜例】生拌田园时蔬、炝拌藕条等。

22.椒麻味汁

【原料配方】椒麻糊 50 g，生抽 15 g，精盐 2 g，白糖 5 g，味精 3 g，鸡精 3 g，鲜汤 25 g。

【调制方法】

1）将青葱葱绿部分剁细，与去籽后的汉源红干花椒按 10:1 下热油锅中炸香制成煳辣油。

2）白糖、保宁醋、水按 1:1:1 在锅内小火熬制成糖醋汁待用。

3）将煳辣油、糖醋汁以及各种调味料拌匀即可。

【味型特点】色泽呈碧绿色，椒麻爽口，咸麻鲜香。

【操作关键】煳辣油最好当天炼制当天使用；注意熬制糖醋的比例。

【菜例】生拌田园时蔬、椒麻鸡片等。

23.红油味汁

【原料配方】辣椒油 15 g，白酱油 5 g，精盐 2 g，红酱油 10 g，白糖 3 g，五香粉 1 g，姜末 2 g，蒜泥 5 g，香油 15 g，味精 2 g，料酒 7 g，鲜汤 25 mL。

【调制方法】

1）将白酱油、红酱油、白糖、味精、鲜汤等调匀。

2）待白糖、味精溶化后，兑入辣椒油、香油即可。

【味型特点】色泽红亮，咸鲜香辣味，略带回甜。

【操作关键】各种调味原料要搅拌均匀。

【菜例】红油三丝、夫妻肺片、红油鸡等。

【备注】

（1）红油的制作

原料：辣椒粉 400g，花生油或菜油 1 000g，生姜 30g，香葱 50g，八角 10g，草果 1 粒，桂皮 5g，香叶 5 片。

制作方法：

1）将辣椒粉用盆装好，八角、草果、桂皮、香叶用纱布包好，放入装有辣椒粉的盆中备用。

2）锅中烧油至 4 成油温，放入生姜、香葱炸干水分。捞起炸干的生姜和香葱，再将油烧至 6 成热时，分两次倒入装有辣椒粉的盆中烫制，一边倒一边搅拌。烫制好后，放置约 2h 即成。

（2）复制酱油的制作

原料：生抽 500g，老抽 20g，红糖 30g，香料包 1 个（八角 5g、草果 1 粒、桂皮 5g、丁香 3g、香叶 5 片、小茴香 5g、干沙姜 5g、花椒粒 5g、甘草 5g），生姜 20g，葱 20g，清水 250g。

制作方法：将以上用料入炒锅内小火慢熬至浓稠（约浓缩一半），捞出姜、葱和香料包，晾凉即可使用。

24.麻辣味汁

【原料配方】红油 100g，花椒面 20g（或花椒油 10g），复制酱油 30g，精盐 30g，味精 20g，白糖 20g，香油 5g，冷鲜汤（或凉开水）50g，葱花 10g。

【调制方法】

1）将复制酱油、盐、白糖、味精调溶化。

2）加红油、香油、花椒面、葱花调匀即成。

【味型特点】麻辣咸香，味厚不腻，四季均宜。

【应用】本配方味重，口感麻辣、咸鲜、略带回甜，属四川口味，可调制成味汁浇淋凉菜，也可将以上调料直接拌制肚丝、卤牛肉等。此味型红油、花椒面（或花椒油）要重。本味与其他复合味配合均不矛盾，与糖醋、咸鲜味配合最佳，如“麻辣肉干”“夫妻肺片”“麻辣鸡块”“麻辣笋尖”等。

【备注】选用优质花椒面，才有麻的风味。

25.本味咸鲜蒜泥味汁

【原料配方】蒜泥 200g，精盐 50g，味精 50g，白糖 20g，白胡椒粉 20g，色拉油 100g，香油 10g，冷鲜汤（或凉开水）500g。

【调制方法】

1）将蒜泥、盐、味精、白糖、胡椒粉加入清汤或凉开水中搅拌均匀。

2）放入色拉油及小麻油拌匀即成。

【味型特点】蒜味浓厚，咸鲜爽口。

【应用】本味性味平和，使用比较广泛，此配方汁可直接淋入装盘的鸡丝、肚丝、拌白肉等凉菜中，也可拌入原料然后装盘。蒜泥味汁一般多用于白煮类凉菜，菜的色彩基本上保持原料的本性本色，所以不用酱油。

26.红油蒜泥味汁

【原料配方】蒜泥 250g，红油 100g，复制酱油 30g，精盐 30g，味精 20g，白糖 20g，白胡椒粉 10g，香油 20g，冷鲜汤（或凉开水）500g。

【调制方法】

1）将蒜泥、盐、味精、白糖、胡椒粉、复制酱油加入冷鲜汤（或凉开水）中搅拌均匀。

2）然后放入红油、小麻油拌匀即成。

【味型特点】蒜味浓厚，味咸而鲜，香辣味中略带甜。

【应用】蒜泥味较浓厚，而蒜味浓郁，但有败口味，对咸味凉拌菜有压味的副作用。菜肴之间，在味的配合上，要做好安排，不要抵消和压着其他菜肴的滋味。用于春、夏季凉拌菜最佳，佐饭最宜。因大蒜素易挥发，应现吃现调，味才鲜美。常见菜肴有“蒜泥白肉”“蒜泥鸭胗”“蒜泥豇豆”“蒜泥豌豆”等。

27.酸辣味汁

【原料配方】野山椒 2 小瓶，白醋 100g，复制酱油 20g，精盐 20g，味精 15g，香油 50g，凉开水 500g。

【调制方法】

1）将野山椒同原汁辣水用搅拌机打成茸。

2）加入以上调料及凉开水调拌均匀后入容器，并淋入香油即成。

【味型特点】咸鲜酸辣，酸重于辣，鲜美可口。

【应用】此配方常用于“酸辣白肚丝”“酸辣卤牛肉”“酸辣白鸡”等凉菜调味之用。本味与其他复合味配合均好。

28.怪味味汁

【原料配方】复制酱油 300g，姜茸 30g，蒜茸 30g，花椒面 15g，花椒油 10g，白糖 15g，陈醋 75g，葱白 30g，芝麻酱 50g，味精 20g，十三香粉（或五香粉）10g，香油 75g，红油 100g、熟芝麻（碾碎）15g。

【调制方法】

1）将白糖、精盐、味精、芝麻酱、复制酱油、陈醋、十三香粉加开水 250g 搅溶化均匀。

2）加味精、香油、花椒面、花椒油、红油、熟芝麻、葱白充分调匀即可使用。

【味型特点】咸、甜、麻、辣、鲜、香、酸各味兼备，麻辣味长，风味别致。

【应用】此配方有去腥、解腻、提味的作用，适用于调拌较鲜的原料，多适用于鸡、鸭、野味类卤制品的调味，如鸡丝、鸡片、三丝等，四季适用。此味汁在使用时可将原料放在锅中收汁，如肚丁、鸭丁、口条丁、牛肉丁等。味型咸甜、麻辣、酸香兼备。怪味在与其他复合味的配合上，不宜与红油味、酸辣味、麻辣味的菜相配合。

怪味一般用于下酒菜肴的调味，是四季皆宜的复合味。

对异味较重的原料，如兔肉、鸭肉等原料，可以加入豆豉、郫县豆瓣、生姜、葱、大蒜等不同调味料。在家禽、家畜肉原料的运用上，可加入菜油、葱等。油酥类菜肴，可加入甜面酱、五香粉、饴糖等。这是在不同的菜肴中体现怪味味汁应用的奥秘所在。

【菜例】怪味鸡丝、怪味花生、怪味鸡块。

29.葱椒麻味汁

【原料配方】生花椒 30g（去籽），小葱 150g，复制酱油 150g（如用盐可加少量凉开水将盐化开），味精 15g，小麻油 30g，色拉油 50g。

【调制方法】

1）将花椒斩成粉末，小葱切末后与花椒粉同斩成茸。

2）加入以上调料拌匀即成。

【味型特点】咸麻具重，清香鲜美，麻而幽雅，刺激性小。

【应用】椒麻味清淡鲜香，味性不烈，刺激较小，与其他复合味配合都较适宜，用于四季凉拌菜肴。此味汁多用于动物性凉菜的拌制调味，对于干炸制品的凉菜则用于味碟。

选用青葱叶效果好，清香味浓。调味汁中若使用一定量的浓鸡汁，要求咸度适中，才能提高鲜味。味汁颜色要求不要掩盖原料的本色，才能达到菜肴色彩美观，增强食欲。有的地方使用微量白糖，用来提鲜，显示地方风味特色；有时根据风味需要，可以加入香醋，以增加清爽的感觉。

30.姜汁味汁

【原料配方】去皮净姜 250g，陈醋 150g，精盐 50g，胡椒粉 15g，味精 25g，色拉油 100g，小麻油 50g。

【调制方法】

1）将净姜剁成姜茸，放入陈醋中浸泡约 5min。

2）加凉开水 500g 及以上调料搅拌呈姜汁状。

3）调入色拉油和小麻油即成。

【味型特点】姜味浓郁，咸中带酸，清爽不腻。

【应用】此姜汁最好在食品搅拌器中搅成茸汁，如浇淋凉菜可只用其汁，如拌制鸡丝、肚丝、口条等，可连姜茸一起拌均匀。味型特点是开味解腻，略带辛香味。

姜汁味清淡，调和诸味，与其他复合味配合均较适宜，最宜夏季、春末、秋初用于凉拌菜肴、佐酒。

姜汁味一定要突出姜与醋的混合味，虽属清淡，但绝非淡薄无味，否则风味全无。有的地方加少许白糖在姜汁味中，但以不能食到甜味为宜。

姜汁味颜色不能过浓，以不掩盖原料本色为度。

31.麻酱味汁

【原料配方】芝麻酱 100g，鲜鸡汁 20g，香复制酱油 20g，精盐 10g，味精 15g，白糖 10g，蒜泥 15g，五香粉 5g，色拉油 50g，香油 50g。

【调制方法】

1）先将芝麻酱用色拉油、酱油、鲜鸡汁充分搅拌调开。

2）将以上调料加入调匀即成。

【味型特点】咸鲜可口，香味自然，四季皆宜。

【应用】多用于本味鲜美的原料，尤其适合下酒菜肴的调味，四季皆宜，常用于拌白肉、拌鸡丝、拌白肚、口条等腥味较小的动物性卤制品调味。

【备注】调味汁应加适量浓鸡汤，效果更佳。自制芝麻酱时，芝麻要淘洗净，炒至淡黄，磨茸，用七成热菜油烫出香味即成。有的地方风味加少许白糖，以增强鲜味。

32.鱼香味汁

【原料配方】姜末 30g，葱白 50g，泡红辣椒末 100g、蒜泥 50g，精盐 15g，白糖 25g，香醋 30g，复制酱油 50g，味精 30g，红油 100g，小麻油 50g。

【调制方法】

1）将精盐、白糖、味精放入酱油、醋内充分溶化至呈咸酸甜鲜的味感。

2）加入泡红辣椒末，姜末、蒜泥、葱花搅匀。

3）放入辣椒油、香油拌和均匀（若味汁过稠可以适当加入一些冷鲜汤）。

【味型特点】色泽红亮，辣而不燥。咸、酸、甜、辣兼备，姜、葱、蒜味浓馥，鱼香味醇厚，略带辣味，鲜香味美。

【应用】鱼香味用于拌菜，因主料不同，调味料有的要增加胡椒粉、绍酒、红油等不同调料，在实践中要注意变化。

33.糖醋味汁

【原料配方】白糖 250g，大红浙醋 150g，精盐 8g，蒜泥 20g，姜末 10g，酱油 10g，色拉油 50g，小麻油 50g。

【调制方法】将以上调料加清水 250g 在锅中熬化后淋入小麻油即成。

【味型特点】甜酸并重，清爽醇厚。

【应用】此糖醋汁常用于凉菜中的糖炙骨、熏鱼等，一般是将腌制入味的原料炸熟后用糖醋汁在锅中收上卤，出菜时再淋入此汁，糖醋汁在锅中熬制时一定要有浓稠感为佳。糖醋用量不能过量，否则会发生背味，伤脾肝，失掉醇厚清淡之意。糖醋味四季皆宜，在夏季运用更佳。

34.芥末味汁

【原料配方】芥末糊 200g，精盐 30g，生抽 20g、味精 15g，白醋 50g，料酒 50g，白糖 10g，香油 50g、熟菜油 50g。

【调制方法】先将盐、生抽、醋、味精调匀，加入芥末糊调匀，淋入香油即成。

【味型特点】咸酸鲜香冲，清爽解腻。

【应用】芥末味汁常用于拌白肉、鸡丝、肚丝、凉粉、鸭掌等凉菜，也可用于面食的调味，并多在夏季使用；做泡菜时加点芥末、芹菜碎，可使泡菜的色、香、味俱佳。

【备注】芥末糊的制作：芥末粉250g，用沸水100g、醋100g调匀，加熟菜油50g、白糖50g，调拌均匀，静置几小时，以除去苦味，激发冲味。香油加够量后，若还觉菜肴不够滋润，可酌情加熟菜油激发冲味。如果不能等待时间，用温水调散加盖，在40℃以下，使其发酵10多分钟，或在锅内蒸一下，使芥子甙经过温度上升，芥子酶开始发酵，而芥子甙变成辣味的挥发油，产生刺鼻通窍的辛辣味道。

35.五香味汁

【原料配方】八角10g，桂皮5g，丁香2g，草果2g，甘草2g，香叶2g，砂仁2g，山奈2g，小茴3g，精盐约20g，料酒50g，酱油50g，白糖10g，味精10g，姜末20g，小麻油100g。

【调制方法】将以上香料加清水或鲜汤1 200g，小火烧开5min后加入味料并倒入容器中，用小麻油封汁焖泡15min后即可使用。

【味型特点】五香味浓，略带回甜。

【应用】本配方以五香咸鲜味为主，可直接淋入切好的凉碟中，也可将香料渣去掉，将汁直接拌入卤菜，另外可适量加入红油，一般适宜拌肉类卤制品，也可以用于咸鲜味或咸甜味中烧、蒸、炸、熏的菜肴。五香味浓，对其他复合味有较强的压味作用，配合中随时加以注意，否则压住其他味，只体现出五香味是不够全面的。

36.葱油味汁

【原料配方】香葱末150g（要葱白），洋葱末100g，精盐30g，味精20g，胡椒粉10g，白糖10g，料酒50g，花生油200g。

【调制方法】将以上调料入容器中拌匀，再将花生油烧热淋入调料中即成。

【味型特点】葱香浓郁，咸鲜清爽。

【应用】葱油味汁常用于“白切鸡”“白切肚丝”“白切肉丝”的调味，其味型特点是葱香、咸鲜、解腥、提味等，多用于春夏季节。葱油味极清淡香鲜，对一些味性烈、刺激性大的复合味有缓冲作用。

37.茄汁味汁

【原料配方】番茄酱200g，白糖300g，精盐15g，白醋50g，蒜泥30g，姜末10g，色拉油200g。

【调制方法】将色拉油入锅烧热后下蒜泥及番茄酱炒香，再加入清水500g及以上调料炒匀即成。

【味型特点】味浓鲜香，略带回甜。

【应用】此味浓厚香鲜，略带回甜，与其他复合味配合比较适合，佐酒用饭，四季均宜。此茄汁可淋浇鱼丝、里脊丝等丝状凉菜中，如遇马蹄、鱼条、藕条则将原料炸制后再入锅中同茄汁翻炒入味，炒制时不能勾芡，要以茄汁自芡为主。味型酸甜、蒜香。

38.香糟味汁

【原料配方】红糟 100g，绍兴酒 100g，精盐 20g，味精 20g，花椒末 5g，姜末 10g，葱白末 20g，白糖 10g、胡椒粉 5g。

【调制方法】将以上调料加鲜汤 200g 在锅中烧开晾凉即可，烧制时料酒、葱白出锅后再放入。

【味型特点】咸甜味鲜，糟汁醇香。

【应用】此配方可直接浇入切好的凉菜中，如果为整块白鸡、白肉等，可将原料用此味汁浸泡入味后再改刀装盘。浸泡原料的味汁，可将花椒、姜、葱等整块放入。

39.咖喱味汁

【原料配方】咖喱粉 75g，黄姜粉 30g，咖喱油膏 30g，精盐 40g，洋葱末 150g，蒜末 50g，味精 15g，料酒 40g，花生油 350g，香油 20g。

【调制方法】

1）用花生油将洋葱末、蒜末炒香。

2）倒入咖喱粉、黄姜粉、咖喱油膏炒香出色。

3）加入料酒、精盐、味精炒拌均匀，出锅用盛器装好即成。

【味型特点】香味浓郁，略带辣味。

【应用】用咖喱味汁可直接淋入熟制的动物性原料凉菜，如“咖喱牛肉”“咖喱鸡丝”等，也可将腌制的鱼块、鸡块炸熟后收汁，其味型特点是咸辣、鲜香、开味。

40.沙拉味汁

【配方一】沙拉酱 2 支（塑料管装，每支约 50g），卡夫奇妙酱约 30g，炼乳 30g。同置碗内搅拌均匀即成。

【配方二】卡夫奇妙酱 100g，蜂蜜 30g。共同搅拌均匀即成。

【配方三】生鸡蛋黄 4 个，色拉油 150~200g，白醋 20g，白糖 20g，芥末粉 10g。先将蛋黄用打蛋器慢慢搅散，再慢慢分次加入色拉油，一边加入一边搅打，使之呈半固体的乳化状，最后用白糖、白醋、芥末等调料搅拌均匀即成。

【备注】配方一是在有沙拉酱的情况下的调配方法。配方二在粤菜中使用较多，但成本较高。配方三为传统配制方法，成本较低。

【应用】沙拉味汁常用于各种水果丁、黄瓜丁、土豆丁（需除水）的拌味使用，能起到增味、增香、增鲜、增色的效果。

41.凉菜的各种油碟

1）花椒油碟：用花椒油、生抽、精盐、白糖、味精调拌而成。

2）红油味碟：用红油、白糖、精盐、味精调拌而成。

3）蒜泥油碟：用蒜泥、色拉油、小麻油调拌而成。

4）姜汁油碟：用生姜丝（末）、红醋、色拉油、小麻油调拌而成。

5）麻辣油碟：用花椒油、红油调拌而成。

6）芥末油碟：芥末加胡萝卜茸、红椒末、洋葱末，淋七成热油而成。

7）五香油碟：八角、桂皮、草果、小茴、陈皮等碾碎后，淋七成热油而成。

8）咖喱油碟：用咖喱油、红油、洋葱末调拌均匀即成。

42.通用凉拌汁

【原料配方】（大量制法）芝麻酱 3kg，海鲜酱 600g，细粒花生酱 1 瓶 500g，芥末粉 150g，砂糖 1.8kg，白醋 3kg，麻油 300g，罐头菠萝 1 罐，西柠 1 个（榨汁）。

【调制方法】以上用料用搅拌机高速搅匀，注入食物盒内，放入冰箱保存。

【备注】一般用于凉拌食品，如“凉拌火鸭丝”“七彩火鸭丝”“海蜇芝麻鸡”“凉拌手撕鸡”“翡翠玉鸳鸯”等。

单元三　凉拌菜制作实例

实例 7–1　生拍黄瓜（见图 7–1）

生拍黄瓜

【菜品简介】

生拍黄瓜是一道色香味俱全的名菜，此菜清脆爽口，适宜夏季食用。冷菜主料为黄瓜，辅料为大蒜和辣椒油等。取材方便，做法简单，适宜大众口味。

图7–1　生拍黄瓜

【原料组成】

主料：黄瓜约 200 g，油炸花生仁 100 g。

调料：盐 5 g，味精 2 g，陈醋 15 g，蒜泥 20 g，辣椒油 10 g。

【制作方法】

1）刀工处理：将黄瓜清洗后用刀拍破，切成约 4 cm 长的菱形块。

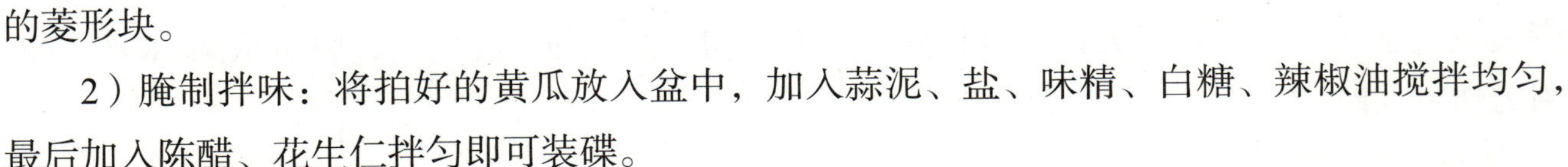

2）腌制拌味：将拍好的黄瓜放入盆中，加入蒜泥、盐、味精、白糖、辣椒油搅拌均匀，最后加入陈醋、花生仁拌匀即可装碟。

【佐料制法】

蒜泥味

配方：蒜 15 g，精盐 3 g，酱油 10 g，白糖 2 g，味精 2 g，香油 15 g，辣椒油 10 g。

制法：蒜加盐捣成泥，加酱油、白糖、味精搅拌至白糖和味精溶化，加香油、辣椒油调匀即成。

【技术要领】

1）选好黄瓜，做拍黄瓜的原料一定要新鲜，黄瓜最好挑还挂着小黄花的。黄瓜以不要太粗、体型匀称者为上，把黄瓜去头、去尾（因两头有点儿苦味）。

2）拍黄瓜时，不要太用力，免得都拍成末了，让它稍微裂开就好，但也不能太轻。

3）黄瓜拌制好后，要存放半小时以上，待调料渗入拍碎的黄瓜块后食用效果较好，或者先用盐腌制一会儿，再拌制，效果也不错。

【菜肴创新】依此烹调方法、味型，利用变换原料和形状的方法，这道菜可以做成不带辣味的咸鲜蒜泥味，也可做成麻辣味，还可以制作出爽口拍黄瓜、酸奶黄瓜色拉、甜面酱拌黄瓜丁、黄瓜萝卜荷兰豆沙拉等菜肴。

【健康提示】

黄瓜味甘、性凉、苦、无毒，入脾、胃、大肠经；具有清热利水、解毒消肿、生津止渴的功效；主治身热烦渴、咽喉肿痛、风热眼疾、湿热黄疸、小便不利等病症。

实例 7–2　蓑衣黄瓜（见图 7–2）

蓑衣黄瓜

【菜品简介】

蓑衣黄瓜是一道传统的名菜，流行于山东和北京地区。随着交通的便利和信息的发达，在各地都能看见这道菜肴。蓑衣黄瓜是用蓑衣花刀法切成的、以黄瓜为主料的凉拌菜，清淡爽口，酸甜稍辣。

图7–2　蓑衣黄瓜

【原料组成】

主料：黄瓜 2 根（约 400 g）。

调料（以糖醋味为例）：盐 6 g，白糖 50 g，米醋 20 g，干红辣椒 20 g，花生油 40 g。

【制作方法】

1）选料：要选又直又苗条、体型很漂亮的黄瓜。

2）刀工处理：先将黄瓜的一面直刀切下（或 45° 下刀），如果是第一次切，建议在黄瓜旁边放一根筷子，这样每刀都不会切到底，方便切制。一面切完之后，将黄瓜翻 180° ，再斜刀切另一面。

【佐料制法】

糖醋味

配方：盐 6 g，白糖 50 g，米醋 20 g，干红辣椒 20 g，花生油 40 g。

制法：加盐、白糖、米醋搅拌至白糖和盐溶化，加花生油、干红辣椒辣调匀即成。

【技术要领】

1）原料一定要新鲜，黄瓜最好挑还挂着小黄花的。黄瓜不要太粗，体型匀称者为上，把黄瓜去头、去尾。

2）刀工处理是关键，两次斜切都是刀尖着底，刀跟不切到底。

【菜肴创新】依此烹调方法、味型，利用变换原料和形状的方法，可以制作成酸辣蒜泥味，也可以通过变化制作出“蓑衣萝卜”“蓑衣茄子”等菜肴。

【健康提示】

老人和小孩夏天不宜多吃，因为黄瓜的凉和辣椒的辣会对胃产生一定的刺激，所以“蓑衣黄瓜”最好和主食一起吃。

实例 7–3　美极野木耳（见图 7–3）

【菜品简介】

凉拌木耳是一道家常冷菜，主要食材是木耳，以辣椒、香菜等配料拌制而成。其清爽适口，营养丰富，尤其适宜夏季食用。

图7–3　美极野木耳

【原料组成】

主料：野生干木耳 15 g。

佐料：青豆 25 g，鲜笋 20 g，精盐 3 g，味精 1 g，白糖 3 g，美极鲜酱油 10 g，醋 2 g，香油 3 g，香菜、小米辣适量。

【制作方法】

1）原料初步加工及熟处理：干木耳用清水涨发后去除根部，撕为单片，用沸水浸泡大约 10 min 后晾凉备用。青豆、鲜笋片焯水备用。

2）调味成菜：美极鲜酱油、精盐、白糖、醋、味精、香油放入碗内充分调匀，再放入木耳片、青豆、鲜笋片，充分拌和后装入盘内即成。

【佐料制法】

鲜酸辣

配方：精盐 3 g，味精 1 g，白糖 3 g，美极鲜酱油 10 g，醋 2 g，香油 3 g。

制法：美极鲜酱油、精盐、白糖、醋、味精、香油、小米辣入碗内充分调匀即成。

【技术要领】

1）干木耳需充分发透，这一过程中要多换几遍水以除尽木耳的土腥味。

2）由于木耳表面光滑、不易入味，所以调制味汁应浓稠，才易于粘味。

【菜肴创新】

依此烹调方法、味型，利用变换原料和形状的方法，还可烹制“美极蚕豆”“美极蕨根粉”“美极花生仁”“美极青瓜”等菜肴。

【健康提示】

黑木耳中铁的含量极为丰富，故常吃木耳能养血驻颜，令人肌肤红润、容光焕发，还可防治缺铁性贫血；木耳中的胶质可把残留在人体消化系统内的灰尘、杂质吸附集中起来排出体外，从而起到清胃涤肠的作用。同时，它还有帮助消化纤维类物质的功能，对无意中吃下的难以消化的头发、谷壳、木渣、沙子、金属屑等异物有溶解与氧化作用，因此，它是矿山、化工和纺织工人不可缺少的保健食品。它对胆结石、肾结石等内源性异物也有比较显著的化解功能。黑木耳能减少血液凝块，预防血栓等病的发生，有防治动脉粥样硬化和冠心病的作用。它含有抗肿瘤活性物质，能增强机体免疫力，经常食用可防癌、抗癌。但应注意，孕妇不宜多吃，有出血性疾病、腹泻者的人应不食或少食。

实例 7-4 红油鸡块（见图 7-4）

图7-4 红油鸡块

【菜品简介】

红油鸡块是一道汉族名菜，鸡肉细嫩，咸香鲜辣，回味略甜，酒餐均佳，色泽鲜亮，口感润滑。

【原料组成】

主料：带骨熟鸡肉 250 g。

佐料：葱白 30 g，精盐 3 g，酱油 10 g，白糖 5 g，味精 2 g，冷鲜汤 50 g，红油辣椒 50 g，香油 5 g。

【制作方法】

1）原料加工及装盘：将葱白洗净，切成长 2.5 cm 的葱节装入盘内，带骨熟鸡肉斩为约 4 cm 长、2 cm 宽的条块，整齐地放在葱节上，摆成“三叠水”形。

2）调味成菜：将精盐、白糖、味精放入碗中，加入酱油、冷鲜汤调化，放入辣椒油、香油，调匀成红油味汁浇在鸡块上，再撒上葱花即成。

【佐料制法】

红油味

配方：精盐 3 g，酱油 10 g，白糖 5 g，味精 2 g，冷鲜汤 50 g，红油辣椒 50 g，香油 5 g。

制法：将精盐、白糖、味精放入碗中，加入酱油、冷鲜汤调化，放入辣椒油、香油调匀，再加入葱花即成。

【技术要领】

1）斩鸡时，皮朝上，下刀要准，使鸡块大小均匀，皮、肉、骨相连，块形完整。严格遵守垫底、围边、盖面的装盘原则。

2）调制红油味时，可根据具体情况，加入适量鲜汤，防止颜色过深。

【菜肴创新】

如果烹调方法、味型不变，利用变换原料和形状的方法，还可烹制“红油鸭舌”“红油耳片”“红油三丝”等菜肴，如果烹调方法和原料不变，仅变换味汁可以烹调出“怪味鸡块”“五香鸡块”等菜肴。

【健康提示】

本菜肴蛋白质、脂肪、钙、磷、铁等含量丰富，对脾胃阳气虚弱、饮食减少、脘部隐痛、呕吐泄泻、疲乏无力、肝脾血虚、头晕目眩、面色萎黄、产后缺乳等症有一定的食疗价值。

但要注意鸡肉性温，外感发热、热毒未清或内热亢盛者不宜过食。

实例 7–5　蒜泥白肉（见图 7–5）

【菜品简介】

图7–5　蒜泥白肉

蒜泥白肉是一道四川冷菜，选用肥瘦相连的五花肉，经水煮断生、切片、卷片、凉拌而成，酱油、辣椒油和大蒜组合的香味直扑鼻端，使人食欲大振。蒜味浓厚，新式白肉是四川传统冷菜蒜泥白肉的一种创新做法，在传统的五花肉、蒜泥之外还搭配了日本青瓜片及紫苏叶，用青瓜将肉片卷成团，配着紫苏，蘸着蒜泥酱汁，送入口中，蒜味浓厚，紫苏清凉，青瓜爽目，这种组合的风味肥而不腻，令人欲罢不能。

【原料组成】

原料：猪后臀肉 500 g，日本青瓜 2 根。

佐料：紫苏叶 6 张，蒜蓉 30 g，葱白蓉 5 g，老姜 20 g，葱段 20 g，八角 1 颗，红油 5 g，花椒油 1 g，香油 2 g，生抽 6 g，盐 2 g，鸡精 3 g，味精 2 g，熟芝麻 3 g，黄酒 10 g。

【制作方法】

1）将五花肉清除干净表皮的猪毛，清洗干净。日本青瓜、紫苏叶清洗干净备用。

2）炒锅放入足量的清水后，用大火烧开，加入老姜、葱段、八角、黄酒、五花肉，转小火煮至五花肉熟透，一般需要 40 min 左右。煮熟的五花肉捞出马上放入冰水中冷却，冷透后用保鲜膜包好，再放到保鲜冰箱中保存。

3）用蒜蓉 30 g、葱白蓉 5 g、红油 5 g、花椒油 1 g、香油 2 g、生抽 6 g、盐 2 g、鸡精 3 g、味精 2 g、熟芝麻 3 g、制成蘸汁。

4）日本青瓜用刀切成 6 cm 长、0.1~0.2 cm 厚的片，五花肉切成 7 cm 长、5 cm 宽、0.2 cm 厚的片。取一片五花肉片放上一片日本青瓜片，卷成中空的卷，每 3 个或 4 个肉卷摆在碟子中的紫苏叶上，然后跟上蘸汁即可。

【佐料制法】

红油蒜泥味

配方：蒜蓉 30 g，葱白蓉 5 g，葱段 20 g，红油 5 g，花椒油 1 g，香油 2 g，生抽 6 g，盐 2 g，鸡精 3 g，味精 2 g，熟芝麻 3 g，鲜汤。

制法：盐、鸡精、味精放入碗中，加入生抽、鲜汤使调料溶化，再加入用蒜蓉、葱白蓉、红油、花椒油调匀，放入芝麻制成蘸汁。

【技术要领】

1）五花肉要注意清除干净表皮的猪毛。

2）五花肉在煮制的过程中要注意火候。

3）五花肉、日本青瓜切片时不能太薄也不能太厚，太厚则很难卷成型，太薄则成品口感不好。

【菜肴创新】

依此制作方法、味型，利用变换原料和形状的方法，还可以制作出“蒜泥肚丝”“蒜泥腰片”“蒜泥鸡片”等菜肴。

在菜肴调味汁的味型上可以有多种变化，如酸辣味、麻辣味等，还可以入乡随俗地加入一些当地的特色调味，如广西的山黄皮等。

【健康提示】

猪肉（后臀尖）含有丰富的优质蛋白质和必需的脂肪酸，并提供血红素（有机铁）和促进铁吸收的半胱氨酸，能改善缺铁性贫血，具有补肾养血、滋阴润燥的功效；但由于猪肉的胆固醇含量偏高，故肥胖人群及血脂较高者不宜多食。大蒜所含的蒜素与肉所含的维生素 B1 结合，就会使维生素 B1 的原有水溶性变为脂溶性，有利于人体吸收利用。

实例 7–6　小葱拌豆腐（见图 7–6）

【菜品简介】

小葱拌豆腐是一道很普通的家常小菜。其特点是色泽素雅淡洁，清香飘逸，鲜嫩爽口。豆腐的营养价值很高，它含有人体所需要的多种营养成分。歇后语“小葱拌豆腐——一青二白”本意是葱是青色的，豆腐是白色的，比喻做人的道理清清楚楚、明明白白。也许正是这个寓意，很多人喜欢吃这道冷菜。

图7–6　小葱拌豆腐

【原料组成】

主料：内酯豆腐 1 盒（约 300 g）。

佐料：香葱 50 g，生抽 5 g，盐 2 g，味精 1 g，鸡精 3 g，胡椒粉 1 g，芝麻油 8 g，熟芝麻 5 g。

【制作方法】

1）香葱择洗干净，顶刀切碎。

2）将生抽、盐、味精、鸡精、胡椒粉、芝麻油、熟芝麻调成味汁。

3）内酯豆腐取出，用刀打去边角，然后用刀切成 0.4 cm 厚的片，整齐摆在长方形的碟子上，撒上香葱碎、味汁即成。

【佐料制法】

鲜辣味

配方：生抽 5 g、盐 2 g、味精 1 g、鸡精 3 g、胡椒粉 1 g、芝麻油 8 g、熟芝麻 5 g 调成味汁。

制法：盐、味精、鸡精、胡椒粉，加入生抽、鲜汤调匀，放入芝麻油、熟芝麻调成味汁，撒上香葱碎、味汁即成。

【技术要领】色泽素雅，葱香飘逸，鲜嫩爽口。

1）如主料非内酯豆腐，而是一般的水豆腐，则要切片后用开水烫一下，以去除豆腥味。

2）豆腐的刀工成形不必拘于一格，可以多样变化。

【成品特点】咸鲜香辣，蒜味浓厚。

【菜肴创新】

1）在豆腐的刀工成形上做文章，如用特制的模具刀挖成半圆形再切片，旁边加一些装饰，塑造成灯笼的造型等。

2）菜肴的味型上可以有多样变化，如香辣味、麻辣味等。

【健康提示】

豆腐营养丰富，含有铁、钙、磷、镁等人体必需的多种微量元素，还含有糖类、植物油和丰富的优质蛋白，素有"植物肉"之美称。豆腐的消化吸收率达 95% 以上。豆腐为补益清热养生食品，经常食用，可补中益气、清热润燥、生津止渴、清洁肠胃，更适于热性体质、口臭口渴、肠胃不清、热病后调养者食用。外脾胃虚寒、经常腹泻便溏者忌食。

实例 7–7 香麻棒棒鸡（见图 7–7）

【菜品简介】

棒棒鸡，又名"眉山棒棒鸡""汉阳棒棒鸡"，此菜始于四川眉山汉阳坝，取用良种汉阳鸡，经煮熟后，用木棒将鸡肉捶松后食用。加工时，一手持刀一手持棒，配合默契，用木棒敲击刀背时，发出的声音随力量轻重而变化，抑扬顿挫，自成节奏，给人以聆听乐曲般的感觉，故名"棒棒鸡"。其味型属于川菜特有的"怪味"，麻、辣、酸、甜、鲜、咸、香全部具备。

图7–7 香辣棒棒鸡

【原料组成】

主料：光鸡 1 只（1 200 g）。

佐料：香菜 50 g，老姜 20 g，葱段 20 g，黄酒 20 g，指天干辣椒粉 10 g，花椒面 5 g，红油 5 g，芝麻油 3 g，芥末油 1 g，胡椒粉 1 g，生抽 5 g，盐 4 g，味精 2 g，鸡精 2 g，白糖 4 g，陈醋 2 g，熟芝麻 5 g，熟花生碎 15 g。

【制作方法】

1）光鸡掏出所有内脏，清洗干净，斩去鸡爪；香菜洗净切段，备用。

2）锅里放入足量的水，烧开，放入老姜、葱段、黄酒、光鸡，转文火煮 5 min，熄火泡 10 min 即可捞出，放入冰水中冰镇至凉透，捞出刷上芝麻油。

3）用刀把鸡皮分两块取下来，然后将鸡放入保鲜袋中，用擀面杖敲打鸡肉至松弛。把鸡从保鲜袋中取出，用手把鸡肉撕成竹签头大小的丝。

4）将干辣椒粉、花椒面、红油、芝麻油、芥末油、胡椒粉、生抽、盐、味精、鸡精、白糖、陈醋调成味汁，放入鸡肉丝拌匀。取一碟，中间放香菜段，上面放入拌好的鸡丝，两块鸡皮改刀成 4 cm 长、2 cm 宽的长方条摆在鸡丝上，再摆上鸡头、翅膀、鸡屁股，呈鸡形状即成。

【佐料制法】

怪味

配方：香菜 50 g，老姜 20 g，葱段 20 g，黄酒 20 g，指天干辣椒粉 10 g，花椒面 5 g，红油 5 g，芝麻油 3 g，芥末油 1 g，胡椒粉 1 g，生抽 5 g，盐 4 g，味精 2 g，鸡精 2 g，白糖 4 g，陈醋 2 g，熟芝麻 5 g，熟花生碎 15 g。

制法：盐、味精、鸡精、白糖、生抽、陈醋调匀溶化，加干辣椒粉、花椒面、红油、芝麻油、芥末油、胡椒粉，调匀即成。

【技术要领】

1）鸡最好选用养殖 8 个月左右还没生蛋的子母鸡。

2）煮鸡的火候要把握好，以刚熟为好。

3）鸡从热水中捞出后要马上放到冰水中冰镇才能保持鸡肉的水分，以达到鸡肉嫩滑的口感。

4）拌制时各种调料要适中。

【菜肴创新】

1）在拌制时可加入一些配菜如西芹、黄瓜等，以丰富菜肴口味及营养。

2）拌制时可以根据客人的口味喜好对调味品进行一定的调整，如客人不喜欢麻味，可以减少花椒面的用量。

【健康提示】

鸡肉中蛋白质的含量较高，氨基酸种类多，而且消化率高，很容易被人体吸收利用，有增强体力、强壮身体的作用。鸡肉含有在人体生长发育中起重要作用的磷脂类，是我国国民膳食结构中脂肪和磷脂的重要来源之一。

实例 7–8　夫妻肺片（见图 7–8）

【菜品简介】

夫妻肺片是一道四川名菜，通常以牛头皮、牛心、牛舌、牛肚、牛肉为主料，进行卤制，而后切片，再配以辣椒油、花椒面等辅料制成红油浇在上面。 夫妻肺片制作精细，色泽美观，质嫩味鲜，麻辣浓香，非常适口。

图7–8　夫妻肺片

【原料组成】

主料：熟牛肉 50 g，熟牛心 50 g，熟牛肚 50 g，熟牛舌 50 g，熟头皮 100 g。

辅料：芹菜 50 g，酥花生仁 50 g。

调料：卤水 100 g，酱油 20 g，精盐 1 g，辣椒油 100 g，花椒粉 5 g，味精 2 g。

【制作方法】

1）刀工处理：将牛肉、牛心、牛舌切为长约 8 cm、宽约 3 cm、厚约 0.2 cm 的片，牛肚和牛头皮斜刀片为相应大小的片。芹菜切为节，花生仁去皮后用刀拍碎。

2）调味成菜：将切好的原料整齐地摆放在盘内；调味碗内依次放入卤水、盐、酱油、味精、花椒粉、辣椒油、芹菜节，调匀后淋入盘内即成。

【佐料制法】

麻辣味

配方：卤水 100 g，酱油 20 g，精盐 1 g，辣椒油 100 g，花椒粉 5 g，味精 2 g。

制法：调味碗内放入卤水、盐、酱油、味精、花椒粉、辣椒油，调匀后即成。

【技术要领】

1）牛杂应反复用清水漂洗干净，以免影响成菜的质量要求。

2）牛肉与牛杂必须事先煮制熟软。煮制牛肉与牛杂时，忌用旺火，宜用小火微煮至软烂的程度。

3）在刀工上要根据不同的原料进行处理，特别是牛头皮，质地绵韧，应采用反刀斜片的刀法。

4）调料中的卤水是指卤制牛肉用的五香白卤水，其质量非常关键。

5）在调制滋汁时，应麻辣咸鲜兼备。

【菜肴创新】

依据烹调方法、味型不变，利用变换原料和形状的方法，还可烹制“麻辣牛肉”“红油牛肚”“凉拌心舌”“香辣牛筋”等菜肴。

【健康提示】

本菜含有丰富的蛋白质，氨基酸的组成比猪肉更接近人体需要，能提高机体抗病能力，对生长发育及手术后、病后调养的人（在补充失血、修复组织等方面）特别适宜。

图7-9　麻酱重阳笋

实例 7-9　麻酱重阳笋（见图 7-9）

【菜品简介】

重阳笋即箭竹笋，又名火烧笋，是南方的特产之一，其中广西和台湾产量比较多。重阳笋味道幽香清脆、营养丰富，是一种口感极佳的美食。近年来经过厂家科学处理，其保鲜期可达 1 年之久，在市面上都可以买到。

【原料组成】

原料：重阳笋 500 g（约 1 包），红椒丝 5 g。

调料：鸡汤 20 g，酱油 50 g，芝麻酱 70 g，味精 2 g，香油 30 g，白糖 2 g，红油 10 g，熟芝麻 5 g。

【制作方法】

1）初加工：红椒去籽切丝，重阳笋撕成条，切成长 3.5 cm 的节。

2）初步熟处理：分别将重阳笋、红椒丝入沸水内焯水煮断生，晾干水分备用。

3）调味拌制：将芝麻酱、酱油、鸡汤、味精、香油、白糖、红油调散调匀，与笋条拌匀，装盘，撒上熟白芝麻即成。

【佐料制法】

麻酱味

配方：鸡汤 20 g，酱油 50 g，芝麻酱 70 g，味精 2 g，香油 30 g，白糖 2 g，红油 10 g，熟白芝麻 5 g。

制法：将味精、白糖、鸡汤、酱油调散调匀，再将红油、香油、芝麻酱加入调匀即成味汁。

【技术要领】

1）重阳笋可撕成长条，也可以直接改刀成条。

2）重阳笋和红椒下锅焯水时，要分开焯水，因为重阳笋的煮制时间稍长一些，而且混在一起煮容易串味。

3）芝麻酱要先用鸡汤稀释再调味。

【菜肴创新】

依此烹调方法、味型，利用变换原料和形状的方法，可以制作出“麻酱凤尾”“麻酱笋片”“麻酱鲜冬笋”“麻酱油麦菜”“麻酱拌豆腐”“麻酱豆角”“糟辣重阳笋”“香拌八度笋”等菜肴。

【健康提示】

笋在我国自古被当作“菜中珍品”，竹笋含有丰富的蛋白质、氨基酸、脂肪、糖类、钙、磷、铁、胡萝卜素、维生素等。其多种维生素和胡萝卜素含量比大白菜含量高一倍，而且竹笋的蛋白质比较优越，并含有人体必需的赖氨酸、色氨酸、苏氨酸、苯丙氨酸，以及在蛋白质代谢过程中占有重要地位的谷氨酸和有维持蛋白质构型作用的胱氨酸，为优良的保健蔬菜。笋还具有低脂肪、低糖、多纤维的特点，食用笋不仅能促进肠道蠕动，帮助消化，去积食，防便秘，并有预防大肠癌的功效。笋含脂肪、淀粉很少，属天然低脂、低热量食品，是肥胖者减肥的佳品。

实例 7–10　盐边黄牛肉（见图 7–10）

图7–10　盐边黄牛肉

【菜品简介】

本菜品以盐边地区的高山黄牛肉为原料，经过白卤熟制，结合盐边特有的“干拌”手法成菜。

【原料组成】

主料：高山黄牛肉（白卤成熟）150 g。

佐料：鲜小米辣 3 g，鲜青花椒 5 g，香菜、小香葱各 10 g，大蒜、姜各 5 g，盐 1 g，味精 1 g，香 料（八角、草果、花椒、香叶）适量。

【制作方法】

1）将牛肉切成 250 g 左右的块，按每千克肉配 10 g 盐的比例腌制 24 h；姜用刀拍松；蒜舂成蒜泥，加入水调成蒜水。

2）锅内加入清水，下入姜、香料、盐和味精，配成白卤水，下入腌渍入味的牛肉，大火烧开，去浮沫，改小火，将牛肉煮制 3 h 左右软熟，取出晾凉即可。

3）取牛肉 150 g，切成 0.2 cm 厚的片；青花椒略拍，小米辣切碎，香菜、香葱切成 3 cm 左右的段。

4）牛肉入盆，加入小米辣碎、青花椒、香菜段、香葱段、盐、味精，盆加盖，用力摇拌，最后加入少量蒜水，搅拌均匀，装盘即可。

【成品特点】牛肉底味足，咸鲜微辣，清香略麻。

【技术要领】

1）牛肉腌渍时间要充足，入味为宜。

2）控制香料用量，不能出现苦味。

【菜肴创新】依据烹调方法、味型，利用变换原料和形状的方法，还可制作干拌牛杂、干拌坨坨羊。

实例 7–11　盐边坨坨鸡（见图 7–11）

图7–11　盐边坨坨鸡

【菜品简介】

坨坨鸡采用盐边本地的乌骨鸡，以清煮的方法成熟，配本地的青花椒、小米辣调味，重点突出了鸡肉原汁原味的特点。

【原料组成】

主料：乌骨仔鸡约 1 250 g。

佐料：小米辣 15 g，鲜花椒 10 g，姜 30 g，香葱 40 g，香菜 15 g，盐 5 g。

【制作方法】

1）将鸡宰杀洗净，用火燎去绒毛，开膛取出内脏，清洗好内脏和鸡，备用。

2）将鸡砍成4 cm见方的块，内脏改刀成小块；葱20 g挽把，余下切成3 cm的节；香菜切成3 cm的节；姜拍松，小米辣滚刀切成块，鲜花椒拍松。

3）锅中加入冷水，放入鸡块、鸡内脏、姜、葱，大火煮制断生。

4）将鸡块捞出控干水分，倒入盆中，撒盐、小米辣块、青花椒、小葱节后翻拌均匀后，加盖焖10 min，装盘即成。

【成品特点】鸡肉细嫩，咸鲜微带麻辣。

【技术要领】

1）鸡肉大火煮断生，即鸡块挤压刚无血水流出为宜，达到鸡皮脆而鸡肉嫩的效果。

2）拌料的鸡肉，要加盖焖入味。

【菜肴创新】依据烹调方法、味型，利用变换原料和形状的方法，还可制作出坨坨羊、坨坨小香猪。

模块小结

凉拌菜在冷菜的制作中非常常见，凉拌法因而成为冷菜制作的最基本方法之一。凉拌菜由于其“成熟”方法比较简单，因此对原料的成形规格和菜品的味道比较讲究。本模块教学主要从凉拌菜的概念和特点，凉拌菜制作的技术关键等基本知识入手，进一步介绍了餐饮行业目前最流行的各种凉拌菜调味汁的配制及典型菜式的制作、菜品的创新设计等内容，让学生能深刻理解中国饮食文化的博大精深，提升他们的文化自信，加深对中国菜刀工讲究，百菜百味的理解，养成闻香识味，培养精益求精的工匠品质、协作共进的团队精神、追求卓越的创新精神。随着烹调技术、烹调辅助设备的极速发展和进步，要求师傅不光要深入研究传统中国菜工艺和配方，同时也要与时俱进地加强学习，及时更新知识，学习新技术，新工艺，能才适应新时代的发展，成为智化能厨房的中国烹饪大师。

课后习题七

一、名词解释

1. 生拌
2. 熟拌

二、填空题

1. 拌就是把可食的生原料或晾凉的熟原料，加工切配成__________、__________、__________、__________、__________条等规格，再加入调味料直接调制成菜肴的烹调方法。

2. 粤菜中的凉拌，一般分为__________和引进的__________。

3. 拌菜的主要特点是：__________，__________，__________，__________，__________，__________。

4. 熟拌的烹饪原料须经过__________、__________的处理，__________、__________后即可。

5. 生熟拌操作要求__________、__________原料应按一定的__________配制。

三、简答题

1. 简述冷菜制作的技术关键。
2. 简述红油鸡块的技术要领。
3. 简述蒜泥白肉的制作方法。
4. 简述夫妻肺片的制作方法。

扫码在线答题

习题答案

模块八　刺身类菜肴的制作

学习目标

知识目标:

1. 知道刺身的概念和特点。
2. 了解刺身与冷菜拼盘的区别和联系。
3. 熟悉刺身的作用与特点。
4. 理解刺身与热菜的区别。
5. 刺身在中餐烹饪中的地位与作用。

能力目标:

1. 理解刺身在行业中的发展。
2. 能理解刺身与冷菜拼盘的区别和联系。
3. 能利用互联网收集整理刺身的知识，解决实际问题。
4. 能制作典型的刺身类菜肴。

素质目标:

1. 具有深厚的爱国情感和中华民族自豪感,开放包容,积极宣传中华传统文化。
2. 有较强的事业心、良好的职业道德和职业素养，具有艰苦奋斗的精神和务实作风。
3. 具有质量意识、环保意识、安全意识、信息素养。
4. 具有较强的团结协作及精益求精的工匠精神。
5. 具有一定审美意识、创新思维、灵活应变能力。

单元一 刺身的概念特点及制作

一、刺身的概念和特点

1.刺身的概念

刺身是来自日本的一种传统食品，是较出名的日本料理之一，它是将新鲜的鱼（多数是海鱼）、乌贼、虾、章鱼、海胆、蟹、贝类等采用适当的刀法加工成片、条、块等形状，享用时佐以用酱油与山葵泥调出来的酱料的生食料理。若要追溯其历史，刺身最早还是在唐代由中国传入日本的。以前，日本北海道渔民在供应生鱼片时，由于通过去皮后的鱼片不易辨清其种类，故经常会取一些鱼皮，再用竹签刺在鱼片上，以方便大家识别。这刺在鱼片上的竹签和鱼皮，当初被称为“刺身”，后来虽然不用这种方法了，但“刺身”这个叫法仍被保留下来。

中国人一般将“刺身”叫作“生鱼片”或“鱼生”，因为刺身原料主要是鱼类而且食用的方法又是生食。中国鱼生最讲究的是配料，它的配料和酱料不下20种，配料如荞头、姜丝、葱瓣、柠檬丝、洋葱丝、榨菜丝、酸蒜瓣、香芋丝、西芹丝、花生、蒜米、炸粉丝、指天椒、芝麻等，酱料则是油、酱油、盐、糖等。

2.刺身的特点

在中餐中，刺身一般被视为冷菜的一部分，上菜时与冷菜一起上桌。因为其原料是生的，外形很好看，所以饭店一般都会在冷菜间且接近顾客用餐的地方单独划出一间玻璃房，以让厨师在里面现场制作，这也成了许多中餐馆的一道吸引顾客的靓丽风景线。

1）刺身造型美观、口感鲜美。刺身以漂亮的造型、新鲜的原料、柔嫩鲜美的口感以及带有刺激性的调味料，强烈地吸引着人们的注意力。刺身已经走进了数量众多的中高档中餐馆，跻身于冷菜间，鲜艳夺目。

2）刺身的原料在选择上比较广泛，新鲜的即可。刺身最常用的材料是最新鲜的鱼类，其次是甲壳类、贝类。常见的有金枪鱼、鲷鱼、比目鱼、鲈鱼、鲻鱼等海鱼，也有鲤鱼、罗非鱼、黑鱼等淡水鱼。在中国古代，鲤鱼曾经是做刺身的上品原料，而现在刺身已经不限于鱼类原料了，像鲍鱼、贻贝、扇贝、牡蛎等贝类，龙虾、对虾、虾菇、梭子蟹、青蟹、蟳等甲壳类，以及海胆、章鱼、鱿鱼、墨鱼等都可以成为制作刺身的原料。

3）刺身佐料简单而富有特色。刺身的佐料主要有酱油、山葵泥或山葵膏（浅绿色，类似芥末），还有醋、姜末、萝卜泥和煎酒（经灭菌后的黄酒）。在食用动物性原料刺身时，酱油、山葵泥或山葵膏是必备的，其余则可视地区不同以及个人的爱好加以增减。粉状的山葵泥要先用水调和以后才能使用，粉和水的比例为1:2。调和均匀以后，还应当静放2~3min，以便其刺激的辣呛味和独特的风味的产生。不过调好后应当尽快食用，否则辣呛味会挥发掉。山葵泥提供刺激味，解除生料的腥异味；酱油则提供咸味、鲜味，调和整体的美味。酒和醋在古代几乎是必需的。

4）盛刺身的器皿用浅盘，漆器、瓷器、竹编或陶器均可，形状有方形、圆形、船形、五角形、仿古形等。刺身造型多以山、船、岛为图案，根据器皿质地形状的不同，以及批切、摆放的不同形式，可以有不同的命名。讲究的，要求一菜一器，甚至按季节和菜式的变化选用盛器。

5）刺身并不一定都是完全的生食。有些刺身料理也需要稍做加热处理，如蒸煮，大型的海螃蟹就用此法；炭火烘烤，将鲔鱼腹肉经炭火略微烘烤（鱼腹油脂经过烘烤而散发出香味），再浸入冰中，取出切片而成；热水浸烫，生鲜贝类以热水略烫以后，浸入冰水中急速冷却，取出切片，则表面熟、内部生，这样的口感与味道自然是另一种感觉。

二、刺身的制作

1.常用刺身原料

参见项目三单元二相关内容。

2.刺身原料的选择

1）春吃北极贝、象拔蚌、海胆（春至夏初）。

2）夏吃鱿鱼、鲕鱼、池鱼、鲣鱼、池鱼王、剑鱼（夏末秋初）、三文鱼（夏至冬初）。

3）秋吃花鲢（秋及冬季）、鲣鱼。

4）冬吃八爪鱼、赤贝、带子、甜虾、鲕鱼、章红鱼、油甘鱼、金枪鱼、剑鱼。

5）其他如鸡肉、鹿肉和马肉等，都可以成为制作刺身的原料。

3.刺身刀工成型

（1）刀具

刺身类菜肴非常强调原料形态和色彩的赏心悦目。在做刺身时，如果用不合适的刀具或不锋利的刀具，那切割时就会破坏原料的形态和纤维组织，造成脂类溃破，破坏原料本身的特殊风味。处理刺身的刀具相当重要，一般都有5至6把专用的刀，这些刀按外形可分为两类：一类称为出刃庖刀，刀背较厚，近半寸，尖头短身，多用来斩鱼头及起鱼肉，可以轻易斩断鱼骨；另一类称为柳刃庖刀，刀锋薄，刀身较长，用以将大块鱼肉切成等份或切片状。另外，这些专用刀按用途则可分为去鳞、横剖、纵剖、切骨等用刀。做刺身用得比较多的工具还有刺身筷。刺身筷细而长，一端尖细，专门用于将切好、排好的片状料摆放于盘中。

（2）常用刀法

1）退拉切：右手执刀，从鱼的右边开始切。将刀的刀跟部轻轻压在鱼肉上面，以直线往自己方向退拉着切。切好的第一片使其横倒、靠右边，第二片倾斜靠在第一片上，第三片靠在第二片上，依次这样一边切，一边顺手摆整齐，直到切完。切时最好一刀切完一片，这样切出的鱼片光洁，动作潇洒利落，给人以美感。

2）削切：把整理好的一块鱼肉放在砧板上，从鱼的左端开始下刀。刀斜切进鱼肉，再向自己的方向拉引，直至一片鱼肉切完。再用同样刀法将整块切完。每切好一片，用左手将鱼片叠放整齐，方便装盘。

3）抖刀切：把鱼肉放砧板上，从鱼肉的左端开始切。刀斜切进鱼肉，立即开始均匀抖动刀，向自己的方向拉引，左手将切好的鱼肉叠放整齐即装盘。此刀法多用于切章鱼、象拔蚌、鲍鱼等。

（3）成型厚度

无论运用哪种刀法都要顶刀切，这样切出的鱼片筋纹短，利于咀嚼，口感好。刀忌顺着鱼肉的筋纹切，因为筋纹太长，口感不好。要特别注意的是，鱼肉一定要剔净鱼骨，装进盘里的生鱼片，绝对不能有鱼骨，以防食客食用后发生危险。

日本刺身一般厚约 0.5 cm，如三文鱼、鲔鱼、鲥鱼、旗鱼等。这个厚度，吃时既不觉腻，也不会觉得没有料。不过像横县鱼生、顺德鱼生的鱼切得很薄，约 0.5 mm 厚，要求薄如蝉翼，因为这些地方采用的江河鱼肉质紧密、硬实，所以要切得薄才好吃。至于章鱼之类，只能根据各部位体形切成各不相同的块，还有的刺身，如牡蛎、螺肉、海胆、寸把长的小鱼儿、鱼子之类，则可以整个食用。

4.刺身的装盘造型方法

装盘方法有锥形拼摆法、平面拼摆法、环围拼摆法和象形拼摆法等。刺身的装盘方法，原则上强调正面视觉。例如，山的造型装盘方法，盘子前面的原材料应堆放得低一点儿，品种可以多些，强调山上有小的点缀物、山下犹如海水缓缓流过的境界。山可以用白萝卜丝、京葱丝等堆放而成，还可以加上些点缀物围边，这样整体均衡感就体现出来了。另外，黑色的原料能够配合盘子的整体视觉效果，因此用海藻、海带、干紫菜等衬托，往往会起到较好的效果。

制作刺身菜肴时，原料要求有冰凉的感觉，可以先用冰凉净水泡洗，还可以先以碎冰打底，上面再铺生鱼片。出于卫生考虑，应先在碎冰上铺保鲜膜，然后再放生鱼片。

（1）锥形拼摆法

锥形拼摆法（见图 8–1）是在盛器的底部用冰块、萝卜丝或其他原料做成锥形状，然后把刺身原料放在案板上切成片后铺在造型好的冰块或萝卜丝上，然后在盛器物中增加一些点缀物，以显得生动活泼。这种造型从不同的角度看都显得立体感强。

（2）平面拼摆法

前面低、后面高是平面拼摆法（见图 8–2）的典型装盘方法，对于平面拼摆法，原料的刀工处理效果是其成败关键。例如，青鱼肉就要切得薄一些，这样吃起来口感才爽脆、滑嫩；金枪鱼肉质比较柔软，就应切厚一些，吃起来口感才会有弹性；做墨鱼刺身时，把墨鱼肉切大片沿盛器周边摆一圈，中间可放些点缀物，可以配上其他种类的原料拼摆。

图8–1　锥形拼摆法

图8–2　平面拼摆法

（3）环围拼摆法

环围拼摆法（见图 8–3）一般使用圆盘，在中式鱼生（如横县鱼生、顺德鱼生）制作当中运用得很多。拼摆后一般还能看到盘底的底色，所以盘子的底色一般与刺身肉的颜色搭配相适应，使盛器的颜色与刺身原料的颜色融为一体，达到色彩的平衡。

（4）什锦拼摆法

什锦拼摆法（见图 8–4）就是以一种刺身原料为主料，辅以多种刺身原料一起拼摆在一起，间隔处可以用一些点缀物装饰，要求有高低起伏，呈现立体感。此造型的另一个突出的特点就是下筷方便，即片厚、形大的放外层，细小的放里层。这种造型使用的装饰点缀物较多，体现出造型的气势。

图8-3　环围拼摆法

图8-4　什锦拼摆法

（5）象形拼摆法

采用象形拼摆法（见图 8-5）制作的拼盘即刺身象形拼盘，又称艺术拼盘、花色拼盘、工艺冷盘和图案装饰冷碟等。它是在保持原料营养成分的基础上，将各种各样的刺身原料按照原料本来的形状特点，采用不同的刀法和拼贴技巧，制作成与加工前基本相似的造型刺身。象形拼盘不仅要求造型美观、逼真、艺术性强，而且还要求选料多样、注重食用、富有营养。

图8-5　象形拼摆法

5.食用刺身的味汁

新鲜、口感好、不同品种的刺身原料有其固有的香味，同时为进一步适合我国各地方消费者的饮食口味，单一的味料是远远不够的，因此刺身酱油完全可以在突破主味的基础上再混合其他材料进行变化，产生新的味型。下面介绍几种不同味型的味汁。

（1）豉油刺身汁

原料：卡夫奇妙酱 25 g，青芥辣膏 15 g，水果沙拉酱 20 g，豉油汁 20 g，柠檬汁 15 g。

制法：把卡夫奇妙酱、青芥辣膏、水果沙拉酱搅拌均匀后，再将豉油汁、柠檬汁慢慢加入混合酱中，一边加一边搅打，充分调匀后即可。

适用范围：龙虾刺身、北极贝刺身、海参刺身等。

（2）酸辣刺身味汁

原料：鱼生酱油 50 g，大红浙醋 20 g，红腐乳 15 g，辣椒酱 15 g，青芥辣膏 15 g，姜末 20 g，鱼子酱 20 g，生抽 40 g。

制法：把红腐乳压碎成泥，加入青芥辣膏、鱼子酱、辣椒酱搅拌均匀后再放入其他料，调匀即成。

适用范围：青竹鱼刺身、青鱼刺身、黑鱼刺身、鳜鱼刺身等。

（3）酱油醋芥汁

原料：鱼生酱油 50 g，纯米醋 50 g，青芥辣膏 15 g，腌渍梅子 1 小粒，腌渍枪鱼肉 10 g。

制法：把腌渍梅子、腌渍枪鱼肉剁碎后加入鱼生酱油、纯米醋、青芥辣膏调和均匀即可。

适用范围：金枪鱼刺身、三文鱼刺身、北极贝刺身、象拔蚌刺身等。

（4）什锦刺身汁

原料：泡野山椒 5 粒，青椒 20 g，青芥辣膏 10 g，鱼生酱油 30 g，纯米醋 10 g，柠檬汁 5 g，精盐 2 g，芝麻油 10 g，白糖 5 g，紫苏叶 2 片，香菜、柠檬叶、姜末、盐适量。

制法：把紫苏叶、香菜、柠檬叶切成细丝，野山椒、青椒切成小粒，再用汁碗加入柠檬汁、纯米醋、精盐、鱼生酱油、白糖、青芥辣膏，加入矿泉水调和均匀后，再调入各种切好的原料，淋入芝麻油调匀即可。

适用范围：鱿鱼刺身、章鱼刺身、青鱼刺身、比目鱼刺身等。

（5）蚝芥汁

原料：蚝油 40 g，纯米醋 5 g，白糖 5 g，鱼生酱油 10 g，青芥辣膏 15 g，香油 20 g，蒜末 5 g，白胡椒粉 3 g。

制法：将以上原料混合均匀即成。

适用范围：扇贝刺身、贻贝刺身、蟹肉刺身、金枪鱼刺身等。

（6）果味刺身汁

原料：苹果醋 5 g，橙汁 20 g，番茄汁 15 g，椰浆 5 g，什锦果酱 10 g，青芥辣膏 10 g，米酒 4 g，白糖 5 g，熟白芝麻 2 g，花生油 5 g。

制法：将以上原料混合均匀即可。

适用范围：北极贝刺身、三文鱼刺身、鲍鱼刺身、金枪鱼刺身等。

（7）酸甜刺身汁

原料：橙汁 15 g，炼乳 10 g，青芥辣膏 5 g，蜂蜜 6 g，纯米醋 3 g，泰式鸡酱 4 g，熟白芝麻 2 g。

制法：将以上原料混合均匀即可。

适用范围：牡蛎刺身、瓜螺刺身、海参刺身、墨鱼刺身、鲷鱼刺身等。

（8）蒜香辣酱油汁

原料：蒜瓣 2 粒，小米辣 2 粒，鱼生酱油 25 g，香醋 5 g，香油 3 g，花生油 2 g，清汤 30 g，盐 2 g，味素 1 g。

制法：把蒜瓣、小米辣剁碎后加入汤汁碗中，放入其他调味料调和均匀即可。

适用范围：青鱼刺身、斑鱼刺身、鲷鱼刺身、鮸鱼刺身等。

（9）柠檬酱油汁

原料：柠檬汁 20 g，腌制枪鱼肉 10 g，鱼生酱油 40 g，鱼清汤 50 g，盐 2 g，白胡椒粉 1 g，花生油 5 g。

制法：把腌制枪鱼肉剁碎后加入其他调味料调和均匀即可。

适用范围：龙虾刺身、三文鱼刺身、蟹肉刺身、鱿鱼刺身、比目鱼刺身等。

（10）紫苏松子汁

原料：紫苏叶 15 g，松子仁 5 g，清汤 25 g，米酒 5 g，味素 2 g，花生油 5 g，精盐 2 g，青芥辣膏 3 g。

制法：把紫苏叶剁细、松子拍碎，加入其他调味料调和均匀即可。

适用范围：龙虾刺身、鲍鱼刺身、三文鱼刺身、鲷鱼刺身、牡蛎刺身等。

6.刺身制作的注意事项

刺身的制作要严格按照《中华人民共和国食品卫生法》及行业规范、厨房冷菜间食品卫生管理制度来控制食品安全。制作刺身还应注意所选的原料必须新鲜度高、无任何污染，由资深厨师操控，刀工处理、调理、佐料摆设都必须熟练，刀具、盛器、砧板等都必须和一般冷菜加工用具分开使用。具体来说，刺身制作必须掌握以下 3 个要点：

（1）原料必须新鲜度高、防寄生虫

做刺身的原料要求绝对新鲜，自然死亡或人工宰杀后自然存放超过 20 min，不论是否变质均不能用于制作刺身，因为其肠胃中有大量的致病细菌和有毒物质，一旦死后便会迅速繁殖和扩散，食之极易中毒甚至有生命危险，所以不能食用。

做刺身尽量不要用淡水鱼类，如果非要选择淡水鱼，也应选择无污染的野生江河鱼，不要选用人工养殖的鱼类，因为人工养殖的饲料及养殖环境都极可能引发寄生虫生长，寄存在鱼的肌肉组织中。这样的鱼片生吃后，寄生虫也随肉下肚，穿过肠道钻入血管，还可以达到皮肤。颚口线虫还能在皮肤内自由移动，使皮肤表面形成一条条红线。当然海水鱼也并非绝对安全，只有远洋鱼类且生活于深海处的鱼类相对安全。例如，三文鱼、鳕鱼虽然都属海水鱼，但日本、韩国的一些专家在其体内也检测出了“异尖线虫”，对人体的危害性很大。

（2）以科学的方式保存刺身原料

对于鲜活的刺身原料，在酒店活养储存过程中应由专人负责养殖看护，对投放的饲料和活养的水质均应进行科学的化验、检测，应确保其没有任何污染方可投放。当冷藏或冷冻的海鲜送到酒店时，应要求出示食品安全检测报告，符合刺身食品安全标准的应立即验收，然后储存在冷冻柜或冷藏柜内，以保持所需的温度。冷冻食品需储存在 18℃或以下。冷藏储存是指把食物储存在 0~4℃之间。对冷冻和冷藏库的温度必须定期检查，并保存适当记录。同时还应做到刺身原料同其他原料分空间存放，未经切配的原料应与已切配的原料分开存放，经切配、装盘成型后及在保鲜、传送给顾客的途中应用保鲜膜或保鲜盖盖好。对已做好当餐没销售完或客人剩余的刺身应立即处理掉，严禁再次销售。

（3）操作严格符合卫生要求

鱼类原料容易滋生可引起食源性疾病的微生物，称为食源性病原体。还有一些微生物可引致食物腐败，使食物变色和变味。部分病原体可能附在生的食物中，并在食物制作过程中存留下来。例如，副溶血性弧菌通常可在海鲜中发现，而金黄葡萄球菌和沙门氏菌类则可能在食物加工时，因交叉污染或处理不当而引进食物中毒。

因此，刺身加工必须在一个通风良好、温度适宜、清洁卫生的独立工作间进行。刺身加工人员必须严格注意个人卫生，必须专人加工，不得带病、带伤上岗，同时制作人员的双手必须彻底消毒，制作过程中尽量减少直接触碰食物和说话，尽可能佩戴专用手套、口罩、帽子等。所有用具必须专用，使用前后均应彻底消毒。

单元二 刺身类菜肴的制作实例

实例 8-1 横县鱼生

【菜品简介】横县鱼生俗称“两片”，历来被广西横县人称为“县菜”，它代表着广西横县的烹饪技术和饮食文化的最高水准及接待客人的最高规格。据说，曾经有一位日本料理大师慕名从日本来到广西横县，看过横县的鱼生师傅所做的鱼生工序，在品尝完这道名菜之后，大呼：“这才是真正的鱼生料理！”横县鱼生之所以出名、美味，与其做法工艺之独特、选料配料之精细有着密切的关系。

【原料组成】

主料：青竹鱼 1 条（约 1 kg）。

辅料：白萝卜 80 g，胡萝卜 100 g，酸藠头 50 g，酸柠檬 1 个，酸姜 50 g，生姜 50 g，洋葱 40 g，泡青椒 3 个，紫苏叶 15 片，香菜叶 25 g，葱头 65 g，薄荷叶 30 片，大葱 40 g，柠檬叶 20 片，花生仁 100 g，香芋 120 g，粉丝 30 g，小米辣 5 只，木瓜 50 g。

调料：盐 2 g，香油 13 g，花生油 5 g，青芥辣膏 15 g，鱼生酱油 70 g，香醋 15 g，蒜米 13 g，小米辣碎 5 g，熟白芝麻 2 g。

【制作方法】

1）细料加工。把白萝卜、胡萝卜、生姜、紫苏叶、柠檬叶、薄荷叶、大葱、香菜叶、洋葱切成银针丝，葱头顶刀切成圆片后小火炸酥，小米辣切小圆圈片，然后用鱼生专用配菜碟把这些原料分别装入盘中，如图 8-6 所示。

2）粗料加工。把花生仁炸酥并加少量的盐拌匀，酸藠头切片、香芋切二粗丝后炸酥，酸柠檬连皮切成二粗丝，酸姜切二粗丝，木瓜切小丁，粉丝炸酥，泡青椒切成 0.1cm 厚的圆片，然后用鱼生专用配菜碟把这些原料分别装入盘中，如图 8-7 所示。

图8–6　细料装盘

图8–7　粗料装盘

3）味汁调制。

①醋酱油汁：把香醋 10 g、鱼生酱油 15 g、蒜米 4 g 调和均匀即可。

②芥末酱油汁：把青芥辣膏 15 g、鱼生酱油 30 g 调和均匀即可。

③蒜香辣酱油汁：蒜米 6 g、小米辣碎 5 g、鱼生酱油 25 g、香醋 5 g、香油 3 g、花生油 2 g、清汤 30 g、盐 2 g 调和均匀即可。

④香油汁：香油 10 g、花生油 5 g、蒜米 3 g、熟白芝麻 2 g 调和均匀即可。

味汁装盘，如图 8–8 所示。

4）鱼片加工。

①取一条鱼，剥掉鱼鳃，在鱼尾处左右两边各割一刀，深度到鱼脊骨处，然后放入水槽中，待鱼在游动挣扎中流尽血液。

②待血放干净时，将鱼鳞刮净，用干净的消毒毛巾或吸水性强的纸将鱼身擦干，但切记不要将鱼开膛。

③将砧板洗净，用吸水纸或毛巾擦干，将鱼平放，沿鱼脊背用刀轻切开一条缝，看清鱼骨走向，再用刀顺着鱼骨切下，在鱼尾和鱼头与鱼身结合处割开，片到鱼胸骨的 2/3 处，片下一条无刺的鱼肉，马上用吸水纸（要用干净、吸水性强的草纸或纱纸，不要用卷筒纸，会掉纸屑）或消毒过的干净毛巾包好，内外都要包，以吸掉鱼肉中的水分。将鱼翻身，在另一边也片下一条鱼肉。

④将用吸水纸包好的鱼肉剥去，不要在鱼肉上留下纸屑。鱼皮朝下放在砧板上，用刀斜着下刀，将鱼肉和鱼皮分开，把鱼肉切成大片、极薄的薄肉片，鱼肚处的肉较薄，不能切片，就切成细长的丝。

⑤把片好的鱼片整齐地摆放在垫有冰块并用保鲜膜覆盖的盘内，装盘造型如图 8–9 所示。

图8-8　味汁装盘

图8-9　鱼片装盘

【成品特点】

色泽：鱼肉洁白、晶莹剔透，无血污。

成型：粗、细料加工粗细一致，装盘整齐美观。

【技术要领】

1）品种选择。吃鱼生要选好鱼的品种，青竹、桂花、草鱼、鲤鱼等江河无污染有鳞鱼都可加工鱼生，但正宗横县鱼生均选产自其境内郁江的原生态活鱼，郁江是横县的主流水系，水流湍急、冲击力大，所产鲜鱼尾部肌肉特别发达，结实强劲，口感较好，以肥厚少刺的青竹鱼为最好。

2）鱼肉要洁白。“白”指鱼肉莹白如雪、玲珑可观，鱼肉的肌肤纹理纤毫毕见。要“白”就要把血放干净，最好的方法是，将鱼割腮后继续放入水中，这样鱼不会马上死去而是在水中放血，几分钟后，血尽鱼亡，鱼肉就会莹白如雪、玉色逼人。当然也可以斩尾，让鱼血自然滴落，但肉色白不过割腮，稍逊。

3）刀工处理要薄。“薄”即鱼片要切得薄如蝉翼，才容易入味。要想切薄片，须准备一把极快的刀，左手拇指、示指压住鱼肉，右手把刀，看准部位，一刀切下，片羽滑落，可得薄片。展开一看，薄得可见字为上品，目不见字的为下品。

4）味要厚。调料的种类一定要丰富厚重，才能压住腥味，才能使鱼生的鲜美可口充分体现。葱、姜、蒜、辣椒、酱油、醋是必不可少的基本配料，横县鱼生更是在这些基础上加入横县独特的木瓜丁、柠檬、柠檬叶、洋葱、芋头丝等 20 多种配料，再配上横县本地花生油、香油、青芥辣膏等多种生鲜猛料，这样才能真正体现横县鱼生的香、滑、爽、脆、鲜等特点。

【健康提示】

由于没有受到炒、炸、蒸等烹饪方法的破坏，鱼生自身丰富的蛋白质、维生素与微量矿物质都得以保存，有助于治疗感冒发烧。鱼生的脂肪含量低，含有不少具美容养颜功效的脂肪酸，适合爱美的女性朋友。鱼生鲜美可口，质地柔软，易咀嚼消化，但应注意适量食用。

实例 8-2　顺德鱼生

【菜品简介】顺德鱼生不同于普通的日式刺身，它充分体现了中国饮食文化的丰富深远，是广东顺德菜的代表，与广西横县鱼生有异曲同工之处。有人说，来顺德不吃鱼，等于没到过顺德；而凡在顺德吃过鱼的人，都难忘顺德鱼生的滋味。制作顺德鱼生，通常以江河鲜鱼为原料，经过刀工切制、调料拌和、选配器皿并装盘等几个环节成菜，与各色食材相结合，以清、鲜、爽、嫩、滑为特色。

【原料组成】

主料：鲩鱼 1 条（约 750 g）。

辅料：酸萝卜 100 g，胡萝卜 120 g，酸藠头 50 g，酸姜 50 g，生姜 50 g，洋葱 45 g，红甜椒 50 g，泡山椒 25 g，紫苏叶 20 片，香菜叶 25 g，葱头 65 g，大葱 50 g，柠檬叶 20 片，花生仁 60 g，香芋 150 g，粉丝 30 g。

调料：盐 10 g，糖 40 g，香油 35 g，花生油 50 g，青芥辣膏 30 g，鱼生酱油 70 g，香醋 15 g，蒜米 30 g，小米辣碎 20 g，熟白芝麻 20 g。

【制作方法】

（1）辅料加工

1）把酸萝卜、大葱、紫苏叶、柠檬叶、胡萝卜、红甜椒、洋葱切成银针丝，分别整齐地装入盛器中。

2）把香芋切成细丝后入油锅中炸酥；花生仁炸酥后拍碎；粉丝入油锅炸至起泡酥脆；酸藠头、酸姜切二粗丝；泡山椒去蒂后剁碎，把这些辅料分别整齐地装入盛器中。

（2）味汁调制

把盐、糖、香油、花生油、青芥辣膏、鱼生酱油、香醋、蒜米、小米辣碎、熟白芝麻分别用味碟装好，上桌后由顾客根据自己的口味随意搭配。

（3）鱼片加工

1）把鱼放在砧板上，在活鱼下颌处和尾部两侧各割一刀，然后将鱼放回有水流动的水中。

2）待到鱼血放干净时，将鱼鳞刮净，用干净的消毒毛巾或吸水性强且不掉渣的餐巾纸将鱼身擦干。

3）将鱼平放在已消毒处理且干燥的砧板上，沿鱼脊背用刀轻轻切开一条缝，用刀顺着鱼骨切下，在鱼尾和鱼头与鱼身结合处割开，片到鱼胸骨的 2/3 处，片下一条无刺的鱼肉，马上用干净的消毒毛巾或吸水性强且不掉渣的餐巾纸包好，内外都要包，以吸掉鱼肉中的水分。将鱼翻身，用相同方法取下另一边鱼片。

4）将用吸水纸包好的鱼肉剥去，鱼皮朝下放在砧板上，斜着下刀，将鱼肉和鱼皮分开，把鱼肉采用连到片的形式切成极薄的薄鱼片（越薄越好）。

5）把切好的鱼片整齐摆放在专用的鱼生器皿中。

6）把切好的生鱼片同各种辅料和调味汁一起上桌。装盘造型如图 8-10 所示。

(a)

(b)

图8–10　装盘参考图

（4）下脚料的充分利用

鱼头、鱼尾和鱼骨煲粥，鱼腩油炸，鱼肠、鱼鳔焗蛋，鱼皮汆水后捞起凉拌。

【成品特点】

色泽：鱼肉洁白，薄如蝉翼，晶莹剔透。

成型：粗、细料加工粗细一致，装盘整齐美观。

【技术要领】

1）选料：一般选用 750 g 左右的“壮鱼”（传统制法是选用江河有鳞鱼，现在很多酒店也开始选用海产有鳞鱼类），鲜美嫩滑，恰到好处。

2）瘦身：鱼买回来，先放在无污染的山泉水中饿养“瘦身”几天，消耗体内脂肪，经此做出来的鱼生则肉实甘爽。

3）放血：顺德鱼生最讲究“品相”，鱼肉必须透明晶莹才算好，因此在做鱼生时非常讲究放血，这也是体现“技术含量”的关键所在，一般是在完整无伤的活鱼下颌处和尾部各割一刀，然后将鱼放回水中，待鱼在游动挣扎中流尽鲜血，便能得到毫无瘀血、洁白如霜的鱼肉。

4）切片：鱼生好不好吃，全看师傅的刀工。把鱼背的肉起出后切片，强调的是“薄”，理想的厚度为 0.5 mm 左右。

实例 8–3　日式刺身

【菜品简介】刺身（我国称其为“生鱼片”）是日本的传统食品，在日本料理中的地位无可替代，是日本料理中最“清淡”的菜式，非常受日本人欢迎，但在 20 世纪早期冰箱尚未发明前，其只是在沿海地区比较流行。现在随着保鲜和运输技术的改进，食用刺身的人也多了起来，而且越来越受到世界各地人的欢迎。

日本人吃鱼有生、熟、干、腌等各种吃法，而以刺身最为常见和名贵。国宴或平民请客以招待生鱼片为最高礼节。在日本，一般的刺身以鲣鱼、鲷鱼、鲈鱼配制，最高档的刺身原料是金枪鱼。

【原料组成】

主料：各种刺身原料各 50 g（金枪鱼、三文鱼、鲷鱼、比目鱼、甜虾、北极贝等）。

辅料：白萝卜 250 g，柠檬 1 个，紫苏叶 10 片，青竹叶 10 片，番芫荽 20 g，黄瓜 100 g，冰块 500 g。

调料：刺身酱油 50 g，芥末膏 20 g，红萝卜泥 50 g，柠檬醋 50 g，日式泡姜片 35 g。

【制作方法】

1）把金枪鱼肉、三文鱼肉切厚片；甜虾放进沸水锅焯至颜色呈橘红色出锅，用冰水激凉；比目鱼肉、鲷鱼肉切成薄片。

2）白萝卜切成细丝后用冰水冰镇至爽脆，黄瓜切成椭圆片，柠檬切成圆片。

3）把冰块铺在刺身盛器中，然后用保鲜膜覆盖，用冰镇过的白萝卜丝垫底，然后用柠檬片、黄瓜片、番芫荽、紫苏叶配合改刀后的金枪鱼、三文鱼、比目鱼、鲷鱼、甜虾等按照高低起伏、错落有致、美观大方的标准摆入盛器中即可。

4）把刺身酱油、芥末膏、红萝卜泥、柠檬醋、日式泡姜片分别用味碟装配好，同摆好盘的刺身上桌即可。日式刺身摆盘参考图如图 8-11 所示。

【成品特点】

刀工：干净、利落、整齐。

装盘：高低起伏、错落有致、美观大方。

口感：柔嫩鲜美，口味多样。

【技术要领】

1）选料一定要新鲜，不能使用二次冷冻的刺身原料，这是保证刺身质量的根本保证。

2）刺身原料表皮的水一定要用消毒毛巾吸收干净且切刺身原料的刀不能沾水，避免滋生细菌，保持原料鲜嫩滑爽的口感。

3）刺少、肉质疏松的刺身应切成 0.5 cm 左右的厚片，如三文鱼、金枪鱼、鲔鱼、鲥鱼、旗鱼等。这个厚度，吃时既不觉得腻，也不会觉得没有料。刺多、肉质紧密、硬实的刺身原料应切成 0.1cm 左右的厚片，如鲷鱼、鲈鱼、鳜鱼、青竹鱼等，只有切得薄才好吃。

4）加工刺身时，都要顶丝切，即刀与鱼肉的纹理应当呈 90° 夹角。这样切出的鱼片筋纹短，利于咀嚼，口感也好。切忌顺着鱼肉的纹理切，因为这样切筋纹太长，口感也不好。

（a）

（b）

(c) (d)

(e) (f)

图8-11 日式刺身摆盘参考图

【健康提示】刺身类菜肴热量较低，且含丰富的优质蛋白，适于各类人群食用，且维生素的含量较丰富，矿物质铁的含量较高，贫血患者可将其作为食补的良品。

【备注】

1）日式刺身佐料：酱油、山葵泥、醋、姜末、萝卜泥、煎酒。在食用动物性刺身时，前二者几乎是必备的，其余佐料则视地区不同以及个人爱好和食肆特色进行增减。

2）日式刺身装饰料：生鱼片多选用半圆形、船形或扇形等精美竹制餐具作为盛器，再以新鲜的番芫荽、紫苏叶、薄荷叶、海草、菊花、黄瓜花、生姜片、细萝卜丝、酸橘等作为配饰料，这样可体现出日本人亲近自然的食文化，同时这些配饰料既可做装饰和点缀，又可起到去腥增鲜、增进食欲的作用。

3）食用顺序：按照日本人的习惯，刺身原料有多种时应从相对清淡的原料吃起，通常次序为：北极贝、八爪鱼、象拔蚌、赤贝、带子、甜虾、海胆、鱿鱼、金枪鱼、三文鱼、剑鱼。

实例 8-4 刺身拼盘（见图 8-12）

【菜品简介】刺身是日本国菜。日本人称生鱼片为“沙西米”。日本捕鱼量居世界第一位，但是每年还要从国外大量进口鱼虾，一年人均吃鱼 50 多千克，超过大米消耗量。

一般的生鱼片，以鲣鱼、鲷鱼、鲈鱼配制，最高档的生鱼片是金枪鱼生鱼片。开宴时，现捞现杀，剥皮去刺，切成如纸的透明状薄片，端上餐桌，蘸着佐料细细咀嚼，滋味美不可言。

【原料组成】油甘鱼 100 g，三文鱼 100 g，金枪鱼 100 g，大章鱼 100 g，北极甜虾 3 只，北极贝 3 只，带子 2 只，白玉豚 100 g，青柠 1 个，白萝卜 1 根，紫苏叶 10 片，装饰花草适量，芥末酱油适量。

用具：柳刃刀，瓷盆，瓷碟，竹栏栅，碎冰机。

【制作方法】

1）把各种新鲜鱼类按需切片，甜虾留头去壳，大章鱼切粒，北极贝一分为二去掉内脏。

2）取瓷盘铺满碎冰，放上萝卜丝和紫苏叶，摆放瓷碟，最后放上分割好的各种鱼片，配上芥末酱油即可。

【技术要领】

1）选择新鲜海鱼时，通常以鱼鳃红润、鱼鳞完整无脱落、用手压鱼身立即回弹者为佳。

2）注意切割鱼肉的方法和摆放的技巧。

实例 8–5　象拔蚌刺身

【菜品简介】象拔蚌又名皇帝蚌、女神蛤，两扇壳一样大，薄且脆，前端有锯齿、副壳、水管（也称为触须），是食用的高级海鲜。其原产地在美国和加拿大北太平洋沿海。其因具有又大又多肉的红管，很像大象的鼻子（象拔），被人们称为“象拔蚌”。

【原料组成】加拿大象拔蚌 1 000 g，青柠 1 个，食盐少许，碎冰适量，装饰花草适量。

用具：切刀，玻璃盘，不锈钢盆，刷子。

【制作方法】

1）准备一盆 90℃的热水，将整只象拔蚌放入浸泡 30 s 取出。

2）用刀将象拔蚌壳以外部分切下并扯去一层外膜，用刷子刷干净表层，再用食盐搓洗干净，泡冰柠檬水备用。

3）取玻璃盆，铺满碎冰，使用切刀把象拔蚌肉切成薄片并依次平整摆放在冰面上，配上柠檬片和装饰花草即可，如图 8–13 所示。

【技术要领】

使用热水烫制时要注意时间，以免过熟。切片时尽量切薄片，以保持清脆鲜美的口感。

图8–12　刺身拼盘

图8–13　象拔蚌刺身

实例 8–6 三文鱼刺身

【菜品简介】三文鱼主要产于大西洋和太平洋的北部，主产区是挪威、美国的阿拉斯加和加拿大，俄罗斯和日本也有少量的野生三文鱼。三文鱼含有丰富的不饱和脂肪酸，能有效降低血脂和血胆固醇，防治心血管疾病，每周两餐，就能将心脏病致死的概率降低 1/3。鲑鱼含有一种叫作虾青素的物质，它是一种非常有效的抗氧化剂。其所含的 Ω–3 脂肪酸更是脑部、视网膜及神经系统所必不可少的物质，有增强脑功能、防止老年痴呆和预防视力减退的功效。

【原料组成】挪威三文鱼 500 g，青柠 1 个，碎冰适量。

用具：骨刀，切刀，拔骨钳，玻璃盆。

【制作方法】

1）将三文鱼剖杀成两半，去除中骨，拔刺，鱼肉分割成段，去皮备用。

2）用切刀将三文鱼肉均匀切成 20 g 左右的薄片。

3）在玻璃盆中铺满碎冰，将三文鱼按纹路摆放整齐，中间用鱼肉卷成花状，放上柠檬片即可，如图 8–14 所示。

【技术要领】

1）选择新鲜肥美的三文鱼，首选挪威三文鱼，其次是智利三文鱼，或日本三文鱼。

2）检验三文鱼：鱼鳃红润、鱼鳞完整无脱落、鱼肉紧实，用手压鱼身鱼肉立即回弹为佳。

3）三文鱼剖杀时轻拿轻放，鱼骨拔干净，不要把鱼肉弄散。

4）三文鱼的储存温度一般为 –4℃ ~0℃，剖杀后储存时间为 48 h。

5）三文鱼不使用时及时收回保冰箱保存。

【菜肴创新】依据烹调方法、味型，利用变换原料和形状的方法，还可制作出北极贝刺身、师鱼刺身、鲷鱼刺身、金枪鱼刺身等菜肴。

【健康提示】三文鱼富含蛋白质，维生素 A、维生素 B、维生素 E、锌、硒、铜、锰等矿物质以及与免疫机能有关的酵素，营养价值非常高，有促进生长、保护心血管、美容养颜、预防慢性疾病的功效。

实例 8–7 和牛刺身

【菜品简介】和牛是日本培育出的一种牛，其肉质柔软得能用筷子剥裂，入口即化，鲜嫩异常，在国际上享有盛誉。这种牛肉的脂肪沉积到肌肉纤维之间，形成明显的红白相间、状似大理石的花纹，又称雪花牛肉。1 kg 这样的牛肉，其胆固醇含量仅相当于一个鸡蛋黄的胆固醇含量。

【原料组成】雪花牛肉 250 g，柠檬 1 个，绿海藻、碎冰适量。

用具：刨肉机，青花瓷盆。

【制作方法】

1）将 –18℃以下冷藏的牛肉块取出，稍微解冻，剔除多余的肥肉和肉筋备用。

2）取瓷盆铺满碎冰呈小山状，调整好清理干净的刨肉机刀片。

3）将牛肉纹路显现“雪花”的面紧贴于刨肉机刀片，平稳地刨出均匀的薄片，依次旋转摆放在碎冰上，最后围上柠檬片和绿海藻即可，如图 8–15 所示。

图8–14　三文鱼刺身

图8–15　和牛刺身

【技术要领】

1）牛肉不能过于解冻，否则不好刨出薄片。

2）牛肉以肥瘦“雪花”分布均匀、颜色呈粉嫩的红色为佳。

实例 8–8　章红鱼活造刺身

【菜品简介】活造是指直接取活鱼，以极快的速度处理干净切成刺身，整个过程一般不超过 20 min。直到被端上桌，食材还未彻底死亡，仍具有生命迹象。可以说，活造是刺身的最高境界，因为其对食材的要求极高。

【原料组成】

鲜活章红鱼一条，装饰花草适量。

用具：骨刀，柳刃刀，玻璃盘，瓷盘，竹栏栅。

【制作方法】

1）活鱼放血。先切尾，通常用锋利的刀在背鳍倒数第 3~6 节之间切下，不要切断，再将鱼鳃内膜割一个洞，将水由此灌入，到基本无血为止，血是否排净以尾部为准。

2）迅速将鱼背从鱼身上剔除，去皮备用，保持鱼腹腔不破损，使其保持生命体征。

3）鱼身用竹签支撑做好形态，放置于铺好碎冰的玻璃器皿中，鱼肉均匀切片摆放在盘中，插上装饰花草即可，如图 8–16 所示。

【技术要领】活鱼制作时间要快速，放血要干净。

实例 8–9　甜虾刺身

【菜品简介】甜虾因为质软味甜而得名，主要产于日本海附近。日本东北部、北海道自古就用虾来做刺身，红虾是刺身材料中很重要的一种素材，深受人们的喜爱。

【原料组成】

甜虾 5 只，柠檬块 1 块、鱼生酱油、芥末适量。

铺料：碎冰，装饰物花草，干冰。

【制作方法】

1）甜虾刺身制前处理：先将甜虾解冻去壳洗干净，将洗好的甜虾用冰镇待用。

2）用碎冰装盘垫底，用花草装饰，放上干冰、芥末、柠檬块即可，如图 8-17 所示。

图8-16　章红鱼活造刺身

图8-17　甜虾刺身

【佐料制法】

1）柠檬块：1 个柠檬。

2）鱼生酱油配方：水 1 125 mL，味淋 338 mL，万字酱油 1 500 mL，东字酱油 600 mL，溜溜酱油 400 mL，味精 38 g，糖 150 g，昆布 38 g，木鱼花 73 g。

制法：先将水、味淋、万字酱油、东字酱油、溜溜酱油烧开，放入味精、糖烧化关火，将昆布和木鱼花放入烧好的酱油中泡 12 h 过滤出来即可食用。

3）芥末：芥末粉 1 000 g 加 1 000 g 冰水、1 瓶芥末油、1 支装芥末调和均匀即可。

【成品特点】色泽呈棕红色，鲜香嫩。

【技术要领】

1）清洗解冻时不可以将虾弄断。

2）甜虾要完全解冻。

【菜肴创新】依据烹调方法、味型，利用变换原料和形状的方法，还可制作出牡丹虾刺身、北极虾刺身等菜肴。

单元三　寿司类菜肴的制作实例

寿司是传统日本食品，既可以作为小吃，也可以作为正餐。寿司的主料是米饭加上糖、醋、盐拌均匀而成的醋饭，主要烹饪工艺是煮。寿司是日本料理的主要组成部分，也是最让世界熟知的日本料理。其因为携带方便、味道鲜美而广受欢迎。寿司分为卷寿司、包寿司、压寿司、握寿司等。

实例 8–10　鳗鱼寿司

【菜品简介】鳗鱼是日本料理中常见的品种，是寿司中的主要素材。味美香甜，入口极化。

【原料组成】

主料：鳗鱼 13 g（切片），饭 25 g。

佐料：鳗鱼汁、芥末、酱油、白芝麻。

【制作方法】

1）将鳗鱼切成定量的片，饭握成团待用。

2）将鳗鱼片放在烤架上，刷上鳗鱼汁，用火枪烤透，然后摆在饭团上撒白芝麻即可，如图 8–18 所示。

3）可以根据个人口味蘸酱油、芥末食用。

【佐料制法】

1）鳗鱼汁、白芝麻成品。

2）鱼生酱油配方：水 1 125 mL，味淋 338 mL，万字 1 500 mL，东字酱油 600 mL，溜溜酱油 400 mL，味精 38 g，糖 150 g，昆布 38 g，木鱼花 73 g。

制法：先将水、味淋、万字酱油、东字酱油、溜溜酱油烧开，放入味精、糖烧化关火，将昆布和木鱼花放入烧好的酱油中泡 12 h 过滤出来即可食用。

3. 芥末：芥末粉 1 000 g 加 1 000 g 冰水、1 瓶芥末油、1 支支装芥末调和均匀即可。

【技术要领】

1）鳗鱼完全解冻再片。

2）形状要美观。

3）鳗鱼要烤透，鳗鱼汁要刷均匀。

【菜肴创新】依据烹调方法、味型，利用变换原料和形状的方法，还可制作出火炙三文鱼寿司、火炙金枪鱼寿司、火炙虾寿司、火炙鲷鱼寿司等菜肴。

【健康提示】鳗鱼含有丰富的优质蛋白和人体必需的各种氨基酸，具有补虚养血、祛湿、抗疲劳、强精壮肾的功效，是中老年人和年轻妇女的保健品。

实例 8–11　带子鹅肝寿司

【菜品简介】鹅肝为鸭科动物鹅的肝脏，具有丰富的营养和特殊功效，是补血养生的理想食品。带子，北方称 5 贝，是名贵的海产品之一，营养价值极高。

【原料组成】

主料：鹅肝 15 g，带子 0.5 个，鳗鱼汁 3 克，盐 0.5 g，蟹子 0.5 g，寿司饭 25 g。

佐料：芥末、酱油。

【佐料制法】

1）鱼生酱油配方：水 1 125 mL，味淋 338 mL，万字酱油 1 500 mL，东字酱油 600 mL，溜溜酱油 400 mL，味精 38 g，糖 150 g，昆布 38 g，木鱼花 73 g。

制法：先将水、味淋、万字酱油、东字酱油、溜溜酱油烧开，放入味精、糖烧化关火，将昆布和木鱼花放入烧好的酱油中泡 12 h 过滤出来即可食用。

2）芥末：芥末粉 1 000 g 加 1 000 g 冰水、1 瓶芥末油、1 支支装芥末调和均匀即可。

【操作方法】

1）将鹅肝切成 15 g 一片，带子一开为 2 片并开花刀，饭握成团待用。

2）将鹅肝放在烤架上撒盐烤至两面金黄，带子略微烤制上色即可。

3）将鹅肝放在饭团上，再放上带子，淋上鳗鱼汁，点上蟹子即可，如图 8–19 所示。

4）可以根据自己的口味蘸酱油和芥末食用。

图8–18　鳗鱼寿司

图8–19　带子鹅肝寿司

【技术要领】

1）鹅肝要解冻后切片，不可以碎。

2）鹅肝必须烤熟，不能烤煳。

3）带子必须是完整的，不可以碎裂。

【菜肴创新】依据烹调方法、味型，利用变换原料和形状的方法，还可制作出火炙和牛鹅肝寿司等菜肴。

实例 8–12　寿司拼盘

【菜品简介】寿司又称四喜饭，是日本饭的代表。日本常说“有鱼的地方就有寿司”，这种食物据说来源于亚热带沿海及海岛地区，人们发现，将煮熟的米饭放进干净的鱼膛内，置于坛中埋入地下，便可长期保存，而且食物还会由于发酵而产生一种微酸的鲜味，这就是寿司的原型。

【原料组成】寿司饭 1 000 g，寿司海苔适量，蒲烧鳗鱼 100 g，法国鹅肝 100 g，三文鱼 100 g，芒果 100 g，紫薯 100 g，蟹肉棒 50 g，青瓜 1 根，苹果 1 个，寿司姜适量，芝士片少许，沙拉酱少许。

用具：漆盘，切刀，寿司竹席，一次性手套。

【制作方法】

1）取寿司饭 80 g 平铺在海苔上，呈长方形，翻转，使海苔朝上米饭朝下，在海苔上放入青瓜丝、苹果丝和芒果条，使用寿司竹席将其卷握紧实制成饭卷，切段备用。

2）鳗鱼烤热切小段搭在饭卷上做成鳗鱼棒卷，紫薯蒸熟压成泥状盖在饭卷上做成紫薯卷，芒果切片放在饭卷上做成芒果饭卷。

3）三文鱼切长条搭在寿司饭团上做成手握寿司。另取两片三文鱼卷在圆形饭团上做成三文鱼富贵卷，并在上面放芝士片和蟹肉棒。

4）鹅肝切片，用铁板煎熟后搭在饭团上做成鹅肝寿司，上面挤适量沙拉酱，青瓜卷成水滴形围圈摆放。

5）用漆盘将以上寿司品种组合摆放即可，如图 8–20 所示。

【技术要领】制作时注意食材的色彩搭配以及寿司的点缀装饰。

实例 8–13　三文鱼龙虾沙拉卷

【原料组成】寿司饭 100 g，三文鱼 150 g，龙虾肉 100 g，芒果粒 50 g，红蟹子少许，生菜、沙拉酱适量。

用具：切刀，长瓷碟。

【操作方法】

1）三文鱼切长条形卷入圆形饭团做底，然后放一小片生菜。

2）熟龙虾肉 100 g 切粒，拌入适量沙拉酱放于生菜上面，旁边配以芒果粒，顶上撒适量红蟹子即可，如图 8–21 所示。

图8-20 寿司拼盘

图8-21 三文鱼龙虾沙拉卷

实例 8-14 鳗鱼紫薯卷

【菜品简介】鳗鱼紫薯卷属于日本料理中的寿司类，做法丰富，鳗鱼和紫薯搭配香甜美味。

【原料组成】

主料：鳗鱼 40 g，紫薯 20 g，寿司饭 70 g，蟹籽 2 g，紫菜 0.5 张，牛油果 20 g。

佐料：鳗鱼汁 15 g，甜沙 10 g，芥末、酱油适量。

【操作方法】

1）将紫薯蒸熟备用，鳗鱼切块加热备用。

2）将饭铺在紫菜上，翻转过来放上牛油果和紫薯，卷起掐方切 4 段。

3）将加热好的鳗鱼块分别铺在卷上，然后挤上甜沙和鳗鱼汁，点上蟹子即可，如图 8-22 所示。

4）可以根据自己的口味醮芥末、酱油食用。

【佐料制法】

1）鱼生酱油配方：水 1 125 mL，味淋 338 mL，万字酱油 1 500 mL，东字酱油 600 mL，溜溜酱油 400 mL，味精 38 g，糖 150 g，昆布 38 g，木鱼花 73 g。

制法：先将水、味淋、万字酱油、东字酱油、溜溜酱油烧开，放入味精、糖烧化关火，将昆布和木鱼花放入烧好的酱油中泡 12 h 过滤出来即可食用。

2）芥末：芥末粉 1 000 g 加 1 000 g 冰水、1 瓶芥末油、1 支支装芥末调和均匀即可。

【技术要领】

1）鳗鱼要加热透。

2）卷要掐方，切平。

【菜肴创新】

依据烹调方法、味型，利用变换原料和形状的方法，还可制作出蟹子虾卷、鳗鱼虾卷等菜肴。

图8-22 鳗鱼紫薯卷

模块小结

本模块教学主要从刺身的概念和特点，刺身菜制作的原料，刀工成形、装盘造型等基本知识入手，进一步介绍了餐饮行业目前最流行的各种刺身菜调味汁的配制及典型菜式的制作，特别重点祥细的介绍了横县鱼生、顺德鱼生菜品的制作内容，让学生能深刻理解中国饮食文化的博大精深，提升他们的文化自信，加深对中国菜刀工讲究，百菜百味的理解，养成闻香识味，培养精益求精的工匠品质、协作共进的团队精神、追求卓越的创新精神。随着新的调味品和调味方式、烹调辅助设备的极速发展和进步，要求师傅不光要深入研究传统中国菜工艺和配方，同时也要与时俱进地加强学习，及时更新知识，学习新技术，新工艺，能才适应新时代的发展，成为智化能厨房的中国烹饪大师。

课后习题八

一、名词解释

1. 刺身
2. 横县鱼生

二、填空题

1. 中国人一般将“刺身”叫作__________或__________，因为刺身原料主要是鱼类，而且食用的方法又是生食。

2. 刺身是来自日本的一种__________，是较出名的日本料理之一。

3. 刺身的佐料主要有酱油、山葵泥或__________，还有醋、姜末、萝卜泥和煎酒。

4. 刺身象形拼盘，又称__________、花色拼盘、__________和图案装饰冷碟等。

5. 盛刺身的器皿用浅盘，＿＿＿＿＿＿、瓷器、竹编或陶器均可，形状有＿＿＿＿＿＿、圆形、船形、五角形、仿古形等。

三、简答题

1. 简述刺身的特点。
2. 刺身常用的刀法有哪些？
3. 刺身的装盘方法有哪几种？
4. 列举 5 种鱼生料。
5. 简述鲍鱼的特点。

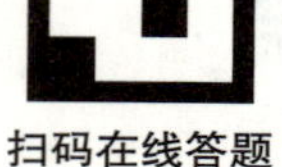
扫码在线答题

习题答案

模块九　其他类冷菜的制作

学习目标

知识目标：

1. 知道其他冷菜的概念和特点。

2. 了解其他冷菜制作的技术关键。

能力目标：

1. 能理解其他冷菜的分类。

2. 能利用互联网收集整理其他冷菜的知识，解决实际问题。

3. 能制作典型的其他冷菜菜例。

素质目标：

1. 具有良好的诚信品质。

2. 有较强的事业心、良好的职业道德和职业素养，具有艰苦奋斗的精神和务实作风。

3. 具有质量意识、环保意识、安全意识、信息素养。

4. 具有较强的团结协作及精益求精的工匠精神。

5. 具有发现机会的能力，具有餐饮行业类可持续发展及创新、创业能力。

单元一　冻制类菜肴的制作

一、冻的概念

冻也称水晶，是将含胶质丰富的原料投入适量的水中，通过煮、蒸等方法加热使胶质充分溶入汤水中，过滤后加入烹制成熟的原料，经冷却后凝结成块的成菜方法。

制冻的方法分为蒸和煮两类：一般以蒸法为优。因为冻制菜品通常的质量要求是清澈晶亮、软韧鲜醇，蒸法在加热过程中是利用蒸汽传导热量，而煮则是利用水沸后的对流作用传导热量。蒸可以减少沸水的对流，从而使冷凝后的冻更澄清、更透明。

二、冻的种类

饮食行业中加工冻制菜品习惯上有两种类型：皮胶冻和琼脂冻。

1.皮胶冻法

用猪肉皮熬制成胶质液体，并将其他原料混入其中（通常有固定的造型），使之冷凝成菜的方法称为皮胶冻法。在实际操作过程中，根据其加工方法的不同又可以分为花冻成菜法和调羹成菜法（盅碟成菜法）。所谓花冻成菜法，就是将洗净的猪皮加水煮至极烂，捞出制成蓉泥状（或取汤汁去皮），加入调味品，淋入蛋液，亦可掺入诸如干贝末、熟虾仁细粒，并调以各式蔬菜细粒，后经冷凝成菜。成品具有美观悦目、质韧味爽的特点，如“五彩皮糕”“虾贝五彩冻”等。调羹成菜法是指在成菜过程中需要借助于小型器皿，如调羹、盅、碟（或小碗）等，制作时，取猪肉皮洗净熬成皮汤，取盅碟等小型器皿，将皮汤置于其中，放入加工成熟的鸡、虾、鱼等无骨或软骨原料（按一定形状摆放更好），经冷凝成菜。用此法加工的冻菜，除猪肉外，一般都宜将原料加工成丝状或小片、细粒等。调味亦不宜过重，以轻淡为主。此法在行业中使用较普遍，如“水晶鸡丝”“水晶鸭舌”等。

冻制菜的先决条件是冻的制作。所用肉皮必须彻底洗净，应无毛、无杂质油脂。在正式熬制前，应先将肉皮焯水后将肉皮内外刮净，清洗后改成小条状入锅加热，便于熟烂。其次在熬制汤时，要掌握好皮汤中皮与水的比例，一般以 1 ∶ 4为宜。

若汤水过多，则冻不结实；若汤水过少，则胶质过重，韧性太强。汤凝结后一般以透明或半透明为主，所以在熬汤时除了用盐、味精、葱结、姜块及少量料酒外，一般不用有色调味料和调味用的香辛料，防止因使用有色调味料而影响冻的成色。待冻熬好后，根据成菜要求，添加所需调味品。

2.琼脂冻法

琼脂学名石花菜，俗称冻粉。将琼脂掺水煮或蒸溶后，浇在经过预熟的原料上，冷却后使其成菜的方法称为琼脂冻法。琼脂冻与皮冻有不同的质地和口感。通常情况下，琼脂冻较为脆嫩，缺乏韧性，所以一般多用于制作甜制品，有时也用于花色冷盘的衬底或掺入其他原料做冷菜的刀面原料。琼脂冻类菜品的操作比较简便，成菜具有色泽艳丽、清鲜爽口的特点。琼脂冻的操作要领体现在以下几个方面：所用琼脂一般为干品，使用前用清水浸泡回软后，洗干净，再放清水中煮化或蒸溶。倘若制作甜品，可不加水，掺入冰糖，蒸制待琼脂及冰糖溶化倒入事先备好的容器中冷凝成形。掌握好琼脂及水的使用比例。一般地，琼脂都要加水熬制成菜，琼脂和水的比例非常关键，水加多了则成品不宜凝结，水加少了则凝冻质老易于干裂，口感欠佳。琼脂与水的比例一般控制在 1:10 左右为宜。

根据用途不同，琼脂在熬制过程中可适量添加一些有色原料，以丰富菜品色彩。例如，若要做“海南晨曲”这样一个花色冷盘，可将绿色素加到熬制的琼脂中搅匀，倒于盘中使之冷凝近似于海水；也可将可可粉或咖啡调入琼脂中，使之凝结成褐色的冻，用于花色冷盘切摆刀面。

琼脂冻类菜品若无特殊用途，通常要借助于一定的成形器皿来完成，如“草莓琼脂冻”“牛奶琼脂果杯”等。

另外，近年来也常用鱼胶制作冻类冷盘材料。用鱼胶来制作冷盘材料，较适宜用味较浓烈或色较重的菜品类型，如“辣香鱼冻”“果味鱼冻”等。

实例 9–1　水晶肴蹄（见图 9–1）

【菜品简介】水晶肴蹄又名水晶肴肉，是江苏镇江的一道名菜，迄今已有 300 多年的历史。水晶肴蹄成菜后肉红皮白，光滑晶莹，卤冻透明，犹如水晶，故有“水晶”之美称。食用时，具有瘦肉香酥、肥肉不腻、酥香嫩鲜等特点，若佐以姜丝和镇江香醋，更是别有一番风味。有诗赞曰：“风光无限数今朝，更爱京口肉食烧，不腻微酥香味溢，嫣红嫩冻水晶肴。”

图9–1　水晶肴蹄

【原料组成】

主料：去爪猪蹄髈 1 只（约 1 000 g）。

调料：姜片 50 g，葱白段 50 g，八角 10 g，桂皮 15 g，花椒 15 g，明矾 2 g，绍酒 100 g，硝水 3 g，粗盐 120 g。

【制作方法】

1）初加工：将猪蹄放在砧板上，用刀沿蹄中间平剖至腿部（不能偏），掀开，剔去骨（后蹄须抽去蹄筋），拔净毛。

2）腌制：皮朝下平摊在砧板上，用铁钎在瘦肉处戳若干下。均匀地洒硝水 3 g，用盐擦匀、擦透，平放在缸内。随气候的变化，精盐用量和腌制的时间不同，夏季用精盐 150 g 腌 6~8h；冬季用精盐 200 g，腌 7 天；春秋两季用盐 175 g，腌 3~4 天。出缸后放冷水内浸泡 4h，去涩味，刮除皮上污物，再用温水漂洗干净。

3）煮制：锅内放清水约 500 g（以浸没蹄肉为宜），加精盐，用旺火烧沸，肉皮朝上入锅，炖沸后撇去浮沫，将葱末、姜末、花椒、八角装在一只布袋内，投入锅中，加绍酒，上置竹箅一只，再放大盘一只压紧蹄肉，用小火煮约 1h 后，将蹄肉上下换翻（皮朝下），再煮 1 h 至酥烂出锅，捞出葱姜香料袋，汤留用。取一平底瓷盘，猪蹄皮朝下放入其中，将锅内卤汤烧沸，撇去浮油，放入明矾 1 g，待皮冻汤烧沸，撇去浮油后将卤汤倒入瓷盘中，浸过肉面，上放一平盘，盘内放置重物挤压，放阴凉处冷却凝结成冻（天热时可置于冰箱中），即成水晶肴蹄成品。

4）改刀装盘：食用时，改刀成 6.5 cm 长、3 cm 宽、0.5 cm 厚的片，整齐地码放盘内，盘边点缀生姜丝，淋上镇江醋即可上桌。

【成品特点】晶莹剔透，香酥鲜嫩。

【技术要领】

1）蹄膀要选择皮色洁白的，加工时要洗干净。

2）熟制时火力不要过大，保持微沸即可，否则影响汤质。

3）煮制时要把浮沫撇净，以保证成品晶莹剔透。

4）制作皮冻所用的猪肉皮，以猪的脊背及腰肋部皮为佳，并要除尽肉皮上的肥膘和污秽，汤汁要去掉油分，一般采用过滤等方法使汤汁清澈。

5）我国规定硝酸钠的最大用量为 0.5 g/k g，亚硝酸钠的用量为 0.15 g/k g，肉制品中的残留量，亚硝酸钠含量不得超过 0.03 g/k g。

【菜肴创新】

1）冻制类菜肴中可以加入些新鲜的蔬菜，如胡萝卜、香菜叶、可食用花卉等，以丰富其颜色。

2）可以在主料上进行变化，如鸭舌、火腿、虾仁、鳕鱼等，菜品如“水晶鸭舌”“蚕丝鸡冻”“水晶虾仁”“冰糟鳕鱼冻”等。

【健康提示】猪蹄含有丰富的胶原蛋白，猪蹄中的胶原蛋白被人体吸收后，能促进皮肤细胞吸收和储存水分，防止皮肤干涩起皱，使面部皮肤显得丰满光泽。胶原蛋白还可促进毛发、指甲生长，保持皮肤柔软、细腻，指甲有光泽。经常食用猪蹄，还可以有效地防止进行性营养障碍，对消化道出血、失血性休克有一定疗效，并可以改善全身的微循环，从而能预防或减轻冠心病和缺血性脑病；对于手术及重病恢复期的老人，有利于组织细胞正常生理功能的恢复，加速新陈代谢，延缓机体衰老。

　酥制类菜肴的制作

1.酥制法的概念

酥制法是将原料通过多种加工手段和烹制手法后，再将原料炸干、烤干或炒干，以使原料成菜后呈现干香、酥松质烂的口感。

酥制法在古法上是用来长时间保持原料可食用的方法。它是将原料炸干或烤干，以备长时间食用。酥制类菜肴是采用炸、烤等方法制成的菜品，即使原料失去其本身的原有质感和水分后，制成的酥松干香的菜品，风味独特。

2.酥制法的特点及使用范围

酥制法的成菜特点是酥松、干香、绵、脆；菜品可长时间保持，可大批量生产。酥制法一般适用于猪肉、牛肉、鱼肉等原料。

3.酥制法的操作要领

1）选料宜选用质地较老的原料。

2）根据原料的特点选用合适的烹制方法成熟，再进行炸干或烤干。

3）把握好炸干或烤干的火候及成品的含水量。含水量高的成品达不到酥松的质感，同时也不利于长时间保存。

实例 9–2　咖喱牛肉干（见图 9–2）

图9–2　咖喱牛肉干

【菜品简介】

相传牛肉干源于蒙古铁骑的战粮，蒙古骑兵“出入只饮马乳，或宰羊为粮”，只要有供马匹和畜群食用的水草就可以自给。一头牛宰杀后，牛肉晾干捻成末后，只有几千克，携带方便，

并且营养丰富，有利于部队行军打仗。咖喱牛肉干以咖喱粉为主要调料，以姜黄为主料，另加多种香辛料（如芫荽籽、桂皮、辣椒、白胡椒、小茴香、八角、孜然等）配制而成的复合调味料。其味辛辣带甜，具有一种特别的香气，能够有效祛除牛肉固有的膻味，两者绝妙搭配，成就了这款人见人爱的美食。

【味型】 咸香微辣型。

【原料组成】

主料：牛肉 500 g。

佐料：咖喱粉 30 g，盐 10 g，白砂糖 20 g，味精 5 g，生抽 20 g，老抽 2 g，甘草粉 2 g，八角粉 1 g，胡椒粉 1 g，姜汁 10 g。

【制作方法】

1）牛肉洗干净，沥干水分，切成 4 cm 厚的片，放入腌料腌制 5 h。

2）把腌制好的牛肉放入蒸笼用大火蒸 10 min，再转小火蒸 50 min 取出。

3）待牛肉晾凉后，用刀切成 0.5 cm 厚的片，然后放入 80℃的烤箱中烘干 8 h。

4）炒锅小火加热，放入牛肉、少量咖喱粉炒制牛肉表面稍稍有些起毛即可。

【成品特点】 牛肉柔韧入味，咸香带辣，咖喱味浓郁。

【技术要领】

1）腌制时间要够才能入味。

2）蒸制成熟的时间要足够长，不然成品会较韧，口感不酥松。

3）烤制时间可以根据个人的口感要求灵活把握，烤制时间越长，含水量越少，成品越酥松。

【菜肴创新】

1）主料的味型可以有不同风味的变化，如麻辣味、香辣味等。

2）可以选择不同的原料，如牦牛肉、猪肉等。

【健康提示】 牛肉味甘、性平、入脾、健胃，含有丰富的肌氨酸、维生素 B6、维生素 B12、丙氨酸、肉毒碱、蛋白质、亚油酸、锌、镁、钾、铁、钙等营养成分，这些营养成分，具有增强免疫力和促进新陈代谢的功能，特别是对体力恢复和增强体质有明显疗效；适宜中气下隐、气短体虚、筋骨酸软、贫血久病及面黄目眩的人食用。

实例 9–3　五香肉干（见图 9–3）

图9–3　五香肉干

【菜品简介】 肉干是我国最早的加工肉制品，具有加工简易、滋味鲜美、食用方便、容易携带等特点，在我国各地均有生产。五香肉干精选新鲜猪后腿肉为主料，辅以花椒、八角、十三香等香辛料，经修割、预煮、调味、复煮、收汤、干燥等程序加工而成，味鲜醇厚，甜咸适中，回味悠长，是人们喜爱的肉类方便食品。

【味型】咸香味型。

【原料组成】

主料：新鲜猪后腿肉 500 g。

佐料：食盐 3 g，白糖 3 g，味精 2 g，干辣椒 5 g，酱油 3 g，黄酒 5 g，花椒 1 g，八角粉 1 g，十三香 2 g，五香粉 1 g。

【制作方法】

1）将原料肉除去脂肪、筋腱、肌膜后，顺着肌纤维切成 500 g 左右的肉块（时间短，可以切成小块），用清水浸泡除去血水、污物，然后沥干备用。

2）将沥干的肉块放入沸水中煮制，一般不加任何辅料，但有时为了去除异味，可加 1%~2% 的鲜姜，煮制时以水浸过肉面为原则，水温保持在 90℃，撇去肉汤上的浮沫，煮制 30 min，使肉发硬、切面呈粉红色为宜。肉块捞出后，汤汁过滤待用。

3）将切好的肉坯切成 1 cm 见方、5 cm 长的条。取原汤一部分加入食盐 3 g、白糖 3 g、味精 2 g、干辣椒 5 g、酱油 3 g、黄酒 5 g、花椒 1 g、八角粉 1 g、十三香 2 g、五香粉 1 g，放在调味汤中用大火煮开，放入肉条用大火煮制 30 min，随着剩余汤料的减少，应减小火力以防焦锅。用小火煨 30 min 左右，直到汤汁将干时，即可将肉取出。

4）把肉条放入 135℃ ~150℃的油锅中油炸。炸到肉块呈微黄色后（低油温炸 20 min，至干，抛在漏勺上发出清脆的声音），捞出并滤净油即成。

【成品特点】成品酥松，色泽红亮，干香浓郁。

【技术要领】

1）预煮时间以原料刚熟发硬方便改刀成型即可。

2）肉改刀的粗细要均匀，炸干时成品酥松要一致。

3）注意调味的合适度，经炸干后咸味还会有所提高。

4）注意把控炸干时的油温，不宜太高。

【菜肴创新】

1）在菜肴的主料上加以变化，如牛肉干、马肉干、兔肉干、鱼肉干等。

2）在原料的形状及风味上进行变化，形状如条状、片状、丁状、粒状等，风味如麻辣肉干、咖喱肉干、果汁肉干等。

【健康提示】猪肉含有丰富的优质蛋白质和必需的脂肪酸，并提供血红素（有机铁）和促进铁吸收的半胱氨酸，能改善缺铁性贫血；具有补肾养血、滋阴润燥的功效；猪精肉相对其他部位的猪肉，其含有丰富的优质蛋白，脂肪、胆固醇较少，一般人群均可适量食用。

单元三　炸收类菜肴的制作

1.炸收法的概念

炸收法是将经清炸或干煸后的半成品入锅，加调料、鲜汤用中火或小火焖烧，最后用旺火收干汤汁，使之收干亮油、回软入味、干香滋润的烹制方法。

2.炸收法的特点及适用范围

炸收的菜品具有色泽油亮、质地酥软、香味浓郁等特点。此法适用于新鲜程度高、细嫩无筋、肉质紧实的家畜、家禽、水产及豆制品、笋类等原料。

3.炸收法的操作要领

1）影响炸收菜肴色泽的因素：原料的质量、调味品的质量、调味品的组合及配合的比例、调味品投放的先后顺序。

糖醋排骨

2）影响炸收菜肴质感的因素：选料、熟处理、刀工、油炸、收制、放置时间。

实例 9–4　糖醋排骨（见图 9–4）

图9–4　糖醋排骨

【菜品简介】“糖醋”味是中国各大菜系都拥有的一种口味。在川菜中，糖醋排骨是一道颇具代表性的受大众喜爱的传统菜，它选用新鲜猪子排作为原料，采用炸收的方法烹制而成，干香滋润，甜酸醇厚，是一款绝好的下酒菜。

【味型】酸甜味型。

【原料组成】

主料：猪排骨 1 000 g。

佐料：葱段 30 g，姜片 30 g，桂皮 10 g，精盐 4 g，酱油 25 g，料酒 50 g，白醋 80 g，白糖 150 g，番茄酱 50 g，芝麻油 10 g，植物油适量。

【制作方法】

1）将猪排洗净，用刀顺着排骨拉成条，每条再剁成 4 cm 长的段，然后放在盛器内，加入精盐、料酒、葱段、姜片拌匀，腌渍 2 h。

2）将油锅置火上，放入植物油，热至八成热时，投入腌入味的排骨炸制，至肉熟透并呈金黄色时，捞出，沥净油分。

3）另用一锅置火上，放入 1 000 g 清水，烧沸后，依次放入酱油、料酒、葱段、姜片、桂皮、白醋、白糖。旺火烧沸，转小火慢煨约 30 min，待锅中汤汁将尽，并起黏浆时，再改用旺火，随即放入番茄酱，待稠汁全都挂到排骨上后，淋入芝麻油搅拌均匀，即可出锅，晾凉后装盘即成。

【成品特点】色泽红润光亮，甜酸咸香，干香滋润。

【技术要领】

1）排骨改刀大小要均匀，形态整齐。

2）炸排骨的时间不能过长，以免炸得过老。

3）腌制的时间要足够才能充分入味。

4）用旺火收稠浓汁时，要注意不断地翻锅，以避免焦煳。

【菜肴创新】炸收类菜肴可以在主料的选择上创新，可选择鸡、鸭、鱼、虾、猪肉、排骨、牛肉、兔肉、豆制品等原料，如“五香豆干”“㸆墨鱼”“㸆大虾”等。

【健康提示】糖能益脾胃、养肌肤。酸者入肝胆，养筋益韧带。糖有润肺生津、滋阴、调味、除口臭、解盐卤毒、止咳、和中益肺、舒缓肝气等功效，适当食用还有助于提高机体对钙的吸收。所有糖醋料理皆具有养益肝、脾经脉的效益。排骨含有丰富的骨粘蛋白、骨胶原、磷酸钙、维生素、脂肪、蛋白质等营养物质，具有滋阴润燥、益精补血的功效;适于气血不足、阴虚纳差者。

实例 9–5　芝麻肉丝（见图 9–5）

图9–5　芝麻肉丝

【菜品简介】芝麻肉丝是一道四川地方传统名菜，选用猪精瘦肉切成粗细均匀的肉丝，运用㸆制的方法烹制而成，成菜酥香滋润，鲜香带甜，为理想的佐酒佳肴。

【味型】咸香味型。

【原料组成】

主料：猪元宝肉 500 g。

佐料：白芝麻 50 g，料酒 5 g，精盐 3 g，白糖 5 g，酱油 10 g，葱丝 5 g，姜丝 5 g，五香粉 3 g，芝麻油 10 g，花生油适量。

【制作方法】

1）肉去筋膜，切丝，加料酒、精盐、酱油码味腌制。白芝麻洗净，用慢火炒熟。

2）油锅置旺火，烧至六成热，放入肉丝炸至呈褐红色。肉丝装碗，加葱丝、姜丝、精盐、五香粉拌匀，上笼蒸熟。

3）炒锅内添加香油，下白糖熬成糖色，倒入肉丝，加料酒、五香粉、酱油，用小火慢慢收汁待味极浓时，撒芝麻装盘即可。

【成品特点】肉质干香，五香浓郁。

【技术要领】

1）肉丝要求粗细、长短均匀。

2）炸肉丝要掌握好老嫩度，不能炸得过老。

3）用小火收浓汁时，注意掌握汤汁的稠度。

【菜肴创新】

1）主料的品种及形状可以有不同的变化，如芝麻牛肉丝、芝麻鱼条、芝麻肉片、芝麻肉丁等，在收汁时可以酌情加红油，成菜有咸甜香辣的特点。

2）在菜肴的装盘上可以有更大的突破，选用一些不同材质的新式餐具及一些有古朴韵味的器皿。

【健康提示】芝麻含有大量的脂肪和蛋白质，还有糖类、维生素 A、维生素 E、卵磷脂、钙、铁、镁等营养成分；芝麻中的亚油酸有调节胆固醇的作用；芝麻含有丰富的维生素 E，能防止过氧化脂质对皮肤的危害，抵消或中和细胞内有害物质游离基的积聚，可使皮肤白皙润泽，并能防止各种皮肤炎症；芝麻还具有养血的功效，可以治疗皮肤干枯、粗糙，令皮肤细腻光滑、红润光泽。

单元四 腌制类菜肴的制作

1.腌的概念

腌是将原料浸渍于调味卤汁中，或采用调味品涂擦、拌和，以排除原料内部的水分，使原料入味并使某些原料具有特殊质感和风味的方法。

在腌制过程中，主要调味品是盐。腌制菜品的成菜，植物性原料一般具有口感爽脆的特点；动物性原料则具有质地坚韧、香味浓郁的特点。腌制的原料一般适用范围较广，大多数的动、植物性原料均适宜于此法成菜。

2.腌的种类

在实际操作过程中，腌一般可以分为盐腌、醉腌和糟腌 3 种形式。

1）盐腌：将盐放入原料中翻拌或涂擦于原料表面的方法。这种方法是腌制的最基本方法，也是其他腌法的一个必经工序。此法操作简单易行，操作中注意原料必须是新鲜的，且用盐量要准确。经过盐腌的原料，水分溢出，盐分渗入，可以保持原料清鲜脆嫩的口感。常见品种如“酸辣黄瓜”“辣白菜”“姜汁莴笋”等。

2）醉腌：以酒和盐为主要调味料，调制好卤汁，将原料投入卤汁中，经浸泡腌制成菜的方法。用于醉腌的原料一般是动物性原料，通常禽类和水产类居多。如果是水产品，则通过酒醉致死，不需加热，经过一段时间后即可食用；若是禽类原料，则通常要煮至刚熟，然后置于卤汁中浸泡，经过一段时间后便可食用。醉腌制品按调味品的不同可分为红醉（有色调味品，如酱油、红酒、腐乳等）与白醉（无色调味品，如白酒、盐等）。浸卤中成味调味料的用量应略重一些，以保证成品菜肴的口味，浸泡必须经过一段较长时间后方可食用，否则不能入味。常见的品种如“醉蟹”“醉鸡”“醉虾”等。

3）糟腌：以盐及糟卤作为主要调味卤汁腌制成菜的方法。糟腌类同于醉腌，不同之处在于醉腌用酒（或酒酿），而糟腌用糟卤（又称香糟卤）。冷盘中的糟制菜品，一般多在夏季食用，因此类菜品清爽芳香，故而“糟凤爪”“糟卤毛豆”等均属于夏季时令佳肴。

实例 9–6　三花醉漓江虾（见图 9–6）

【菜品简介】三花醉漓江虾是一道典型的桂林地方风味菜，它以桂林漓江特有的河虾为原料加入当地名优特产桂林三宝之一的桂林三花酒醉制而成。由于漓江水清冽见底，漓江虾的肉质细嫩纯正，原汁原味，两者的结合浑然天成，使这道佳肴色泽鲜艳，咸鲜微带酸辣，细嫩爽口，从中尚可品尝出漓江水的清纯与甘甜，充满原生态的田园乐趣。

【味型】酸辣味型。

图9–6　三花醉漓江虾

【原料组成】

主料：鲜活漓江虾 400 g。

佐料：高度三花酒 80 g，陈醋 30 g，酸辣椒丝 10 g，蒜丝 15 g，老姜丝 10 g，京葱丝 5 g，香菜 20 g，熟花生碎 10 g，熟芝麻 5 g，芥末油 5 g，芝麻油 2 g，日本万字酱油 6 g，盐 2 g，味精 2 g，鸡精 3 g，胡椒粉 1 g。

【制作方法】

1）鲜活漓江虾用纯净水清洗干净。

2）高度三花酒用酒杯盛装；把酸辣椒丝、蒜丝、老姜丝、京葱丝、香菜、熟花生碎、熟芝麻整齐摆在碟子中；把陈醋 30 g、芥末油 5 g、芝麻油 2 g、日本万字酱油 6 g、盐 2 g、味精 2 g、鸡精 3 g、胡椒粉 1 g 放入小碗中调成味汁；将清洗干净的漓江虾放入鲍鱼碟中，加盖。漓江虾、三花酒、佐料碟、味汁一起上桌。

3）当着食用者的面打开鲍鱼碟，让食用者看到蹦跳的漓江虾；然后把三花酒、酸辣椒丝、蒜丝、老姜丝、京葱丝、香菜、熟花生碎、熟芝麻、味汁一起倒入鲍鱼碟中，再用公筷拌匀，加盖，直至漓江虾不再蹦跳即可食用。

【成品特点】极具观赏趣味性，咸鲜微带酸辣，肉质细嫩。

【技术要领】

1）选料时，漓江虾不宜太大也不宜太小，必须是鲜活的漓江虾。

2）味汁调好后需要放置让其发生反应。

3）用玻璃器皿才能观看到醉的过程，当着客人的面制作有很大的观赏性和娱乐性。

4）蒜丝、陈醋和芥末油都有杀菌作用，量不宜放太少。酒渍时间要足够，菜肴要在短时间内吃完，以防漓江虾死后产生毒素而造成食物中毒。

【菜肴创新】

1）河虾也可以焯水后进行醉制，会呈现不一样的口味特点。

2）还可以采用器物类盘饰、分子美食式等不同的装盘方法使菜品的视觉效果更好。

【健康提示】虾营养丰富，且其肉质松软，易消化，对身体虚弱以及病后需要调养的人是极好的食物。虾还含有丰富的镁，镁对心脏活动具有重要的调节作用，能很好地保护心血管系统，可减少血液中胆固醇含量，防止动脉硬化，同时还能扩张冠状动脉，有利于预防高血压及心肌梗死；此外，虾的通乳作用较强，并且富含磷、钙，对小儿、孕妇尤有补益功效。体质过敏，如患过敏性鼻炎、支气管炎、反复发作性过敏性皮炎的人不宜吃虾；另外，虾为动风发物，患有皮肤疥癣者忌食。

实例 9-7　香糟鸡（见图 9-7）

【菜品简介】糟卤，是用科学方法从陈年酒糟中提取香气浓郁的糟汁，再配以辛香调味汁精制而成的。糟卤透明无沉淀，突出陈酿酒糟的香气，鲜咸口味适中，荤素浸蘸皆可，香糟鸡精选农家放养仔鸡用糟卤浸制而成，成品皮色金黄，糟味浓郁，为夏季佐酒佳肴。

【原料组成】

主料：仔鸡 1 只（约 1250 g）。

图9-7　香糟鸡

调料：香糟 150 g，葱 25 g，黄酒 50 g，精盐 10 g，胡椒粉 1.5 g，姜 25 g，味精 1.5 g，糖桂花 10 g。

【制作方法】

1）焯水：仔鸡洗净，放入开水锅中略烫，捞出后洗净血污。

2）煮制：下汤锅用小火慢慢煮熟，捞出晾凉。

3）刀工处理：鸡去头颈、大骨，斩成 6 大块待用。

4）糟腌：香糟、绍酒、白糖、精盐、糖桂花和花椒一同放容器中搅匀成糟汁，再将鸡块放入糟汁中浸泡 4 h。

5）装盘：食用时将鸡块切片装盘，淋入香糟即成。

【成品特点】肉香味鲜，香糟浓厚，夏令佳肴。

【操作要领】

1）煮制时，原料的成熟度要恰到好处。

2）在操作时，各种调料的投放比例，在工艺过程中要力求做到“一投准”。

3）糟制的时间要到位，成品出卤后糟卤要采取适当的保管措施。

【菜肴创新】糟制类菜肴的创新可以在主料上进行创新，如“香糟翅尖”“香糟鸡爪”“香糟鸡腿菇”“香糟肉”等。

【健康提示】中医认为鸡肉具有温中益气、补精填髓、益五脏、补虚损的功效，可用于脾胃气虚、阳虚引起的乏力、胃脘隐痛、浮肿、产后乳少、虚弱头晕的调补，对肾精不足所致的小便频数、耳聋等症也有很好的辅助疗效。

实例 9–8　三花醉鸡（见图 9–8）

【菜品简介】醉鸡是江浙地区的传统名菜，酒香浓浓，浸着滑嫩的鸡肉，让人垂涎三尺。三花醉鸡以桂林三花酒为基本调料，精选广西信都三黄鸡浸制而成，不但去腥、解腻、添香、发色、增鲜，而且具有容易消化吸收的特点。信都三黄鸡因毛黄、嘴黄、脚黄而得名。鸡个体适中，体型紧凑，骨细肉嫩，肌肉结实，素以鲜美、软滑、幼嫩、甘香等特色闻名，特别适用于醉制、白煮等烹调方法。

【味型】咸鲜味。

【原料组成】

主料：三黄鸡 1 000 g。

佐料：桂林三花酒 50 g，黄酒 20 g，盐 10 g，味精 10 g，花椒 8 g，葱 30 g，姜 25 g。

【制作方法】

1）将三黄鸡初加工后，放入冷水锅内，加入黄酒、葱、姜烧沸，用中小火煮至鸡肉断生捞出晾凉。

2）将煮鸡的原汤烧沸，倒入盛器中加食盐、味精、花椒、三花酒、黄酒调匀后凉透，放入鸡块腌制 4~6 h 至鸡块入味。

3）将入味的鸡块斩成小件装盘，浇上原汁即可。

【成品特点】酒香诱人，咸鲜适口，鸡肉细嫩。

【技术要领】

1）主料以广西信都三黄鸡为佳，口味鲜美，肉质细嫩。

2）夏季制作此类菜肴时可以放入冰箱中保存，以防菜肴变味。

【菜肴创新】可以在菜肴的主料上进行创新，如醉鸭、醉螺、醉鸡肝、醉鸡胗等。

【健康提示】鸡肉性平、温、味甘，入脾、胃经；可温中益气，补精添髓；用于治疗虚劳瘦弱、中虚食少、泄泻头晕心悸、月经不调、产后乳少、消渴、水肿、小便数频、耳聋耳鸣等。

图9-8 三花醉鸡

单元五 煮制类菜肴的制作

1.煮的概念

煮是将已经初步加工的原料放入清水锅或已经调味的汤锅内，先用大火烧沸，再转至小火煮制成熟，晾凉后成菜或改刀装盘成菜的烹调方法。

2.煮的特点及适用范围

煮制菜肴的特点是色泽淡雅、清新爽口、鲜香味美。煮制所用原料多为各种动物性原料（如牛肉、猪肉、羊肉、鸡肉、鸭肉、鹅肉等）和部分蔬果。

3.煮的分类

（1）盐水煮

盐水煮就是将腌渍或未腌渍的原料，放入水锅中，加入盐、葱、姜、花椒等调味品（一般不放糖和有色的调味品），加热煮熟，然后晾凉成菜的烹调方法。水的用量以淹没原料为度。盐水煮的成菜特点是色泽淡雅，清新爽口，质地鲜嫩，咸鲜味美，无汤少汁。

（2）白煮

白煮是将已经初步加工的原料放入清水锅或白汤锅内，不加任何调味品，先用大火烧沸，再转至小火煮制成熟，冷凉后改刀装盘，再用调味卤汁拌食或蘸食的制作方法。白水煮的特点是成品色泽洁白，清爽利口，白嫩鲜香。白煮的原料主要是家禽、家畜类肉品，以猪肉最为常用。

实例 9–9　柠檬白切鸭（见图 9–9）

图9–9　柠檬白切鸭

【菜品简介】

柠檬白切鸭是一道极具广西壮乡特色的风味佳肴，酸甜适口，开胃消滞，飘逸着柠檬的香、酸味，令人食欲大开，过口难忘。广西人口味清淡，有吃白切鸡、白切鸭的习惯，而且对酸有一种执着的偏爱，柠檬白切鸭正好契合了当地人的饮食习惯。柠檬独特的清香、酸爽与鸭子的搭配浑然天成，不失为一道让人难以忘怀的菜肴佳品。

【味型】酸辣味。

【原料组成】

主料：光鸭 1 500 g。

佐料：酸姜、酸辣椒、柠檬各 20 g，紫苏 15 g、香菜 10 g、葱 5 g、酱油 100 g、香醋 100 g、酸荞头 5 个、花生油 50 g、糖 80 g、开水 200 g，料酒适量。

【制作方法】

1）紫苏切碎，酸姜切丝，酸荞头切片，酱油、香醋、花生油、糖、开水放入切碎的紫苏、酸姜、酸荞头等配料中拌匀；柠檬洗净，去籽，切碎放入调好的配料中拌匀成调味汁备用。

2）大锅加入冷水，放姜片、葱段和少许料酒，加盖用大火煮开，放入洗净的光鸭，转小火煮 30 min 左右，慢慢浸泡至熟。

3）将锅中煮好的鸭取出，晾凉后斩件装盘，随配柠檬汁味碟上桌即成。

【成品特点】酸甜适口，开胃消滞，鸭肉细嫩。

【技术要领】

1）用水煮的过程中不要放盐，否则鸭肉口感会比较“柴”。

2）判断鸭子是否煮熟可以拿一支牙签戳入鸭腿肉厚的地方，没有血水渗出为熟。

3）煮制中途，要用竹签在鸭腿根部扎眼放油。

4）光鸭最好为本地细骨农家鸭，饲料鸭和大骨鸭风味欠佳。

【菜肴创新】

1）菜肴的味汁可以根据需要加入山黄皮等壮乡当地特色食材，别具风味。

2）可以在菜肴的主料上进行变化，如白切鸡、白切鹅、白切狗肉、白切猪手等。

【健康提示】鸭肉的营养价值很高，蛋白质含量为16%~25%，比畜类的含量要高，鸭肉的蛋白质主要是肌浆蛋白和肌凝蛋白，还有间质蛋白，其中含有溶于水的胶原蛋白和弹性蛋白，此外还有少量的明胶。鸭肉含氮浸出物较多，肉质鲜美。鸭肉性味甘、寒，入肺胃肾经，有滋补、养胃、补肾、除骨蒸劳热、消水肿、止热痢、止咳化痰等作用。柠檬富含柠檬酸，对人体有促进胃消化、抗凝血作用。

实例 9–10　口水鸡（见图 9–10）

【菜品简介】口水鸡是中国四川传统特色菜肴，属于川菜系中的冷菜，佐料丰富，集麻、辣、鲜、香、嫩、爽于一身，有“名驰巴蜀三千里，味压江南十二州”的美称。“口水鸡”的名字初听似乎有点不雅，不过这名字的来历却有着文人的温雅。郭沫若在其所著《眺波曲》中写道：“少年时代在故乡四川吃的白砍鸡，白生生的肉块，红殷殷的油辣子海椒，现在想来还口水长流……”郭沫若文中提到的“口水”两字，便成就了如今大名鼎鼎、流传于世的“口水鸡”。

图9–10　口水鸡

【味型】麻辣味。

【原料组成】

主料：三黄鸡 1 只（1 000 g）。

料头：姜片 15 g，葱段 15 g。

佐料：料酒 10 g，酱油 15 g，白糖 5 g，精盐 3 g，味精 2 g，辣椒油 10 g，香油 25 g，花椒皮 2 g，白芝麻 3 g，花生米 10 g，姜末 5 g，葱花 5 g，蒜末 5 g。

【制作方法】

1）将三黄鸡洗净，放入大锅中，加入冷水没过鸡，放姜片、葱段和少许料酒，加盖用大火煮开，然后转小火煮 3 min 后，关火焖 15 min。

2）油炸花生米去皮、压碎备用，白芝麻放入干的平底锅，炒香，出锅备用。

3）把锅中焖好的鸡取出，立刻泡入放了冰块的冷水中，10 min 后取出斩件装盘。

4）把姜末、葱花、蒜末、白糖、芝麻酱、香醋、生抽、炒香的白芝麻、花生碎、辣椒油全部拌匀，调成味汁，淋在斩件装盘的鸡块表面即可。

【成品特点】麻辣鲜香，鸡肉鲜嫩，鸡皮爽脆。

【技术要领】

1）煮鸡时，水要没过鸡身，最好是整只鸡一起煮，斩成小件再煮鸡肉，肉质容易发柴。

2）焖好的鸡浸泡冰水，迅速降温可以使鸡皮变得爽脆。

3）炒香的白芝麻和花生碎可以最后撒到菜肴表面。

【菜肴创新】

1）菜肴的味汁可以在味型上进行变化，别具风味。

2）可以在菜肴的主料上进行变化，如白切鹅、白切狗肉、白切猪手等。

【健康提示】鸡肉中蛋白质的含量较高，氨基酸种类多，而且消化率高，很容易被人体吸收利用，有增强体力、强壮身体的作用。中医认为，鸡肉有温中益气、补虚填精、健脾胃、活血脉、强筋骨的功效。

 泡制类菜肴的制作

1.泡的概念

泡菜是以新鲜蔬菜及水果为原料，经过初步加工，用清水洗净晾干，不需加热，直接放到泡菜卤水中泡制的方法。

2.泡菜的种类

1）按泡制的卤汁及选用的原料的不同，大体可分为甜泡和咸泡。咸泡的卤水以盐、白酒、花椒、生姜、干辣椒、蒜等为主要调味品，成品咸酸辣甜，别有风味。它是一种发酵食品，不但味美、爽口，而且具有丰富的营养，是餐桌上不可缺少的主要开胃菜。

2）按泡制时间长短，可分为滚水菜和深水菜。滚水菜又称“洗澡菜”，意即在泡菜水中泡制一两天即成，需要随泡随吃，泡久了会变酸，如萝卜皮儿、莴苣条、叶菜类等。深水菜，顾名思义就是那些可以在泡菜水里长时间泡制的泡菜，如仔姜、蒜、泡椒、心里美等。

3）按地名分，较有名的有四川泡菜和韩国泡菜。四川泡菜又称泡酸菜，味道咸酸，口感脆生，色泽鲜亮，香味扑鼻，开胃提神，醒酒去腻，老少适宜，一年四季都可以制作。韩国泡菜是最具韩国代表性的传统料理之一，是典型的发酵食品。

实例 9–11　四川泡菜（见图 9–11）

图9–11　四川泡菜

【菜品简介】在四川筵席、宴会中，泡菜一般是最后上桌的，宾客在品尝美味佳肴之余，再吃泡菜，可以调节口味，也有醒酒解腻的特殊效果。四川泡菜易于储存，取食方便，既可直接入馔，又可做辅料，如泡菜鱼、酸菜鸡豆花汤，以及鱼香味菜肴必需的泡生姜、泡辣椒等，均能增加菜肴的风味特色。

【原料组成】（咸泡）

白菜 2 000 g，黄瓜 250 g，青笋 250 g，萝卜 100 g，嫩姜 100 g，蒜头 50 g，鲜红椒 100 g，精盐 250 g，干辣椒 10 g，白酒 50 g，花椒 15 g，凉开水 2 500 g，姜 25 g，红糖 25 g。

【制作方法】

1）清洗：蔬菜洗干净后，切成大块或条（不要太小），晾干水分备用。

2）调味：培养泡菜发酵菌。首先在冷水中放入花椒 15 g、精盐 250 g、干辣椒 10 g，然后把水烧开，待水完全冷却后，灌入坛子内，水量占坛子容量的 10%~20%，然后加白酒 50 g。

3）泡制：将干净原料放入卤中，并加盖封严，夏天泡 2~3 天，冬天泡 5~6 天，即可食用。

【成品特点】咸酸适口，爽脆鲜香，甜中有香。

【技术要领】

1）坛子内壁必须洗干净，然后把生水擦干，或用开水烫一下，绝对不能有生水。

2）泡菜菌属于厌氧菌，坛口的密封十分重要。

3）胡萝卜和黄瓜最好当天食用，时间太长会引起坛子里生花。

4）坛子一定要密封，最好选用土烧制的带沿口的坛子。

【菜肴创新】

1）新的泡制类菜肴，融入了野山椒水，选料上也选用了一些动物性原料，如“泡凤爪”“山椒脆猪耳”“山椒猪尾”等。

2）利用老泡菜水和野山椒水的融合，创制了新跳水泡菜，如“山椒木耳”“山椒黄瓜”“山椒西芹”等。

【健康提示】四川泡菜在密闭的容器中腌制发酵，抑制了不良微生物的活动，同时产生大量乳酸菌，它有利于蔬菜中维生素 C 的保持。但是过久的腌制发酵，可能会产生对身体有害的亚硝酸盐。

实例 9-12　韩国泡菜（见图 9-12）

图9-12　韩国泡菜

【菜品简介】韩国冬天腌制泡菜的风俗，历经多年一直保存至今。因冬季三四个月间，大部分蔬菜难以耕种，泡菜腌制一般在初冬进行。泡菜是一种以蔬菜为主原料，各种水果、海鲜及肉类为配料的发酵食品。它不但味美、爽口，而且具有丰富的营养，是韩国餐桌上不可缺少的主要开胃菜。

韩国流行的说法是“没有金齐（韩语：咸菜）的饭不是给韩国人准备的。”每个韩国家庭制作出来的泡菜，其味道和营养各不相同。韩国泡菜的种类很多，按季节可分为春季的萝卜泡菜、白菜泡菜，夏季的黄瓜泡菜、小萝卜泡菜，秋季的辣白菜、泡萝卜块儿及冬季的各种泡菜。泡菜的发酵程度、原料、容器、天气、手艺不同，制作出的泡菜的味道和香味及其营养也各不相同。

【原料组成】

主料：大白菜 1 棵（约 2 500 g）。

辅料：白萝卜 500 g，大枣 50 g，柴鱼干 65 g，杏仁 25 g，葱白 70 g，韭菜 50 g，芹菜 70 g，洋葱 45 g，苹果 120 g，雪梨 100 g，凉开水 3 000 g。

调料：盐 65 g，虾酱 120 g，鱼露 25 g，丁香 4 g，大蒜 50 g，姜 25 g，辣椒粉 150 g。

【制作方法】

1）刀工处理：将大白菜平均分为四等分；白萝卜切细丝；姜、蒜、洋葱分别用料理机磨成泥；苹果、雪梨去皮后也用料理机磨成泥；柴鱼干泡发后切成细丝；大枣切细丝；韭菜、芹菜、葱白切段。

2）腌料调制：将白萝卜丝用 5 g 盐腌制 10 min 后倒掉水分后，将辣椒粉、姜、蒜、洋葱、苹果泥、梨泥、柴鱼干丝、大枣丝、丁香、杏仁、鱼露、虾酱等倒入萝卜丝中拌匀。

3）制作：将 40 g 盐用 3 000 g 凉开水溶解，将 20 g 盐均匀地抹在白菜每片叶子的根部，然后将白菜放入盐水中浸泡 10h 后捞出沥干水分，将腌料均匀涂抹在每一片白菜叶子上，再将韭菜、芹菜、葱白切段夹在白菜叶中后卷成一个球状；把腌好的白菜放入可以密封的大容器中，在室温中放置 5 天左右即可食用。

【成品特点】泡菜作为发酵食品，发酵程度不同，其味道和营养也不同。泡菜是一种综合各种原料的营养食品。在韩国，每个家庭都保留着其独特的制作方法和味道。

【健康提示】泡菜中的绿色蔬菜及辣椒含大量维生素 C 和胡萝卜素，有抗癌作用。蔬菜中的纤维素对预防便秘和抑制大肠癌有一定疗效。泡菜的纤维素可降低胆固醇，对预防高血压、动脉硬化等成人循环系统病症有一定疗效。泡菜中的辣椒、蒜、姜、葱等刺激性佐料可起到杀菌、促进消化酶分泌的作用。

单元七　挂霜类菜肴的制作

利用糖的再结晶原理，将小型原料加热成熟后在其外表包裹上一层洁白糖霜的方法称为挂霜。根据人们在日常工作中的运用，通常将挂霜分为葡萄糖粉挂霜法、直接撒糖粒挂霜法和熬糖挂霜法 3 种形式。其中以熬糖挂霜法为优。挂霜的原料一般是较小型的动、植物性原料，以植物性原料居多。为了丰富菜品的口味，有时也可掺入可可粉、芝麻粒（粉）等。

实例 9–13　挂霜花生（见图 9–13）

图9–13　挂霜花生

【原料组成】

主料：花生仁 250 g。

辅料：绵白糖 150 g，清水 50 g，色拉油 300 g（约耗 25 g）。

【制作方法】

1）初步熟处理：主要通过炒、炸、烤等方法，使原料口感达到酥香、酥脆、外酥里嫩或外酥里糯，这样配合糖霜的质感，菜肴才有独特的风味。通过油炸成熟，可以吸去原料表面的油脂，以免挂不住糖霜。

2）熬糖：最好避免使用铁锅，可选用搪瓷锅、不锈钢锅等，以避免影响糖霜的色泽。同时，熬糖时糖和水的比例要掌握好，一般为 3 ∶ 1，不要盲目地多加水，原则是蔗糖能溶于水即可。

3）火候：在熬糖时，火力要小而集中，火焰覆盖的范围最好小于糖液的液面，使糖液由锅中部向锅四周沸腾；否则，锅边的糖液易焦化变成黄褐色，从而影响糖霜的色泽。

4）挂霜：当糖液熬至达到挂霜程度时，炒锅应立即离火，倒入主料，手握分散的筷子迅速炒拌，使糖液快速降温，结晶成糖霜。炒拌时，要尽可能使主料散开，糖液粘裹均匀。如果蔗糖结晶而原料粘连，应即时将原料分开。

【成品特点】酥脆香甜，洁白如霜。

【技术要领】

1）炒锅置旺火上，加入色拉油烧至150℃，放入花生仁炸至浅金黄色时捞出沥油。

2）炒锅置中火上，加入白糖、水熬至起小泡时，将锅离火，下核桃仁，用手勺轻轻翻动，使糖汁均匀地黏结在花生仁上，冷却后装盘即成。

3）鉴别糖液是否熬制到可挂霜的程度，一般有两种方法：一是看气泡，糖液在加热过程中，经手勺不停地搅动，不断地产生气泡，水分随之不断地蒸发，待糖液浓稠至小泡套大泡同时向上冒起、蒸汽很少时，正是挂霜的好时机；二是当糖液熬至浓稠时，用手勺或筷子沾起糖液使之滴下，如呈连绵透明的固态片、丝状，即到了挂霜的时机。熬糖必须恰到好处，如果火候不到，难以结晶成霜；如果火候太过，一种情况是糖液会提前结晶，俗称“返沙”；另一种情况是熬过了饱和溶液状态，蔗糖进入熔融状态（此时蔗糖不会结晶，将进入拔丝状态），都达不到挂霜的效果，甚至失败。

【菜肴创新】如果挂霜要赋予其怪味、酱香、奶油等口味，必须在熬糖挂霜前对主料进行调味处理，并保证原料表面干燥，如“怪味花仁”“酱香桃仁”“奶香腰果”等。

【健康提示】花生和大豆一样营养丰富，是一种高蛋白油料作物，其蛋白质含量可高达30%左右，营养价值可与动物性食品（如鸡蛋、牛奶、瘦肉等）媲美，且易于被人体吸收利用。花生仁含有人体必需的8种氨基酸，且比例适宜，还含有丰富的脂肪、卵磷脂、维生素A、维生素B、维生素E、维生素K，以及钙、磷、铁等元素。经常食用花生能起到滋补益寿的作用。

单元八 炝制类菜肴的制作

1.炝的概念

炝是把切成的小型原料，用沸水焯烫或用油滑透，趁热加入各种调味品，调制成菜的烹调方法。炝与拌的主要区别是：炝是先烹后调，趁热调制；拌是指将生料或凉熟料改刀后调拌，即有调无烹。另外，拌菜多用酱油、醋、香油等调料；而炝菜多用精盐、味素、花椒油等调制成，以保持菜肴原料的本色。

2.炝的特点及适用范围

炝菜的特点是清爽脆嫩、鲜醇入味。炝菜所用原料多是各种海鲜及蔬菜，以及鲜嫩的猪肉、鸡肉等原料。

3.炝的分类及操作要领

炝法有焯炝、滑炝和焯滑炝 3 种。

（1）焯炝

焯炝是指原料经刀工处理后，用沸水焯烫至断生，然后捞出控净水分，趁热加入花椒油、精盐、味精等调味品，调制成菜，晾凉后上桌食用。对于蔬菜中纤维较多和易变色的原料，用沸水焯烫后，须过凉，以免原料质老发柴，同时也可保持较好的色泽，以免变黄，如“海米炝芹菜”。

（2）滑炝

滑炝是指原料经刀工处理后，须上浆过油滑透，然后倒入漏勺控净油分，再加入调味品成菜的方法。滑油时要注意掌握好火候和油温（一般在三四成热），以断生为好，这样才能体现其鲜嫩醇香的特色，如“滑炝虾仁”。

（3）焯滑炝

焯滑炝是将经焯水和滑油的两种或两种以上原料，混合在一起调制的方法，具有原料多、质感各异、荤素搭配、色彩丰富的特点，如“炝虾仁豌豆”。操作时要分别进行，原料成熟后，再合在一起调制，口味要清淡，以突出各自原料的本味。

实例 9–14 滑炝鱼丝（见图 9–14）

【原料组成】

净鱼肉 140 g，青椒 50 g，精盐 2 g，味精 1 g，辣油 15 g，鸡蛋 1 只，黄酒 5 g，淀粉适量，花椒油 10 g，色拉油 750 g。

图9–14 滑炝鱼丝

【制作方法】

1）刀工处理：将鱼肉切成黄豆芽丝状，用水漂去血水，待漂白后，用干净的毛巾吸去多余水分。

2）上浆：将经过刀工处理的鱼丝拌入精盐、味精、鸡蛋清、黄酒、水淀粉，搅拌和上劲，放入少许色拉油调散。

3）滑油：将上好浆的鱼丝投入四成油温的油中，至鱼丝变色即可捞出，倒入盛有冷开水的器皿中冲凉漂净。

4）焯水：将青椒丝投入烧开的水油锅内，焯至变色捞起，再投入凉开水中漂净。

5）制调味汁：取花椒油 10 g、辣油 15 g 及适量精盐、味精调成味汁。

6）装盘：将经过熟处理的鱼丝和青椒丝装入盘中，上浇调味汁即可。

【成品特点】成品白亮鲜嫩，色彩鲜艳，味美。

【技术要领】

1）制作炝制菜肴时特别要注意卫生，尤其是在制作特殊炝（生料炝）时一定要洗净原料，严格加工，要认识并运用白酒的杀菌消毒作用，进行食品卫生的防护。

2）鱼丝上浆时先加入调料，搅拌上劲后再加入蛋清和水淀粉。

3）原料在进行刀工处理时要厚薄适当、大小均匀。

4）初步熟时要注意火候要恰到好处，绝不能过火，防止散碎。

【菜肴创新】炝制类菜肴可以在主料上创新，选择新鲜清脆的蔬菜或者新鲜的海鲜原料等，如“辣炝青笋”“滑炝虾仁”等。

【健康提示】鱼肉含有丰富的完全蛋白质，脂肪含量较低，且多为不饱和脂肪酸。鱼肉含有叶酸、维生素 B2、维生素 B12 等，有滋补健胃、利水消肿、通乳、清热解毒、止嗽下气的功效，对各种水肿、浮肿、腹胀、少尿、黄疸、乳汁不通皆有效。鱼肉富含维生素 A、铁、钙、磷等，常食用还有养肝补血、泽肤养发的功效。

单元九　蒸制类菜肴的制作

1.蒸的概念

将初步调味成型的原料置于盛器中，用蒸汽加热的方式使原料成熟或定型的方法称为蒸。蒸制菜品的原料以动物性为主、植物性为辅，其料形一般以蓉、块、片及经过加工成特殊形态的形状居多。

2. 蒸的分类

蒸制菜肴成功的关键在于火候，一般要求用旺火沸水煮制。根据成菜要求，可采用放汽蒸与不放汽蒸两种形式进行加工。

1）放汽蒸，就是在蒸制过程中，为防止因汽过足而使成品疏松而呈空洞结构，影响成品的口感，而在蒸制过程中放掉一部分蒸汽，仅使一部分蒸汽作用于原料，将原料加热成熟的方法。这种方法适用于蓉泥状及蛋液类原料，如“双色鱼糕”“蛋黄糕”“蛋白糕”等。

2）不放汽蒸，就是在蒸制过程中，使充足的蒸汽完全作用于原料，从而使原料成熟的方法。这种蒸法的原料往往具有一定的形态，它们不会因充足的蒸汽而变形或起孔，能够较好地保持形态。此法适用于具有一定形态的原料及一些经过腌制的原料，如“如意蛋卷”“相思紫菜卷”“旱蒸咸鱼”等。

蒸法尽管不是一种常用的冷盘材料的制作方法，但其在冷盘材料制作中的作用很大。很多的冷盘刀面材料，特别是一些花色冷盘的刀面材料，都需要通过蒸法成型，因而其在冷盘制作中具有重要的地位。

实例 9–15　老醋茄子（见图 9–15）

老醋茄子

图9–15　老醋茄子

【原料组成】

原料：嫩茄子 300 g，肉末 30 g，花生油适量。

调料：精盐 3 g，老抽 3 g，味精 1 g，陈醋 20 g，白糖、芝麻油各 5 g。

【制作方法】

1）将茄子顺刀切条，上笼用旺火蒸熟，取出装入盘中。

2）锅中倒入花生油烧至六成热，倒入肉末滑散至熟，加入老抽、精盐、味精、白糖煮至汤汁浓稠，加入芝麻油、米醋略煮，浇入盘中即成。

【成品特点】成品鲜嫩，醋香味美。

【技术要领】

1）制作蒸制菜肴时特别要注意蒸制的时间。时间过短则原料不能熟透，时间过长则原料不易成型，这些都会影响原料的口感。

2）在浇汁前，倒出蒸制茄子时盘里存留的蒸汽水。

【健康提示】茄子含丰富的维生素 P，这种物质能增强人体细胞间的黏着力，增强毛细血管的弹性，降低毛细血管的脆性及渗透性，防止微血管破裂出血，使心血管保持正常的功能。茄子含有龙葵碱，能抑制消化系统肿瘤的增殖，对防治胃癌有一定效果。茄子含有维生素 E，有防止出血和抗衰老的功能，常吃茄子可使血液中的胆固醇水平不致增高，对延缓人体衰老具有积极的意义。

单元十　熏制类菜肴的制作

1.熏的概念

熏又称烟熏，是常见冷菜制作方法。经过卤、酱、煮、烧、蒸、炸等热处理方法烹制熟的半成品原料放入熏制的容器内，使熏料封闭加热后不完全燃烧而炭化所产生的浓烟吸附在原料表面，增加菜肴烟香味和色泽的烹调技法。

2.熏的特点及适用范围

熏制的菜品特点是色泽金黄、艳丽光亮，烟香浓郁，入味醇香，有熏料的特殊清鲜芳香气味，冷热食均可，食之别有风味。熏制选料比较广泛，适用于鱼、豆制品、禽类、蛋类及家畜类原料。

3.熏的种类

根据对烹饪原料加工方法的不同分类，熏可以分为生熏和熟熏。

1）生熏是将经初步加工生的烹饪原料，经过调味料腌渍入味后，直接放入熏锅的熏屉中，利用熏料受热起烟熏制成熟的技法。生熏要求原料新鲜无异味、肉质鲜嫩、受热易熟，且形状扁平小型（或加工成小型），如鱼、豆制品等。不提倡将生原料熏制成熟，如生熏白鱼等。

2）熟熏是将经过蒸、卤、煮、炸等方法熟处理的烹饪原料，放入熏锅的熏屉中，利用熏料受热起烟熏制入味上色成菜的技法。熟熏选料较广泛。熟熏多适用于整只禽类（如鸡、鸭、鹅）及蛋品、油炸的鱼类、家畜类（如猪、羊、牛肉）等。

4.熏的操作要领

1）熏前要擦干原料表面，使其保持干爽，以利于烟气附着。特别是一些动物性原料，其所含脂肪丰富，熟制后表皮极易溢出油分，直接影响烟气附着，要尽量擦净或晾干其表面水分，并逐个摆开。熏制前熟处理时，咸味不宜太重或太淡。

2）熟料不可过久存放，必须趁热熏制。熏制时，原料应保持在高恒温下熏制，勿使原料过分焦煳，熏料烧透即可。原料在温度降低或冷却时熏制则不宜上色，烟香味也不易渗入原料；若多料熏制，摆放原料要有间隔距离，不宜过紧、重叠，以保证原料受熏均匀、上色一致。

在熏制时，熏屉要保持恒温和密封。

3）熏料不宜太干，要略湿入锅熏。熏制品的烟香特殊风味，应该控制使用。熟熏的火候与生熏基本相似，熏料刚燃起的浓烟不可取用，熏料不要出现明火，要严格控制烟气，待其产生清烟气，方可熏制。在熏制时还要避免因火力过大或熏料过多，以及熏时过长形成的焦烟气味影响原料本味。

4）要在熏制完成后的成品表面及时涂抹上香油，以增加菜肴风味。成品外表适当地涂抹上一层油能增其香味，使其保持干爽状态，同时可使成品表面更加油润、光亮，否则会影响熏制成品的质量。

5）要根据原料的性质掌握好烟熏时间，严格控制熏制时间和熏制温度。熏制成品以浅黄色为宜，因为在摆放过程中，空气的氧化作用会使其颜色加深。

实例 9–16　生熏鲌鱼（见图 9–16）

图9–16　生熏鲌鱼

【菜品简介】

鲌鱼，入馔历史悠久。据《淮阴风土记》载："按五邑水族之味，旧时推鲌鱼，亦称淮鲌，乃唐宋贡品。"鲌鱼鲜嫩细腻，为淡水鱼中的上品。蒸、熏、煮、烧、糟、煎、卤、醉皆可。"生熏鲌鱼"选用洪泽湖出产的湖鲌鱼，以绿茶末、红糖、锅巴屑为熏料，经脆渍、熏制而成，菜品色泽棕红，薰香诱人，肉白细嫩。

【原料组成】

主料：鲌鱼 1 000 g。

佐料：芫荽 50 g，白糖 50 g，黄酒 25 g，葱结 25 g，姜片 15 g，姜末 15 g，生抽 10 g，香醋 25 g，花椒 1 g，味精 55 g，芝麻油 50 g，辣椒油 10 g，大米 50 g，茶叶 25 g。

【制作方法】

1）将鲌鱼去鳞、腮，腹部用刀从尾至头刨一刀，掰开，去除内脏洗净。在背部肉厚处剞一直刀，盛入盘中，放入葱结、姜片、花椒、黄酒、味精、精盐、生抽腌 2 小时。

2）取熏锅一口，将木炭打成两块，放入锅底，上面放一块不锈钢箅子，再放一块竹箅子，将鲐鱼腹腔朝下平放在竹箅子上，上盖一金属制锅盖。然后将熏锅置中火上，锅烧红后，木炭也跟着烧红了，即端离火，让木炭在里面慢慢燃烧，待鱼熏烤至约六成熟时揭开铁盖，用专用工具把鱼和不锈钢箅子一起移开，再放入大米、茶叶、白糖等熏料，待熏料燃起冒烟时，再把鱼和不锈钢箅子一起继续放在熏料上加盖熏制，直至大米、茶叶、白糖等熏料已成为灰烬，熏至鲐鱼呈金黄色并熟透，将鱼背朝上盛入大盘中即成。

3）炒锅内放入芝麻油，烧至六成热，均匀地淋在鱼身上，将芫荽、辣椒油、香醋、姜末分别盛入小碟随鱼上桌。

【成品特点】色泽酱红，质地鲜嫩，熏香扑鼻。

【技术要领】

1）鲐鱼腌制时间够长才能充分入味。

2）把握好熏制的火候。

3）熏制时间不宜过长，否则会有苦味。

【菜肴创新】

1）生熏要求原料新鲜无异味、肉质鲜嫩、受热易熟，且形状扁平小型（或加工成小型），如鱼、豆制品等。

2）熟熏多适用于整只禽类（如鸡、鸭、鹅）及蛋品、油炸的鱼类、家畜类（如猪、羊、牛肉）等。

【健康提示】鱼肉中的蛋白质含量丰富，其中所含必需氨基酸的量和比值最适合人体需要，因此，其是人体摄入蛋白质的良好来源；鱼肉中脂肪含量较少，而且多由不饱和脂肪酸组成，人体吸收率可达 95%，具有降低胆固醇、预防心脑血管疾病的作用；鱼肉含有丰富的矿物质，如铁、磷、钙等；鱼的肝脏则含有大量维生素 A 和维生素 D。而熏鱼有温中补虚、利湿、暖胃和平肝、祛风等功效。

 腊制类菜肴的制法

1.腊制法的概念

腊制法是将原料经过初加工处理并腌制入味，放置在通风处，吹干原料表层水分，再将原料熟处理后成菜的方法。腊制法是古代制作菜肴方法的一种延续，古代“八珍”方法中的“熬”制法就是腊制法的古代叫法。

2.腊制法的特点及适用范围

腊制法的特点：菜品存放时间长，不易腐败，口味浓厚，味透肌里，风味独特。

腊制法适用范围：一般以动物性原料为多，如肥鸭、母鸡及其他肉类等，猪肉则要有肥有瘦，肥瘦的比例为 3 ：7 左右；植物性原料较少，如红薯干、米花等。

3.操作要领

1）腊制品必须选用当天宰杀的新鲜动物性原料，忌用冰冻及腐败原料。

2）腊制品的制作在立冬之后、立春之前这段时间进行最好，这期间微生物不易滋生，且做出来的风味独特。

3）腌制时可用重物压一段时间，可使原料质地紧密。

4）需熏制的原料应严格掌握好熏制的时间和温度，上色不可过分焦黑。

5）烟熏的燃料要符合卫生要求。

实例 9–17　广式腊肠（见图 9–17）

图9–17　广式腊肠

【菜品简介】 相传南宋末年，战乱不断，百姓为了避祸，纷纷逃入山中。有个村民把大米和碎肉拌匀，灌入肠衣中，用小绳束成一节节的，然后晒干，随身带备逃难。吃的时候或蒸或煮或烤，既可当菜又可当饭，而且非常美味，腊肠由此产生。在民间，素有“广东腊肠数东莞，东莞腊肠数麻涌”之说。广式腊肠风味独特，色彩鲜丽，并有爽脆、香醇、咸味均匀、美味可口等特点，为腊肠中的上品。

【味型】 咸甜味型。

【原料组成】

主料：猪瘦肉 1 000 g，肥肉 250 g。

佐料：肠衣 25 g，玫瑰露酒 25 g，生抽酱油 50 g，白糖 25 g，精盐 25 g，硝 1.5 g。

【制作方法】

1）瘦肉、肥肉分别洗净，抹干水分，瘦肉切成 1 cm 见方的肉丁，肥肉切成 2 cm 见方的肉丁。肥肉丁用热水稍烫去油，沥干水分备用。

2）将以上调味料、肥肉、瘦肉，放入大不锈钢盆中拌匀，腌半小时待用。

3）肠衣套在水龙头上，冲净肠衣内外，用一个灌肉器穿入肠衣口外，把腌过的肉徐徐放入（不要放太快）。用一支铁针刺入肠中数次。肠灌好后头尾打结，然后用麻绳在每隔 20 cm 处扎紧。

4）在一锅沸水中放入肉肠氽水，取出放在通风处晾晒 10~15 天即成。

5）需要食用时，上蒸笼蒸 10 min，改刀成 0.5 cm 厚的片即可。

【成品特点】 色泽悦目，质地坚实，香醇可口，咸味适中。

【技术要领】

1）瘦肉切小方便腌制入味，肥肉切大腊起来才有红白相间的美感。

2）腌制盐（含盐调味品）质量不能超过原料肉的 2.5%。

3）腊制时间要够。

4）制熟方法使用蒸法更利于保持腊肠的原汁原味。

【菜肴创新】 在腊肠的调味上可以有不同味型的创新，如采用麻辣味型则可制成四川风味的腊肠。

【健康提示】 腊肠口味香浓，开胃健食，增强食欲，羸瘦者食用能提高饭量，增强体质。腊肠还富含各种营养物质，有助于有效吸收营养物质，提供人体必需的微量元素，预防贫血等病症。减肥者不宜多食腊肠。

实例 9–18　广式腊肉（见图 9–18）

图9–18　广式腊肉

【菜品简介】腊肉是先民原始保存食余狩猎之物方法，初为干肉，亦称“脯”。在《周礼》《周易》中已有记载。腊肉初始的发源地无从考究，传说是从前山路崎岖难行，车马不便，新鲜的食物难以保存，又没有快捷的流通渠道，人们把腌制的咸肉挂在灶房梁上久经柴火熏烤，便有了腊肉。广式腊肉以腊脯条最闻名，是以猪的肋条肉为原料经腌制、烘烤而成的，具有选料严格、制作精细、色泽金黄、条形整齐、芬芳醇厚、甘香爽口等特点。

【味型】咸甜味型。

【原料组成】

主料：带皮猪肉 5 000 g。

佐料：精盐 250 g，硝酸盐 2.5 g，花椒 10 g，白糖 300 g，高度三花酒 50 g，葱结 25 g，姜片 20 g。

【制作方法】

1）选用皮薄肉嫩、有肥有瘦的猪肉，刮洗干净，沥干水，切成 5 大条（长约 50 cm、宽 5 cm，一条重约 1 000 g），在头顶部用尖刀戳一孔（用于穿麻绳）。

2）将精盐与花椒下锅炒香，放凉后与硝酸盐、白糖拌匀，把肉用调味料揉擦后放入盛器内，冬天腌 4 天后，上下对调翻动一次，再腌 3 天即可取出。

3）将腌制的肉放入清水中洗净，在每一条肉的一端系上麻绳，挂入熏炉内，肉与肉之间应保持一指宽的距离。在下面先燃起木炭，当脂肪开始溶化时，再把其他熏料（甘蔗渣、锯木屑、花生壳等）围在木炭周围，关上炉门，炉内温度保持在 55℃ ~60℃，连续熏 6 h 左右，待每条猪肉呈黄色，拿出并挂在通风处晾晒 15 天，表面干燥时即可。

4）食用时，取熏好的肉洗净放入盛器，洒上黄酒、葱、姜，上笼蒸熟后去皮切成片装盘。

【成品特点】肥肉金黄，咸甜适口，瘦肉酱黄，滋味醇香。

【技术要领】

1）五花肉以肉厚度 6 cm 左右且肥瘦相间的为宜。

2）腌制时要腌透。可以先晾晒再用烟熏。

3）要准确控制硝酸盐的用量，保证安全，不能超标。

4）制熟方法使用蒸法，更利于保持腊肉的原汁原味。

【菜肴创新】

1）在腊肉的调味上可以有不同味型的变化。

2）在主料上可以选用其他原料，如腊猪脚、腊鱼、腊鸡等。

【健康提示】腊肉性味咸甘平，具有开胃祛寒、消食等功效。腊肉的脂肪含量非常高，含盐量较大，长期大量进食腊肉无形中会造成盐分摄入过多，可能加重或导致血压增高或波动。

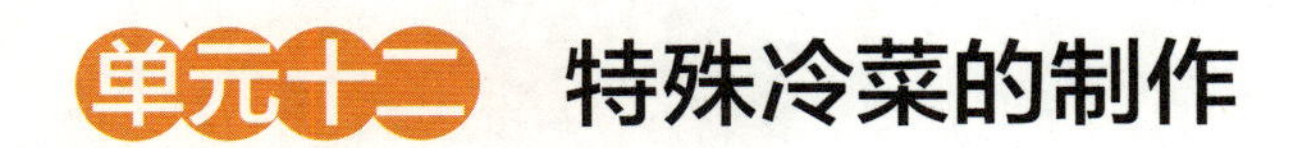

单元十二　特殊冷菜的制作

特殊冷菜，并不是指选用稀有原料制作而成的，而是从两个方面进行考虑的：一方面这些冷盘材料通常很少用于一般宴席的单碟冷盘之中，而更多地运用于造型冷盘的拼摆（色彩和形状的需要）；另一方面是指这些冷盘材料在制作过程中往往需要两种（或两种以上）原料，其工艺程序相对比较烦琐、复杂，对烹饪工艺的要求相对比较高，还有一些材料虽然制作工艺不是很复杂，但在冷盘的制作中也发挥着重要的作用，如土豆泥，虽然制作简单，但在冷盘的造型中却发挥着重要的作用。从某种角度来说，这些特殊材料是变化和丰富造型冷盘品种的必备条件之一，同时也是使某些造型冷盘成功制作的有力保障。因而，特殊冷菜的制作技术在冷盘制作中有着非常重要的意义。

1.蛋松（见图9–19）

图9–19　蛋松

【原料组成】

主料：鸡蛋 5 只。

调料：精盐 1.5 g，黄酒 5 g，味精 1.5 g。

【制作方法】

1）初加工：鸡蛋打散，加入盐、黄酒、味精，打匀。

2）加热成品：锅中加油烧至五六成热，手握细眼筛子对准油锅，四面均匀地淋入打匀的蛋液，使之逐渐淋入油中受热成丝并浮起时，用筷把它翻过来，略炸一下捞出，放在笊篱中尽量压干油分。

3）整理：用干净的纱布或餐巾纸，放入压干的蛋丝，卷起，轻轻地推搓，纸潮即换纸，反复三四次，使蛋丝成为干而蓬松的蛋松即可。

4）成品待用：可用于主盘中的堆砌、装饰等。

【成品特点】色泽淡黄，膨松。

【技术要领】

1）油温的控制：油温要控制在五六成热，过低难成松，过高易焦枯。

2）倒蛋液的动作：倒蛋液时要慢，也可以将蛋液直接慢慢地倒入油锅，并用筷子拨散。

3）注意用油：要用植物油，不能用动物油，并且要吸尽蛋松中的油，否则不蓬松。

图9-20　鱼松

2.鱼松（见图9-20）

【原料组成】

主料：黄鱼 500 g。

调料：姜、葱各 10 g，盐 5 g，料酒适量。

【制作方法】

1）初加工：将黄鱼加工整理后，去骨去皮，并剔除红肉，将鱼肉用清水漂洗至白净。

2）加热成品：将鱼肉放入盛器内，加姜、葱、盐、料酒，上笼蒸透（约 20 min）取出，放入净纱布中挤干水分。

3）烹调成品：把锅烧热，不要放油，将鱼肉倒入锅中，用小火一边炒一边揉，待鱼肉水分炒干、发松呈绒毛状时即成。

4）成品待用：可用于主盘中的堆砌、装饰等。

【成品特点】色泽米黄，干松，呈绒毛状。

【技术要领】火候的控制：炒制时要用小火，否则鱼肉难以起松，且易焦枯。

【菜肴创新】米黄鱼、黄姑鱼等原料均可按此法进行制作，适用此法的还有鸡松、肉松、干贝松、蟹松、鸽松等菜肴。

图9-21　菜松

3.菜松（见图9-21）

【原料组成】

主料：油菜叶 500 g。

调料：味精 1 g，盐 1.5 g。

【成品特点】成品膨松，色泽碧绿。

【制作方法】

1）初加工：将油菜叶洗净，去掉粗筋，卷起切成细丝。

2）烹调成品：将油菜丝投入五六成热的色拉油中炸制，并用筷子轻轻拨动，待起小泡时（青菜呈碧绿色时）捞起，趁热用餐巾纸轻轻抚压，吸尽菜松中的油，抖散晾凉。

3）调味：拌入味精、精盐即可。

4）成品待用：用于冷盘的装饰、点缀等。

【技术要领】

1）油温的控制：炸制菜松时，油温不宜过高，否则易焦枯，颜色发黑。

2）加热后的处理：炸好后一定要趁热吸尽其中的油，否则菜松不够蓬松。

【菜肴创新】大叶绿色蔬菜均可按此法进行制作。

图9-22　蛋白糕

4.蛋白糕（见图9-22）

【原料组成】

原料：鸡蛋 500 g。

调料：盐 3 g，味精 2 g，水淀粉少许。

【成品特点】色泽洁白，发硬，弹性很低。

【制作方法】

1）初加工：将鸡蛋磕开并取蛋清盛放于容器中。

2）调味：加入盐、味精、水淀粉轻轻调散、搅匀。

3）倒模蒸制：取方形不锈钢小盘（方形小蛋糕模），在其内壁均匀地抹上一层油，倒入蛋液，上笼用小火蒸透，取出晾凉即可。

4）成品待用：可加工成各种形状，如柳叶状、半圆形、长条形等，用于拼摆各种图案。

【技术要领】

1）搅打蛋液时动作要轻，不可起泡。

2）蒸制时，一定要用小火，切忌用大火，否则易起孔，影响成品质量。

【菜肴创新】

1）蛋白液中加入松花蛋白（切成三角形小块）即为“黑白蛋糕”，如再加入咸蛋蛋黄（切成丁状）即成为“彩色蛋糕”。

2）还可以在蛋白液中加入绿菜汁、红曲水、可可粉（加水调匀）、胡萝卜汁、苋菜汁（鲜红色）等原料来变化、丰富蛋糕的色彩。

3）用同样的方法可以制作蛋黄糕。

图9-23　鱼糕

5.鱼糕（见图9-23）

【原料组成】

主料：鳜鱼 500 g，肥肉 100 g。

调料：盐 5 g，味精 3 g，姜葱汁少许，蛋清 1 只。

【制作方法】

1）初加工：将鳜鱼肉处理干净后剔除红肉，并用清水漂白。

2）搅打鱼缔：用刀将鱼肉、肥肉分别剁成蓉（或用粉碎器），加鸡蛋清搅匀后加水、姜葱汁、味精、盐，搅拌上劲成鱼缔。

3）倒模上笼蒸：在方形不锈钢盘（按需要也可用圆形的）内壁涂抹一层色拉油，将鱼缔倒入盘中，上笼用中小火蒸透。

4）成品待用：成品晾凉后按需要形状加工拼摆。

【成品特点】鲜香嫩滑，清香可口。

【技术要领】鱼肉与肥肉一定要剁细，搅拌时摔打上劲。

【菜肴创新】

1）白鱼、青鱼、草鱼、鸡脯肉、虾肉均可按此法制作。

2）在鱼缔中也可加入有色原料来丰富色彩。

6.包菜卷（见图9-24）

图9-24　包菜卷

【原料组成】

主料：包菜叶 10 张，火腿肠 200 g。

调料：盐 5 g，味精 3 g，胡椒粉少许，蒜油少许。

【制作方法】

1）初加工：将包菜叶洗净后掰去叶面上的叶茎，让其面平整，再用刀背将其轻轻拍松后投入沸水锅中焯透；火腿肠切成细丝。

2）卷包：把切好的火腿肠丝放在摊开的包菜叶上，卷紧后排放在盘中。

3）调味腌渍：撒上盐、味精、胡椒粉拌匀，腌制 20min 后淋入蒜油，拌匀即成。

4）成品待用：改刀，按冷拼需要拼摆。

【成品特点】色彩丰富，便于造型。

【技术要领】包菜叶上凸出的叶茎一定先批平再用刀背将其轻轻拍松，否则难卷成型。

【菜肴创新】

1）冬菇丝、笋丝、鸡丝、蛋皮丝、胡萝卜等原料均可作为馅心用，但要注意色彩的搭配。

2）紫包菜、大叶青菜、紫角叶、生菜等原料也可按此方法进行制作。

7.紫菜蛋卷（见图9-25）

图9-25　紫菜蛋卷

【原料组成】

主料：鸡蛋 250 g，虾胶 300 g，紫菜 100 g。

调料：盐 2 g，味精 1 g。

【制作方法】

1）初加工、调味：将鸡蛋打散，调入盐、味精，搅匀。

2）煎蛋皮：平底锅上火，烧热后用肥肉擦上一层油，倒入一勺鸡蛋液摊匀于平底锅，小火煎至凝固，再煎一下取出待用。

3）卷包蛋卷：将蛋皮修切成长方形，摊放在案台上，抹上一层虾胶，放上紫菜（形状、大小与蛋皮相同），在紫菜上再抹一层虾胶，然后顺长紧紧地卷起来，排放在盘中。

4）上笼蒸制：用中小火蒸透后晾凉即成。

5）成品待用：装盘时切片，按要求拼摆即可。

【成品特点】紫菜、虾胶、鸡蛋的色泽相间，呈螺纹状。

【技术要领】

1）煎蛋皮时注意控制好火候。

2）蛋皮的大小、虾胶的稠稀度要根据具体所需紫菜蛋卷的粗细和使用的需要而定。

3）按需要也可以制成鸡心形、柳叶形、长方形、半圆形等。

【菜肴创新】

1）豆腐皮、春卷皮等原料均可按此法制作。

2）可用鸡蓉胶、鱼蓉胶代替虾胶，也可以加入胡萝卜汁、绿菜汁、苋菜汁、南卤汁、橙汁等原料以变化、丰富其色彩。

8.珊瑚玉卷（见图9–26）

【原料组成】

主料：大白萝卜 1 条，胡萝卜 1 条，黄瓜 1 条。

调料：盐少许，糖醋汁（用白糖、白醋、蜂蜜、糖桂花调制而成）适量。

图9–26　珊瑚玉卷

【制作方法】

1）初加工：将大白萝卜洗净去皮后，切成薄片，胡萝卜、黄瓜切成细丝。

2）腌渍：将白萝卜片与胡萝卜丝、黄瓜丝分别放入盐水中腌渍约 15 min。

3）卷包：将白萝卜摊开，在其边上顺长放上胡萝卜丝、黄瓜丝，然后卷起，将其排放在盘中。

4）浸卤：将调好的糖醋汁倒入盘中，使萝卜卷在盘中浸泡 2 h 即成。

5）成品待用：根据冷拼的色彩搭配需要进行切片、拼摆。

【成品特点】色泽红白相间，味酸甜适中。

【技术要领】白萝卜片要薄，卷得要紧，否则易散不成型。

【菜肴创新】

1）紫萝卜、心里美萝卜、莴苣、包菜等原料均可按此法制作，但要注意两者之间的色彩搭配，要保持色彩的和谐。

2）稍做变化可以制作“白玉翡翠卷”，并可用冬瓜来卷包。

9.如意蛋卷（见图9–27）

图9–27 如意蛋卷

【原料组成】

主料：鸡蛋 300 g，鸡脯肉 250 g，火腿 100 g，青椒 100 g。

调料：盐 3 g，味精 2 g，水淀粉适量。

【制作方法】

1）初加工：鸡蛋打散，加盐、味精、水淀粉调匀；鸡脯肉剁成蓉胶，调入盐、味精；火腿、青椒切成丝待用。

2）煎蛋皮：平底锅上火，烧热后用肥肉擦上一层油，倒入一勺鸡蛋液摊匀于平底锅，小火煎至凝固，再煎一下取出改成长方形待用。

3）卷包蛋卷：将蛋卷摊平，抹上一层鸡蓉胶，然后在一端放上火腿丝，另一端放上青椒丝，由两头向中间卷紧，放在平盘中。

4）上笼蒸制：将蛋卷上笼，用中火蒸透取出，涂上麻油。

5）成品待用：根据冷拼需要改刀，按要求装盘。

【成品特点】 各种色彩搭配呈如意状。

【技术要领】 两边要卷得均匀，并且要卷紧。

【菜肴创新】

1）蓉胶的原料可以变化，色泽、味型等也可以根据需要调整和变化。

2）用同样的方法可制成“如意笋卷”“如意紫菜卷”“如意包菜卷”“如意黄瓜卷”“如意腐皮卷”“如意莴笋卷”等菜肴。

10.脆皮糯米鸡卷（见图9–28）

图9–28 脆皮糯米鸡卷

【原料组成】

主料：糯米 250 g，熟鸡脯肉 100 g，熟火腿 100 g，水发冬菇 100 g，豆腐皮 250 g。

调料：盐 5 g，白酱油 3 g，味精 3 g，料酒、胡椒粉、葱花各少许。

【制作方法】

1）蒸糯米：先将糯米淘洗干净后用清水泡透，上笼蒸成饭，晾凉待用。

2）初加工：将熟鸡脯肉、熟火腿、水发冬菇切成米粒状大小，放入糯米饭中。

3）调味：将上述材料混合在一起，加入盐、味精、白酱油、料酒、胡椒粉、葱花拌匀。

4）卷包鸡卷：豆腐皮上笼蒸软后放在案台上，将糯米饭沿着豆腐皮的一端放上一排，而后用豆腐皮把糯米饭卷在中间呈长圆条状。

5）烹调成品：把油锅烧至六七成热，将糯米卷投入油锅中炸制，呈淡黄色时捞起即成。

6）成品待用：可用于各式冷拼的拼摆、堆砌。

【成品特点】色泽淡黄，糯香适口。

【技术要领】卷包时一定要卷紧，可在接口处涂上生粉水或蛋液，以免炸制时散开。

【菜肴创新】

1）鸭肉、鸽肉、虾肉、蟹粉等原料均可按此法进行制作。

2）可把馅料镶到处理好的鱿鱼筒内再上笼蒸，即成“香糯鱿鱼筒”，但要注意蒸前在鱿鱼上扎若干小孔，以免破裂。

11.蛋皮牛肉卷（见图9–29）

图9–29　蛋皮牛肉卷

【原料组成】

主料：鸡蛋 4 个，牛肉 200 g。

调料：葱末 15 g，姜末 5 g，盐 3 g，糖 1 g，味精 3 g，卤水 300 g，花椒粉 1 g，香油、淀粉少许。

【制作方法】

1）初加工、调味：将牛肉剔除筋膜，洗干净后切成小粒再剁成细末，放入葱末、姜末、盐、糖、味精、蛋清、淀粉调匀，打搅成肉馅。

2）煎蛋皮：将剩下的鸡蛋加盐、味精打散调匀后煎成蛋皮，改成长方形。

3）卷包：将蛋皮摊在案板上，在蛋皮的一端放上牛肉馅，向中间卷紧。

4）上笼蒸制：用大火蒸制 8 min 至熟，取出晾凉。

5）浸卤：把卤水、盐、味精、花椒粉调成卤味汁，将牛肉卷放到卤味汁中浸至入味，取出在表面擦上香油即可。

6）成品待用：根据冷拼需要改刀，按要求装盘。

【成品特点】色泽淡黄，牛肉馅滑嫩。

【技术要领】

1）牛肉的筋膜要剔除干净，以免影响口感。

2）卷包要卷紧，以免散开。

【菜肴创新】可根据需要改变原料做成“蛋皮鸡肉卷”“蛋皮虾肉卷”等菜肴。

12.蛋黄鸡腿卷（见图9–30）

图9–30　蛋黄鸡腿卷

【原料组成】

主料：鸡腿 500 g，咸蛋黄 150 g。

调料：姜葱 10 g，八角 2 粒，盐 3 g，糖 5 g，味精 5 g，花椒粉 3 g，料酒 10 g，卤水 1 000 g。

【制作方法】

1）初加工、腌味：鸡腿切开剔去骨头，片去肉厚的地方，在里面打上花刀以便入味，用盐、糖、味精、姜葱、料酒腌制入味。咸蛋黄上笼蒸熟后压碎。

2）卷扎：把咸蛋黄捏成条状放到鸡腿里面，然后包紧并用细线扎成圆形。

3）烹调成品：调好卤味水，把鸡腿卷放到卤味水中浸至入味，取出晾凉即可。

4）成品待用：根据冷拼需要改刀，按要求装盘。

【成品特点】色泽淡黄，味咸鲜。

【技术要领】卷鸡腿卷时一定要卷紧，切开后肉片才不会出现空洞。

【菜肴创新】

1）用此法可制作“松花蛋鸡腿卷”“咸蛋鸭腿卷”等菜肴。

2）在卷制时可加入紫菜片做成“鸡腿紫菜蛋黄卷”，加入海苔做成“海苔蛋黄鸡腿卷”等菜肴。

3）在制熟时也可以改为上笼蒸。

13.蜜汁桂花扎（见图9–31）

图9–31　蜜汁桂花扎

【原料组成】

主料：瘦肉 500 g，猪后颈肥肉 500 g，咸蛋黄 12 只，蜜汁 300 g，鲜鸭肠 650 g，胡萝卜 2 块。

调料：

① 白砂糖 500 g，玫瑰露酒 20 g，盐 10 g。

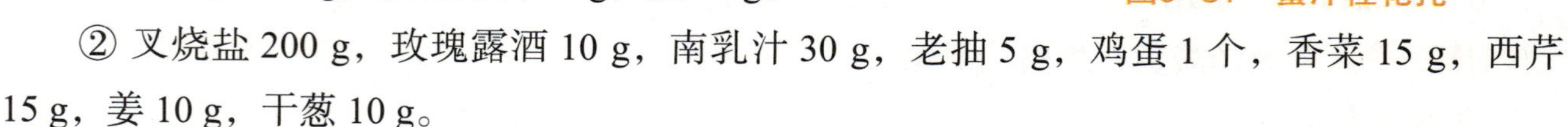

② 叉烧盐 200 g，玫瑰露酒 10 g，南乳汁 30 g，老抽 5 g，鸡蛋 1 个，香菜 15 g，西芹 15 g，姜 10 g，干葱 10 g。

③ 盐 150 g、生粉 100 g。

【制作方法】

1）初加工：将鸭肠用调料③揉匀，腌 8 min 后搓十几下，用清水洗净，以去掉鸭肠内的黏液与气味，之后用清水浸 1h。

2）切配与腌渍：猪后颈肥肉冷藏后片成 0.2 cm × 13 cm × 25 cm 的均匀片状，用调味料①腌 2 h 待用；将瘦肉片成与肥肉一样厚薄的片状，用味料②腌 30 min。

3）处理蛋黄：将咸蛋黄压成片状，或捏成柱形条状。

4）卷扎：将瘦肉放在最底层，依次放上肥肉、咸蛋黄，然后卷成一条，以鸭肠内壁向下绕肉卷层层包紧扎实，放入腌料②中腌 30 min。

5）烹调成品：用叉烧针吊环穿好桂花扎，针口末端穿上胡萝卜，挂入烤炉中以中火烧 30 min 至熟，取出淋上蜜汁，再回炉以小火烧 10 min 取出，待冷却后淋上薄薄一层蜜汁即成。

6）成品待用：根据冷拼需要改刀，按要求装盘。

【成品特点】色泽红亮，香甜适口。

【技术要领】

1）瘦肉和肥肉要选用整块的，才能片成均匀、大小一样的薄片。

2）扎鸭肠时要均匀地扎，一层叠一层，并且要扎紧一些，以免散开。

3）烤制时注意火候，火不能太大，否则易焦。

14.富贵鱿鱼筒（见图9–32）

图9–32 富贵鱿鱼筒

【原料组成】

主料：大鱿鱼 2 只，卤猪耳 2 只，咸蛋黄 10 个。

调料：盐、味精、糖、酱油各适量。

【制作方法】

1）初加工：鱿鱼去膜、清除内脏，打理干净，放进滚水中烫 30 s 后捞起泡入冰水，抹干水分备用。

2）填料：把卤猪耳和咸蛋黄镶到鱿鱼里面，扎好封口，即成鱿鱼筒，用针在鱿鱼筒上扎若干小孔。

3）调味汁：用上述调料调好味汁放入鱿鱼筒中。

4）上笼蒸制：入笼蒸 10 min，取出晾凉擦上香油即成。

5）成品待用：根据冷拼需要改刀，按要求装盘。

【成品特点】截面好看，猪耳脆口，鱿鱼咸鲜。

【技术要领】

1）填料时要填满鱿鱼筒，否则切时有空洞。

2）扎好的鱿鱼筒一定要在上面扎若干小孔，否则蒸时容易破裂不成型。

【菜肴创新】可根据需要在鱿鱼筒内填入不同的材料以丰富制作的品种。

模块小结

本模块教学主要分别介绍了冻、炸酥、腌、泡、挂霜、炝、蒸、炸收、煮等各类其他类冷菜制作方法基本知识入手，进一步介绍了餐饮行业目前最流行的各种典型菜式的制作和菜品的创新方法，让学生能深刻理解中国饮食文化的博大精深，提升他们的文化自信，加深对中国烹调方法多样、一菜一格、百菜百味的理解，养成闻香识味、一丝不苟地钻研烹调技术，把烹调技术的运用发挥到极致，培养精益求精的工匠品质、协作共进的团队精神、追求卓越的创新精神。

课后习题九

一、名词解释

1. 冻
2. 泡菜

二、填空题

1. 制冻的方法分为____________和____________，一般以____________法为优。
2. 饮食行业中加工冻制菜品习惯上有两种类型：____________和____________。
3. 腌是将原料浸渍于调味卤汁中，或采用调味品____________、____________，以排除原料内部的____________，使原料入味并使某些原料具有特殊质感和风味的方法。
4. 腌一般分为 3 种形式：____________、____________、____________。
5. 泡菜是以新鲜蔬菜及水果为原料，经过初步加工，用____________，____________，____________，直接放到泡菜卤水中泡制的方法。

三、简答题

1. 简述泡菜的种类。
2. 简述四川泡菜的制作方法。
3. 简述炝的特点及其适用范围。
4. 简述蛋松的技术要领。

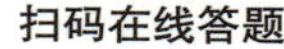
扫码在线答题

习题答案

参考文献

[1] 赵惠源．食品雕刻与冷拼艺术 [M]．北京：中国商业出版社，1991．
[2] 周妙林，夏庆荣．冷菜、冷拼与食品雕刻技艺 [M]．北京：高等教育出版社，2002．
[3] 陈传．烧烤卤熏食品大全 [M]．北京：世界图书出版公司，2004．
[4] 陈照炎，赵丕扬，胡烈夫．厨师及烧腊师手册 [M]．北京：世界图书出版公司，2004．
[5] 朱云龙．冷菜工艺 [M]．北京：中国轻工业出版社，2006．
[6] 冯秋，黄嘉东，关志敏．广东烧卤 [M]．广州：广东科技出版社，2007．
[7] 朱云龙．中国冷盘工艺 [M]．北京：中国纺织出版社，2008．
[8] 韦昔奇，王琼，葛惠伟．图解（花色冷拼）[M]．成都：四川科技出版社，2008．
[9] 阎红、王兰 . 中西烹饪原料 [M]. 上海：上海交通大学出版社 .2014.
[10] 潘英俊 . 烧卤制作图解 2[M]. 广州：广东科技出版社 .2016.
[11] 冯胜文 . 烹饪原料学 [M]. 上海：复旦大学出版社 .2011.
[12] 邹国华，郭志杰，叶维均 . 常见水产品实用图谱 [M]. 北京：海洋出版社，2008.
[13] 文歧福、韦昔奇 ．冷菜与冷拼制作技术 [M]．北京：机械工业出版社，2010．

参考文献